# 讓顧客開口說成交

# HOW TO MASTER THE ART OF SELLING

湯姆・霍普金斯 *Tom Hopkins* 著 江裕真 譯

目錄

自序

# 如何把這本書的效用發揮到最大

會寫這本書是要告訴你如何以銷售工作維生，以及如何從生命中獲得更多。我鼓勵各位在讀這本書之外，還要付諸實行。你可以記筆記、拿螢光筆，以任何你認為適合的方式畫重點，或是透過任何其他的方式，讓這本書成為協助你增加收入的更有效工具。

重要的是，你要盡量把我的技巧放到潛意識中，成為你的一部分，並且能夠在自己所說的話當中，自然而然用出來。剛入行時，我和任何人一樣灰頭土臉，直到我接受了能夠確保我成功的適切訓練才改變。那時，我發誓要是我有機會和別人分享成功，我一定要做得很棒，而且要讓它成為人人都付擔得起的投資。各位可能會覺得，我正在試著向你推銷什麼；這是真的。我和各位一樣從事銷售工作，但如果你確知有件東西很棒，就有義務把它提供給顧客。這套有聲課程會花費你一點投資，我確實也會因而做成一筆生意。但是，這可能意味著未來你職涯中的幾百筆生意，以及你可以為自己和所愛的人賺到幾千美元的收入。我希望我的公司能以這樣的形式，在你持續的成功當中扮演一定角色。感謝你。

湯姆・霍普金斯

## 推薦序

# 渴望成功的人都要讀的一本書

銷售這件事本身，可以回溯到在那之前很久的年代。我們都知道，石器時代的人會長途跋涉，與他人交換在自己狩獵與採集食物處無法取得的東西。這就是為何人們認為交易早於戰爭的緣故，認為我們不是靠掠奪維生、使用暴力的劫掠者後代，而是愛好和平的交易者（業務員）後代，因為交易需要銷售能力。

銷售在接下來的發展是，出現了公開的市集。但是在有史之前，公開的市集已經相當沒落了。商人們都移往室內，在永久性的商店中賣東西。流浪的商人們這時背上比較沒有揹那麼多商品了，而是交由動物與船隻來載運。接下來除了一些細節之外，就沒有什麼大發展了，而這套古老的商品傳遞方式也傳到了新大陸。

一八〇〇年代早期，出現了革命性的發展，我們現在所知的「推銷」這件事，靜悄悄地誕生了。麻塞諸塞州一家小羊毛工廠的老闆們，希望和交易商做更多生意，出於新英格蘭地區人民的率性，他們直接切入問題的核心，雇用了一個人，幫忙把他們的羊毛樣品帶到遠方的商店去，同時也把講好未來出貨的訂單帶回來。這樣的方式如今看來理所當然到不行，在當時卻是驚人的創新。這樣的想法得要有智慧才想得出來，得要有勇氣才能嘗試，也得要堅持才能讓它運作得起來。結果真的做起來了。幾年的時間內，這套新體系就擴及其他工廠及其他產業，而商品的提供方式，也不再像以前那樣了。

在這段期間裡，最早的鐵路開始興建了。這種四處移動的新方式，與銷售的新方式相當契合。凡是有鐵路經過的地方，經常都可以看到外出旅行的業務員，帶著笨重樣品箱的樣子。但當時這些人還不叫業務員，大家都叫他們「擊鼓者」（**drummer**），因為早年的小販駕車進入小城鎮時，都會擊鼓以吸引群眾注意。

即將成為第一位超級銷售專家的約翰・派特森（**John H. Patterson**），出生於一八四四年。在他還年輕時，鐵路把東西兩岸連結了起來，不過在那時，他已在短時間內建立起事業。派特森打造了第一支全國性的銷售團隊，他是第一個設計銷售訓練的人，也是第一個以嚴謹方式組織銷售團隊的人，在全國設有地區與區域管理者。他最早訂定銷售目標這東西，也是他最早為每位業務員分配專職的負責區域。在派特森之前，許多公司都會由兩個業務員在同一區域中彼此競爭，讓他們藉由銷售同樣的產品決定勝負。在派特森點出此舉的愚蠢後，就沒人再用這種方式了。

一八九五年，有個年輕人加入了派特森的公司。這個男人湯瑪士・華生（**Thomas J. Watson**）天生註定要成為另一個超級銷售專家。就在他努力升為派特森其中一位頂尖助手後，雙方分道揚鑣。華生繼而成為ＩＢＭ這家全球極其活躍的企業背後的推動力。

華生對銷售工作最棒的貢獻在於，「任何人都需要訓練」的概念，這是個影響深遠的想法。如今你不必到學校就能持續受訓，持續學習。可以透過書籍、有聲教材、演說、研討會、雜誌、影音、線上課程，這份訓練與學習資源的清單，要多少有多少。如果你停止訓練自己與學習，就會開始沉淪。沒人能夠浮著不動，不是向上提升就是向下沉淪，一千年以來都是如此。唯一的不同在於，現在你可能會提升或沉淪得比以前快得多。

下一個超級銷售專家是杜比斯基（H.W.Dubiski），當他在剛進入二十世紀之際來到美國時，他才剛滿十四歲，而且不會講英文。四年後，他成了紐約證券交易所裡一位負責以粉筆登錄股價的少年。在這麼低微的開始短短三年後，他開設了自己的證券公司。過去，派特森藉由訓練業務員創造了許多機會，比其他人（華生除外）更深入了解此事的杜比斯基，吸收了派特森的銷售概念，把團體訓練改良得更完善，把事前預備好的銷售語言改良得更完備，也在那個激勵性的銷售會議還管用的時代，把它改良得更完美。也是他發展出「一通電話就能賣出證券」的原創哲學。杜比基斯精於舉行過去我們稱為「灌注熱情」（Shot in the Erthusiasm）的會議（唔，不用去管我們過去怎麼叫它）。每天早上，他旗下的業務員（那個年代都還是男性擔任）會齊聚一堂，共同吟誦、呼口號與歌唱，幾乎與宗教的復興布道會一樣熱烈，只差在這是商業版。在那家公司，誰要是想擔任銷售管理的職務，就必須能夠每天早上帶著業務團隊唱公司的歌曲及呼口號、鼓舞他們的士氣。

二十年後，我開始找工作。之所以會做業務員，是因為身處於經濟大蕭條的谷底，銷售是唯一還能找得到的工作。我的第一份工作是一群四處推銷的團隊成員之一，銷售的體系簡單明瞭：如果那天你沒賣出東西，你那天就沒飯吃。我的意思是真的沒飯吃。我們是把個人文具用品賣給學校老師與祕書，但那時他們的週薪才四美元，我們的文具卻要價三・七五美元，因此很不好賣。由於成交是我們唯一的存活之道，我們也只有讓它成交。那時我們像吉普賽人一樣，一旦找到更好賣的東西，我們就會更換。你講得出名字來的東西，我們都賣過。第二次世界大戰後，我成了一家航空器批發商的銷售經理。每年我們賣出三千架飛機，這是任何人從未達到過的紀錄。但後來航空業的景氣低迷，對於飛機的需求消失了，這個產業也就自己消失在地球上了。

接著我進入資訊產業，穿著極其光鮮亮麗的服裝，提供企業在稅務與法規上的建議。在公司要求我學習設定好的一套銷售話術時，我差點就不做了。還好，有個男人打動了我。他問我是否已學會關於銷售的所有事情，而且算我聰明，我回答他「還沒有」。於是，我首度參與了一次正式的銷售簡報活動，那樣的狀況迫使我必須學會如何銷售。在三個月的時間裡，我就成了那家公司的行銷專員，接著就遇見了後來成為我導師的男人，鮑伯．巴伯（Bob Barber）。他是一位銷售天才，一個超級專家，我之所以打下銷售工作上的基礎，全都歸功於他。

後來，巴伯、我及一些人成立了一家公司，專門賣磁線口授留聲機。那門生意做得挺成功，不久我們的東西賣光光，成果絕佳。突然間，我無事可做。幾年的時間裡，我一直覺得，正在快速發展的銷售工作中，還有未曾填滿的缺口存在。我們有研究者與企管顧問，但沒有銷售顧問。我決定從零開始打造出一種新專業，而我也做到了，雖然最後遠比我原本想像的要困難得多。最大的問題在於，即便我具備銷售技巧，我依然無法到外面推銷我的服務，就像醫生與律師們無法在街上兜售自己的服務一樣。因此，我開始訴諸任何願意聽我說的團體。漸漸地，我開始從聽眾身上建立起自己的專業銷售顧問事業。我的第一個客戶每天付我二十五美元，之後有好多年，我賺的都是這麼低的收入。

我最初的突破來自於為一家大型保險公司的本地代理單位組了一支銷售團隊並施以訓練。在該企業的總部看到成果後，我贏得了第一個全國性的客戶。我終於上軌道了。一九五九年，我出了一張黑膠唱片，標題是《如何成交》（*Closing the Sale*）。那張唱片又開闢出新世界，銷售的藝術首度分解為特定策略與技術，同時也提供給任何想要學習的人學習。那張唱片成為有史以來最暢銷的商業唱片，在我的演說活動中，人們也開始稱我為「現代銷售之父」。約莫在這時候，我認識了湯姆．霍普金斯，那個場景我還記得很清楚。在一場舉辦於加州的訓練課程中，我注意到有個年輕人坐在第一排。由於他還穿著高中的樂隊制服，我不由得注意起他來。我這輩子沒有看過有誰像他記筆記記得那麼快，記得那麼徹底。在我開口把話講出來之前，他似乎已經試著在抓內容了。我把他列為觀察對象。

下次我再看到他，是我們在洛杉磯機場碰到面的時候。我在那兒提供諮詢給他所服務的公司，他穿了一套新西裝，開著一輛新車。回到他們總部後，總裁告訴我，湯姆已記住我教的技巧，而且能力突飛猛進。後來湯姆成了有史以來最了不起的不動產業務員，接著又做了幾年的銷售管理工作。再來我就發現他搬到我家隔壁，以一股足以讓老一輩銷售大師們感到印象深刻的熱情，追逐著他的目標。湯姆修改了我教給他的東西，把它變得更好，還加了新東西進去，就像過去我對自己所學到的東西做過的那樣。

自那時起，湯姆．霍普金斯在幾年的時間裡，開設了一些教授技巧與啟發想法的課程，也提升了自己在銷售工作中的專業地位。他同時也推出了有聲與錄影課程，把他的思維傳達到他不克前往之處。另外還有這本書，這是銷售訓練發展了一個世紀下來的集大成之作，而完成它的是一位真正的超級銷售專家，湯姆．霍普金斯。每個渴望成功的人都一定要讀它。

道格拉斯．愛德華斯

第一章

# 銷售工作的實際內容

很早以前我就知道，在我所能找到的工作中，銷售是可獲得高報酬但極其艱辛的工作，也可以是低報酬但極其輕鬆的工作。我還發現另一項與銷售有關且令人興奮的事，即選擇權在自己手上，完全任由我選。我自己可以讓它成為高報酬的艱辛工作，也可以讓它成為低報酬的輕鬆工作。我察覺到，在銷售工作中的自我成就，完全看自己。

這點，你同意嗎？希望你認同，因為本書要講的重點在於，你的技巧、知識以及內心的動力，才是讓你出色的因素。而這些特質是可以拓展與增強的，只要你願意投入時間、精力以及金錢在自己身上。還有什麼比投資自己更好的呢？我們大都知道答案是沒有，但很多人對此卻做得太少，或是做得不夠徹底。你就是自己最大的資產。你該把時間、精力以及金錢投注在訓練、照顧，以及扶植你最大的資產上。

接下來，談談從事銷售工作的一些好處。

第一個好處（也是我喜愛銷售工作的原因）是，它有表達的自由。銷售是少數幾個你還能夠「做自己」的工作之一，而且你基本上可以想做什麼就做什麼。只要你能夠在一個需要也重視臨機應變與耐力的環境中成功與人競爭，你就能擁有這樣的自由。對經濟的健全而言，沒有什麼活動比銷售還重要了，也沒有什麼活動比銷售還需要一個人的進取心。

銷售工作的第二個好處是，你可以自由地得到如你所願的成功。在這項工作中，除了自己之外，沒人能限制你的收入高低，收入沒有上限。你可能會對我的說法存疑。你可能會覺得，收入的上限，就是目前公司的業務員中，績效最好那個人的收入。這表示你不可能賺取更多收入嗎？當然不是。而是意味著，公司內部中，所有尚未賺到最高收入的業務員，都沒有把銷售高手所採用的策略與技巧應用出來。

銷售工作的第三個好處是，你每天都有挑戰。幾乎所有事業，都可能在全無挑戰下進行，但銷售工作從來不會如此，因為每天你都會面對新挑戰。讓這樣的事實重新提振你的精神，而非困擾你，為它歡欣鼓舞吧！身處於這過度管控且高度組織化的社會，很少有營利性的工作，會像銷售工作這樣，讓你在黎明到來之時，才知道一天的最後是怎麼結束的，而且擁有特權可以參與這種兼具自由與挑戰（而非鮮少出現）的寶貴活動。在銷售工作中，永遠不會知道哪天自己會開啟什麼樣的機會、贏得什麼樣的獎賞，以及什麼樣的災難會降臨。

對業務員而言，每天都是一項挑戰。從事這樣的工作，我們可能會在短短四十八小時內，從狂喜的雲端跌落到失落的谷底，然後又在隔天爬回到雲端。這不是很刺激嗎？請回答「是」。

每天早晨，你要告訴自己，挑戰很刺激，很有趣，你也很期盼它到來。不但要對自己這麼說，還要真誠地相信。你要做好享受挑戰的心理準備、尋覓它，然後克服它。如果希望自己的水準高過平均，就要這麼做。如果你渴求出色的成果，你不會感到遲疑。通往高收入的捷徑，就是直直穿過你面對的挑戰。

銷售工作的第四個好處是，它讓你能在低成本投資下，有可能獲取高收益。要從事這種收入無上限的工作，你得花多少成本？請把你想到的成本，和開設一家經營成功的速食連鎖店所需的成本，比較看看。基本上，新分店的老闆得投資三十萬美元以上、長時間工作，而且自己只領一點薪水。這些全部做到之後，才能夠期待隔年會有六千美元的資本報酬。

銷售工作的第五個好處在於，它很有趣。你可知道有多少人，並未樂於自己的工作中？我的哲學是，如果一件事不有趣，就不值得做。生命原本就該有樂趣，因此在你為家人賺取美好收入時，沒理由不來點樂趣。

銷售工作的第六個好處在於，它帶來滿足感。顧客擁有你的產品時，你會感覺很棒。晚上回家後，當你對自己說「我又讓另一個家庭開開心心使用了公司所提供的東西」，得知自己又幫助了別人時，你會覺得很激動。除了自己，沒人能限制你的成長。如果你想多學點，就多學點。這意味著你要更努力好一陣子；這意味著你要花更多時間工作好一陣子。不過，你額外的努力，在未來的某個時候會有回報，會為你贏得更高的收入。

這個世界上，大多數人的工作與職業，都未能發揮當事人的潛力。他們勞動的範疇侷限於狹隘的範圍中。

然而一個專業銷售工作者，不會覺得自己的成長有任何限制，除非他們自我限制。他們知道，自己永遠有餘地可以往外拓展。他們明白，成長與自己的能耐成正比。他們對於改變的未知幾乎無所懼怕，因為戰勝未知是他們每天的工作。這是成為專業銷售工作者的好處：它刺激你的個人成長。

想賺更多，就發展更多能耐。你要研究本書講的銷售技巧，研究你的產品或服務，研究你的顧客與負責區域。要跟得上科技，至少是那些讓你更有生產力的技術。要抓住每個機會訓練技巧成長，要做自己知道該做的事。只要跟著課程走，你一定能把收入推升到更高的水準。

我的生存目的就是，幫你賺更多錢。請不要讓我失望，你要發展更多能耐，贏得更多收入，獲得屬於你的那份生命中的美好事物。有能耐的發展，是唯一的方式。我知道很多銷售工作者每年有幾十萬美元的收入，有些可以賺到一年百萬美元以上。他們有各式各樣的背景、截然不同的個性，以及五花八門的興趣，這讓我覺得很有意思。他們還有許多共同點，其中最重要的是「他們有能耐」這個特質，他們十分清楚自己在做什麼。和我的課程一樣，這本書的目的，同樣在於協助你學習變得有能耐。請注意我是用「學習」這個字。不過，還有一件事會妨礙我們學會有能耐。

## 「銷售是一種天賦」的迷思

很多人都有這樣的認知，已經見怪不怪了。它是個要誘惑我們的惡魔，它讓我們逃避為自己的績效負責。這個常見的謬論是破壞力十足的想法，我現在就要把它從你的腦中去除。

我在全球五大洲訓練過逾三百萬名業務員，我碰過許多學得很快的優秀學生，也碰過很多連自我潛能的最低層次都還沒搆著的學生。令人難過的是，這類學生中，有很多無法發揮出太高的潛能，因為他們堅決相信「銷售是一種天賦」。這種迷思會朝兩個方向發展。

其中一些人相信，自己天生就懂銷售。有這樣的自信很好，但這往往只會導致自負而已。一旦自負，就會以為自己不必和一般人一樣要花精神學習培養能耐，他們就把自己困在遠低於潛能的地方。但有更多人相信，自己天生就不懂銷售，認為學習培養能耐是沒用的，結果把自己困在遠低於潛能的地方。

別太急著說自己沒有這樣的迷思。我太常聽到課程中的學生輕率講出這樣的話。事實上，我相信那些績效遠低於潛能的業務員，大都陷於這樣的問題中。現在來攻擊這種危險的想法，並將之去除吧！

從來沒有一位出色的業務員，天生就那麼厲害。請想像一下，有個女子待在產房裡，她剛生下來的孩子開口就說：「放輕鬆點，各位，如果你們有任何問題，請問我，不要客氣。」這種狀況不是很蠢嗎？這個小傢伙甚至於還要很久才會開始學走路、講話，以及不必再使用尿布，他有很多事要學。心理學家目前仍在爭論，聽到突如其來的巨響時，我們之所以會跳起來，到底是出於本能，還是來自學習。不過他們已經認同，任何有關銷售的知識與技巧，都是學習而來的。

所以，別再為自己找藉口，不努力學習如何在銷售工作中培養能耐呢？無論你認為自己是天生奇才還是天生庸才，你都必須付出代價學習。而且永遠不能停止學習與複習；真正專業的人，每年都會回頭加強基本功。接下來就從基本功談起。

## 七大基本功，讓你表現出色

「出色的業務員就像出色的運動員一樣，不過是把基本事項做得很好而已」，很少人願意接受這樣的事實。有些人以為，這些基本功有捷徑；他們以為，只要能找到捷徑，就能掌握「人在家中坐、錢從外面來」的祕密方程式。你愈早去除這樣的幻想，就能愈快藉由有效運用這些基本功，朝著你想要達成的高成果邁進。

**一、開發顧客：**如果你和我課堂上的大多學生一樣，一聽到「開發」這個字就有些緊張，請不要這麼想。如果你不喜歡開發，那是因為沒人教過你把它做好的專業方式，而我會教你。

**二、以專業方式進行第一類接觸：**我們經常會碰見新朋友，可能是在社交場合、在孩子參加的活動中、在教會裡、在無涉生意的商業場合。銷售的成功關鍵在於，在這類第一次接觸中琢磨你的技巧，好讓其他人能夠記得你，同時你也要盡可能記得別人，才能在下次碰面時（有可能就是要談生意了），讓他們更加印象深刻。

**三、篩選：**很多業務員都把許多時間花在和錯誤的人選交談。如果你這麼做，無論你以多麼好的口才介紹服務或產品，你的收入還是會很少。等一下我會教你，專業人士如何確認自己把時間投資在能夠做決策的正確人選上，而非花在無法做決策的錯誤人選上。

**四、簡報：**在篩選並得知當事人對於你的產品或服務有需求後，就是進入第四個基本動作的時候了，也就是簡報或展示。你必須在簡報中讓潛在顧客覺得，那正是他們心中始終記掛著的東西。

**五、處理異議：**養成能耐的第五個基本動作是，學習如何有效處理異議。或許你有些潛在顧客希望先暫緩交易、重新思考一下；有些潛在顧客可能已擁有你正打算賣給他們的其中一件東西；有些可能已經與你的競爭者往來多年。你聽過諸如此類的回應嗎？如果你做銷售工作超過一週，你一定聽過。請繼續讀下去，你會學到一些讓你下次再碰到同樣狀況時，能夠微笑以對的方法。你可以微笑地談成一些像這樣的生意，成交的數量會多到讓你開心。但這抹微笑背後是有代價的，你必須學會如何處理異議，並把想法融合到你的提案中，還要懂得那些能夠促使它奏效的字眼。

**六、結案：**在水準之上的不少業務員在開發顧客、與對方接觸、篩選、簡報，以及處理異議方面都做得很好，以致他們產生一個念頭，即以為自己能夠在還沒培養出結案能耐之前，就把生意成交。這當然是導致他們無法成為傑出的一項因素。結案的動作既包含藝術成分，也包含科學成分，而且這些成分是可以學會的。

**七、轉介：**滿足了顧客的需求、完成交易後，你就贏得了找到下一個潛在顧客的權利。這意思是，由每一個現有顧客幫你介紹生意；這是第七個，也是最後一個基本動作。如果顧客很開心，他們也會希望別人一樣開心。只要你願意學，我會教你一些方式，讓顧客每次都幫你介紹優質、高水準的潛在顧客。

不過，很多人都忘了怎麼學習，所以接下來我們很快來複習一下學習的步驟。這套東西不但可以用來學習本書中的每件事，也適用於任何你想要學習的項目。

## 學會快速賺錢的五個步驟

了解如何快速學習，是個人快速成長與快速在業務工作上成功的關鍵。面對新知識，一般人很容易會習慣於簡單讀過就算，或是不想有系統地花力氣掌握與吸收知識。這樣一點都不好，你只能得到一般水準的成就。勝人一籌的賺錢能力，來自於勝人一等的績效，而勝人一等的學習可以讓它變得簡單。學會勝人一等的學習系統並予以運用，會是你變得勝人一籌的開始。其作法如下所示：

**一、提升影響：**你應該已注意到，自己對某件事愈有興趣，就愈容易記得它的細節。要把某件事學得更快、更徹底，首先你得花點時間做好心理建設。想想這項知識會對你有何幫助；想想擁有它之後你會得到的好處。在你的腦中形塑清楚而鮮明的畫面，告訴自己為何要學會這東西。接著，每次開始學習之前，先花一、二秒時間回想一下，你正在追求的好處所呈現的鮮明畫面。這個動作可以讓你強化學習內容對你帶來的影響，也會讓你學得更快。

**二、重覆：**重覆是學習之母。任何一件事只要重覆夠多次，它就會開始變成你的。我認識的所有出色業務員，一開始都會運用已經確定管用的字眼。他們會修改這些字眼以其適於運用在產品與服務上，並將之銘刻於自己的性格中。完成這些動作後，他們就不斷複誦這些字句，直到能夠掌控它們為止。接下來，他們會信心十足地把那些字句使用出來，就能夠得到自己想要的結果。

簡而言之，就是他們**有效地運用了重覆的方式**。何謂有效的重覆？這絕非大半夜裡令人睡眼惺忪的單調歌曲般的東西，而是指你是在精神抖擻下密集複習。它意味著，你把內容拆解開來，再以縫成自己合身的款式；也意味著，你聽、寫、讀與說它，以及你讓內容變得生動化，在你的腦中跳起舞來；它也表示，你付出夠高的代價，努力把很好的內容轉化成自己的東西。

**三、運用：**你所學到的東西有個基本法則，即**不用它，你就失去它**。這法則適用於所有學習，在特定團隊學習業務技巧時也適用。

關於技巧與知識，有一項令人驚嘆的事實：它們不會因為使用而磨損，反而是恰好相反。知識若能頻繁運用，將會更有深度與意義；技巧若能頻繁運用，將可變得更為穩固紮實。而銷售技巧與知識的頻繁運用，是你贏得高收入的唯一方法。如果只是為學習而學習，會很枯燥無味，學習應該視為某種形式的娛樂。要想讓任何種類的學習能有意義，就不能只是「需要的時候可以用」而已，還得要真的拿來用。學而不用，猶如把肥料收在袋中不用一樣。

要找出你的提案接受度最高的黃金時段，就在於那段時間內盡可能出現在更多人眼前，把你的策略、詞句及話語用出來。只要你用得適切，它們會管用的。你既可以為下次的簡報磨練技巧，又能同時賺到收入。

你要到正考慮購買公司專機、電腦（或是任何你正在行銷的產品都可以）的高階主管面前；你要前往需要你們公司電器產品的家庭；你要走進那些正在浪費金錢的人們的廚房裡。這些都是你應該為別人的好處著想，把整理好的有用銷售言詞運用出來的場合。你已經把自己變成一台銷售機器，現在把機器打開，產出結果。在你進入高速運轉、開始有效運用學到的內容的那一刻起，你就會看到自己充滿光明的新命運。在這一刻，你已經做好了突破一般層次、進入傑出者之林的準備。你已經做好了飛得更高更遠的準備，因為你已擁有學習而來的全新能力。你也已經做好了進入第四階段的準備，可以繼續在學習以及通往卓越的路上走下去。

**四、內化：**在你運用了學習對自己的影響力、把學到的標準內容對應到自己的需求上並且吸收，而且已經藉由頻繁的使用強化了自己的新技能後，就會發生內化的現象。你已經把它們運用得很有效了，因此最早產生的正面成果，會帶來一股力量，加快你實現出色的績效。突然間，這些新概念不再在你體內翻騰了，而是造就了一項新事實，即你和這些概念已經合而為一，它們完全就是你，你也完全就是它們。

曾經有一些銷售高手，帶著配偶來我的課堂。才幾分鐘的時間，他們的配偶就會說：「我老公（或我老婆）講話好像你！」其實不是這樣的。講這些話的人，他們的老公或老婆並非在模仿我說話的方式，而是在表達自己想法的時候，運用了他們和我之間共通的「成功的語言」。我們都使用相同的技巧，而且因為雙方都已經把共有的知識內化，也據以達成類似的成功經驗，聽起來才會覺得似曾相識。就我們在此要學習的主要內容而言，學到後你可望在銷售工作中表現出色，但是也有很大的風險，會退回到一般水準的績效去。這是第五步要發揮功能之處。

**五、增強：**在取得超級銷售專業的地位後，你可能會動搖，輕視起過去把你帶到今天這地位的辛苦與方法。在你還在努力力爭上游時，你很容易就會說：「噢，我才不會這樣。等我成功後，我不會忘記自己是怎麼做到的。」但你會這樣，而且這並非全然壞事，它表示你不願再去回想過去的困難，只想一笑置之。不過，身為訓練師，我最艱困的工作往往在於指導那些業績開始下滑的超級銷售專家。他們不願相信，自己碰到的困難來自於他們不再做那些過去讓他們得以成為超級銷售專家的動作。除此之外，還會有任何原因，讓他們的業績退回到一般水準嗎？你可能會說，馬克斯．寇塔巴斯特（Maxie Kwotabuster）的業績之所以下滑，是因為他午餐喝了三杯馬丁尼，是因為他在黃金時段打了三小時手球，或是因為他在成功後對人的態度。但回頭看看老馬克斯，過去在他努力跳脫一般水準的業績時，他的午餐吃得很精簡，足以讓他精神煥發，下午工作有效率；他小心翼翼地確保黃金時段，運用得很有效率；他熱誠待人。你可以確知，在馬克斯第一次成功時，他留下了足夠的時間，可以把銷售工作所有的基本功執行得很有效率。

進入銷售工作後，你會學到產品知識，學到一些銷售技巧，外出找一些潛在顧客，把自己的知識運用出來，也開始賺到一些錢。但接下來，你突然間開竅了，你不再做公司要你做的那些事，業績開始下滑。

你可能會在看完內容後放下這本書，並且在六個月內把收入變成兩倍。接著你不再做那些我要你做的事。你不再做那些促使你的收入變成兩倍的事。你的收入會開始減少，你也會想知道原因。

有一種方式，可以避免這樣的事發生，那就是不要停手。

大家都知道，高中的運動團隊都會練習，這並不意外，因為這些孩子們必須學習怎麼比賽。大家也都知道，大學的運動團隊也會練習。應該的，因為他們還很年輕。但是在任何球季開始之前，職業運動員已經開始在流汗練習了。一軍的選手在練習，明星四分衛在練習。他已經月入斗金，但他還是在跑步，他還是很辛勤。他確實會花一些時間參加新比賽，但大多時候，他還是在磨練自己的基本工夫，在複習基本事項。事實上，有趣的是，一個運動員愈是專業、愈是有天分，就愈會練習與訓練自己。這就要回歸到一種稱為「紀律」的美妙小事上，你必須要求自己去做明知該做的事。

別讓自己的出色表現消散，要經常灌溉它，讓它成長。你會發現，在學習任何重要東西時，真的都是這樣。每當你多深入複習學習的內容，就會看到先前沒看到的部分、找到先前還沒準備好要運用的一些想法。每複習有效知識一次，在你先前的見解當中，就會增添更豐富的見解。

## 你的原始工具

我來問你一個問題：如果職業高球手用的是球桿，網球選手用的是球拍，木匠用的是槌子，專業的業務員又用什麼呢？

我們用的是一種使我們陷入許多麻煩的工具，不是嗎？但是你看看高球巡迴賽中，有哪個選手不曾拿著球桿把球打到沙坑中？有哪個網球選手不曾拿著球拍打輸對手？有哪個木匠不曾拿著槌子打到自己的大拇指？有哪個業務員不曾拿著自己的原始工具，講出某些使顧客跑掉的話語？

你必須自信滿滿地運用自己的原始工具，也就是讓你臉上那張「嘴巴」開口。只是，它可能功能失靈。你講的話，可能毀掉生意或創造生意，因此你必須把自己的嘴巴當成銳利的工具，必須聰明運用，帶來的效益才會多於傷害。不過，目標要訂得合理些，你不可能無理地要求它永遠不會講錯話。

打網球時沒把球打好，就像在銷售時講錯話一樣。每年在溫布頓大賽中，最後的贏家還是會有拿著球拍餵幾記好反擊的球給對手的時候，而日每次一這麼做都會失分。但更多時候，他們都還是拿著球拍，打出促成最後勝利的每一球。

無論打網球或銷售，都可以學會如何避免犯常見的錯。但是在銷售工作中，經常會碰到一些特別的新情境，這表示你一直都有機會在特殊狀況下犯新錯，通常是指講錯話。好消息是，如果你已學到夠多該講的好話，而且也集中心力要把這些話講給潛在顧客或顧客聽，你就不太有機會再說出讓自己後悔的話。就算你真的講錯話，你也比較不會漏講重點。你要多花心思回想自己該講的話，展現輕鬆、愉悅與有自信的態度，而非只因為自己過去曾經不小心選錯用詞，就擔心到讓情緒變得緊張、憂鬱、恐懼起來。每個人都會有沒把話講好的時候，要接受這樣的事實。然後，要養成尊重所有人的誠懇態度，學習講該講的話。只要這麼做，你永遠不會被自己尖銳的舌緣傷害到。

## 第二章

# 銷售高手的十二項特質

經常有人問我，頂尖業務員有什麼人格特傾向或特質。銷售新手或是希望衝高收入的銷售老手，如果懂得詢問「有哪些特質能夠自行發展」以求取成功，我要說他們很聰明。我已經觀察到十二項似乎在銷售高手身上都能看到的共同特質，不過它們是緊密相關的，十二項之間是契合在一起的。你不可能只改善其中一項特質，又同時不改善其他特質；你不可能忽視其中一項特質，又不至於傷害到自己在這些特質上的整體潛力。在我們探討這十二個層面時，請想想你會為自己各打多少分數。分數由低至高是一至十分，十分代表你已擁有該特質，你甚至不必再設想要怎麼改善它。只要任何一項特質你給自己打的分數低於七分，就必須花些心思、犧牲一些東西來改善它。

**一、銷售高手一從門外走進來，你就會認出他們來。**無論他們穿著保守、包覆在最尖端的流行服飾中，還是介於二者之間，都一樣以他們的穿著打扮，清楚呈現出他們有能耐。一看到他們，你就知道你面對著一股驚人的力量，即他們有決心，而且已經準備好要貫徹到最後。他們會散發出一股獨特的個性，給人遠比純粹的外表令人印象深刻的穩固價值感。無論他們天性如何，時間又讓他們留下了什麼，他們已形塑出一股氣勢逼人、一見難忘的觀感。

**二、我們訓練過的銷售高手，對於銷售工作以及對於自己，都極感自豪。**這種自豪是建立在他們完成職責及發揮潛能的那股認真上。他們不但對這種以助人維生的工作感到自豪，也對公司、產品及自己提供的服務感到自豪。不過，他們並不覺得，必須因此瞧不起任何工作成效不如他們的人。沒有這種真誠的自豪，就當不了銷售高手。

**三、銷售高手散發出自信。**如果你是個銷售新手，你可能會問：「現在我還不知道自己在做什麼，要如何才能有自信？」

我同意，在你並不確知自己在做什麼的狀況下，都要提防自信感。過度的自信幾乎都會讓你在河裡翻船。如果你有過度自信的問題，只要重重摔幾次，很快就能讓你的自信程度降到與知識程度相吻合了。你不會有任何實質的傷害，你只是得到一些發展幽默感與練習銷售技巧的機會。

長期為過低的自信所苦，是另一個大風險。潛在顧客會察覺到你的不確定感，就算你把產品的簡報做得頗不錯，他們還是會找別人買。每天學到技巧後，你必須練習愈來愈有自信。要記住，顧客與潛在顧客要的並不多，他們要的是你對於產品或服務的完整知識所呈現出來的專業。你所接觸的人會動心，是因為你的信念、你的說服力，以及你在提案中的自信。完成訓練後，你會掌握幫助別人做出購買決策的工具，你會相信自己的價值，你也會散發出自信。

**四、銷售高手會以溫暖別人的態度完成交易。**對此你可能會覺得困惑，而如果你傾向於把銷售工作看成基本上只是一種把錢從別人身上拿走的事業，你會更感困惑。

一起來談談這樣的想法吧！畢竟它確實存在，對數百萬人而言也帶有某種真確性。它起源於少數認為銷售純粹只是一種侵攻之舉的業務員，不過所有這類的禿鷹，最後都會遭到睿智的新式業務員所取代。新式業務員懂得篩選潛在顧客、關心顧客，也會確保顧客能夠藉由購買，得到比所付的價格要多的好處。

我們都聽過有人說：「我以前做過銷售工作，但我的手法不夠強硬。」講這種話的前業務員並未意識到，自己從來就沒學會如何以專業手法開發、接觸及篩選潛在顧客。事實上，當中有很多人甚至搞不懂「篩選」這個字在銷售上的意義。他們不管三七二十一，硬要把心底深處明知道不適合潛在顧客的商品或服務，賣給顧客。做這種事，讓這些前業務員覺得自己好像大騙子。由於他們本質上仍是誠實的人，他們必須跳脫這種罪惡感。但他們沒有接受訓練，而是離開了銷售工作。

銷售高手不會有這樣的問題，因為他們從不把東西賣給明知不適合賣的人，也不會以熱心態度催促別人購買，而是真誠地出於幫助顧客過更好的生活、更有樂趣、節省金錢，或只是想把任何有益於顧客的產品或服務提供出來。在這樣的技巧下，銷售高手會自然而然地在真誠的關懷與熱心下，把顧客引到有益於顧客自己的決策去。

**五、大多數的銷售高手都只尋求一個人的肯定，那個人就是自己。**他們意識到，這個世界有許多人事實上並不關心外界事物，甚至對自己的權益也漠不關心，只要眼前心滿意足就夠了。但銷售高手很清楚，自己無法只憑一己之力，就改變這種主流文化。因此，他們會在人生的大河中，通過那些自己無法解決的問題，避免淹沒在裡頭。他們會致力於運用在銷售工作中發展出來的技巧，幫助顧客及自己摯愛的親友。銷售高手對於自己所做的每件事都很有信念，也很有信心做好。

**六、銷售高手有想要致富的欲望。**沒錯，就是想要有錢。他們希望能有高收入作為資本，再透過投資達成財務獨立。只要一路上服務過的顧客都獲益，致富何錯之有？真正的銷售高手會形塑自己的價值、安排自己的生活形態，以達成致富的目標。

**七、這是一種我無從衡量的特質，但我知道銷售高手身上往往可以找得到，也就是想要成功的熊熊欲望。**業務經理們長久以來都會說：「要是我可以測量每個人想要成功的欲望有多強就好了。這樣的話，挑選新進業務員的問題就迎刃而解，我們就知道誰在面對挑戰與挫折時仍會持續拼戰，誰會停止與放棄。我們就不必再擔心會挑到看起來幹練、什麼都不缺，獨缺成就欲望，最後落得虎頭蛇尾的人了。」業務經理會覺得要是能這樣該有多好，只可惜並無方法能測量別人的成就欲望有多強，只有你自己才能衡量自己的成就欲望有多強，以下就是衡量的方式。請自問以下三個問題：

在我停手不幹前，我可以承擔多大的痛苦？

在我停止工作、回家躺下前，我可以承受多少問題？

在我通往成功的路上，我願意接受多少次拒絕？

如果你有成為銷售高手的潛力，你的答案會是，無論碰到多大的痛苦、多少的挑戰，你都不會停手不幹，因為它們和你的成就欲望相比，根本不算什麼。

**八、這一點我之前提過了，但我要再提一次，因為它正是成功不可或缺的。**銷售高手會去發現自己的恐懼所在，但由於我們太擅長把恐懼隱藏起來，因此要這麼做往往並不容易。不過，銷售高手會堅持不懈，他們會了解到自己懼怕什麼，接著他們會攻擊恐懼、克服恐懼。一旦做到這件事，銷售高手會散發出一種只有在克服恐懼後才會出現的自信。

**九、很多業務員只有在凡事順利時才會開心。**他們的熱情完全取決於別人及外在事件。你也會這樣嗎？如果會，請你深入思考一下，為何你要任由命運中種種無常出現的不順遂擊倒你呢？為何你要在凡事順利時才覺得開心？會這樣的業務員，所採取的銷售方式，往往會是無所事事，只等著有人走進來，主動要求買東西。如果你和銷售高手共事，你會判讀不出來，上個鐘頭、昨天、上星期，甚至於一個月前，他周遭的事情順不順利。為何他們能把自己的感受這樣隱藏起來呢？這個嘛，他們其實打從一開始就沒隱藏感受，而是對生命充滿熱情。他們知道自己會碰到挑戰，就算這星期沒有，下星期也會有。他們知道在五年的期間中，某幾季會比其他幾季來得好。銷售高手也知道，無論自己成果有多好，在真正成功之前，依然還是有失敗的可能。一切都是一場名為銷售的遊戲裡的橋段。因此，他們不必在失敗時隱藏感受，因為他們依然充滿熱情。

**十、我所訓練過的頂尖業務員，對於所服務的顧客會投入情感。**銷售高手會真心關懷顧客，會把這種真實感受清楚易懂地傳達給顧客知道。正是因為這樣，銷售高手才能獲得這麼多轉介而來的潛在顧客。我認為，一個業務員要是沒有當之無愧、源源不絕的轉介顧客，就永遠不可能有太好的收入。這些技巧背後的祕密，就在於關懷。

一旦接受你提案的潛在顧客察覺到，你的雙眼背後藏著一台只要他們一點頭，就會幫你計算收入的收銀機，他們會自然而然抗拒你。他們會覺得，你比較在意的是完成買賣，而非讓他們開心。這麼一來，你不但未能讓潛在顧客感受到你真的關心他們的利益，進而激起他們想要與你交易的強烈情感因素，反而給了他們避免與你交易的強烈情感因素。

你可能會覺得這種事難以置信，但我確實碰過少數幾位憎恨他人的業務員。只是就我所看到的例子，這種人往往會不停換工作，因為會憎恨他人的人，樹敵比賺錢的速度還快。相對的，銷售高手比較會長期從事相同的工作，也會把豐沃收入的一部分，拿來建立顧客。之所以會如此，是因為他們不但是銷售專家，也是關心別人的專家。

**十一、你曾把別人的拒絕當成個人的失敗嗎？或許是有個你正在洽談的顧客（那種你已經完成所有簡報的潛在顧客）決定和你的競爭者洽談，並且告訴你下星期他會打給你。**他不但沒打給你，甚至於沒回你電話。等到再下週你找到他，他已經向對方購買了。

你不可能阻止這種事發生，但你可以訓練自己從容以對。這些潛在顧客並非拒絕你這個人，而是拒絕了你的產品。銷售高手不會把拒絕當成是針對自己。

**十二、出色業務員的最後一個特質，也適用於其所屬公司，亦即他們都相信，應該持續接受教育。**他們會研究技術、學習新技巧；公司經理會鼓勵業務員去上課，去聽教學性的廣播節目，去看訓練銷售技巧的節目，以及去讀談銷售與人際技巧的書。

你永遠不必催促銷售高手投資自己的大腦。如果你是個銷售高手，你會知道，只要你把更好的想法裝進腦子，就會產出更棒的績效。你會知道，開始改善環境的起點，就在你自己的頭蓋骨裡。只要投資更多時間、金錢及心力到腦子上，更美好的事物就會開始降臨到你身上。你將會有更多旅程可以享受、住進更舒適更有名聲的住宅，購買更多好東西，你想給自己什麼都行。

## 為何不可能失敗

即便我一再目睹此事發生，每當我回到一個城市開課，又看到同樣的面孔坐在前排、忙著做筆記時，還是會感到驚訝。某次，在一堂大約有一千五百名學員的課當中，我感到很開心，因為有位面熟的先生坐在第一排，我告訴自己，我敢打賭，這個人已經連續五年來上課了。

我從講台上和他攀談，結果我答對了。因此我問他：「你把同事都帶來了嗎？」他說，「湯姆，我是我們公司的頂尖業務員，你可能覺得我說的話會有些分量。我和每個人都提到這門課，也一直鼓勵他們來，但只有少數同事來了，而且全是實力堅強的業務員。每年都是這樣；真正需要的人，總是不來。」

我很驚訝，大家是把錢花到哪裡去了，而沒有投資自己？你投資買本書，我很為你驕傲，不過如果你準備吸收這些知識，那麼相較於未來你必須投資的時間成本，買書的成本根本算不了什麼。雖然你可以在銷售工作中回收到幾千倍於書錢的收入，你還是必須投資時間汲取書中的知識。

既然你已經在閱讀這些文字，那麼你應該已經擁有成功所需的所有欲望了，不然就是，你是為了要發展那種欲望才讀的。因此我說，你不可能失敗，你已經極度渴望成功，已經願意為此投資時間、金錢及心力，要成為一個更有生產力的人。

不過，我們生活在一個使人分心的文化裡，不是嗎？總會有一些事情需要我們的注意力：週一有足球賽，週二有電視節目，週三打保齡球，週四打牌，週五有小週末派對，週六狂歡夜，週日吃早午餐、打電動，以及週末的最後衝刺。你哪有時間研讀知識、練習建立能耐的技巧？

有欲望就有時間。它會讓你空出原本為耗時的觀賞體育性節目而預留的時間，會把你放到球場上，打一種只要能夠獲勝，將會刺激無比的球賽，即你的人生大賽。

## 如何養成欲望？

以下有三種方式，可以養成絕對無法澆熄的熱切成功欲望。只要你有心，這些方法一定管用。

**一、養成欲望的最大阻礙，來自於你一直在說服自己「我不可能滿足它，因此最安全的做法就是打消欲望、避免挫折」。**約翰．高伯瑞（John Galbraith）稱這種過程為「適應貧窮」，並指出人們往往會選擇自己能夠接受的經濟水準，這並不是有誰強加於他們身上。你一直會處於到底要學會接受既有成就水準，還是要花更多力氣追求更高成就的過程中。

如果你一直存著一種「我的船最後一定會因為風的吹動而自動進港」的想法，那可就慘了。很多人只是不願意面對一項事實：船一定要等到我們爬上去、費力地把帆揚起、開始掌舵，它才會前進。許多在一九六〇年代身無分文逃離卡斯楚政權的古巴人，現在都飛黃騰達了。從亞洲搭船前來、幾乎形同游過太平洋來到美國的那些人都能做到，那你還有什麼藉口好說？

我認識一些過去是四處為家的農務工作者，後來離開田裡，成功致富。如果不是他們先相信，自己能夠在好過於採收水果的工作上成功，你覺得他們會有今天嗎？如果你喜愛陽光遠勝過於喜愛寒冷的早晨，那麼請不斷和自己溝通一下。最重要的是說服自己，「我可以成功，也會成功」。

**二、聚焦於自己想要的特定事項上。**和自己約定好，「如果我做到這件事，就能得到它」。別讓自己不知為何而戰。

**三、按部就班。**如果你的收入從來沒達到最低標準過，不要在第一年就以五十萬美元為目標。要經常把目標放在能夠大大激勵自己努力，又不至於太讓自己裹足不前的收入水準。最基本的是你對於自己要有信心。

你對於自己及所愛的人有著莫大的責任，即要承諾學到本書的內容。在承諾之後迅速做到，並開始傾全力運用出來。只有這麼做，你才能達成在自己可及範圍內的高品質生活。

## 成敗之間的差異在於「SPR」

此刻，你給了自己最好的「R」。可是，你的「R」可能還沒有到非常好的水準，因為你還沒有很好的「P」。重點是，除非有人給你適切的「S」，否則你幾乎不可能有好的「P」。

我在這本書裡的工作，是要興奮與熱情地侃侃而談，把「S」提供給你，這樣你就能產生必要的「P」，進而發展出你自己有效的「R」。

我講的是一種稱為「刺激、停頓、反應」（stimulus、pause、response）的理論。如果今晚你走進房間，沒注意到你的貓就踩到牠的尾巴，你就給了你的貓刺激。你的貓會馬上有反應，而不會先停頓牠的動作，想著「等著瞧，晚點我一定要報仇，但是現在我最好先出聲離開這裡。」動物的即時反應會是「S—R」（刺激—反應）。我們人類則有比貓出色得多的能力，可以因應刺激。我們可以在接受刺激後，停頓思考一下最好的反應是什麼，再反應。

在銷售時，停頓是必要的，就算你已經熟知每一種刺激該如何反應也一樣。對刺激（像是顧客的異議）回應得太快，他們可能會覺得，你已經回答過這個問題無數次，覺得你太滑頭。換句話說，他們的心中可能會因而懷疑起你和他們交談的動機。因此，即便你的腦袋瓜馬上知道該如何答覆顧客的異議，最好還是先停頓一下再回答。停頓會讓對方覺得你好像在思考最好的答案一樣，彷彿在那一刻你是和他們站在一起的，而非和回應其他一千次同樣的異議時一樣，只給了同樣的答案。就算你已熟知該如何反應，停頓還是很重要。

現在請你拿張紙，寫下人類的反應方程式：S—P—R。

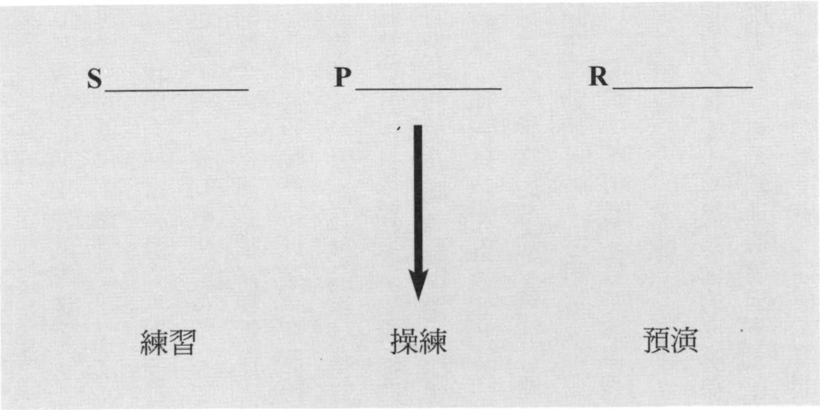


這代表著刺激—停頓—反應。現在，從P往下拉個箭頭，寫下三個可以讓你變得不同的字，三個可以讓你停頓得更有效的字：練習、操練、預演。

對於任何你選擇要做的事，要是能在實際做之前先練習、操練與彩排，是最好的。新手業務員最讓我覺得難以教導的一件事是，讓他們相信，要是等到站在顧客面前時才知道自己要講什麼，那就太晚了。

許多新手業務員之所以覺得，自己可以靠臨場反應且可以順利的原因之一在於，他們對於銷售流程的錯誤想像。他們把銷售現場看成是步調慢的場合，有很多時間可以講笑話、聊體育與天氣，也可以靠著臨場反應，處理任何意料外的挑戰。但這些新手業務員沒有意識到，即便是在輕鬆的氣氛下洽談，在商業真實面，步調一樣是奇快無比。

而且，有些採購專員很惡名昭彰，他們會和自己不熟或不喜歡的業務員一直聊瑣事，以避免聽取簡報。許多採購的人都會做這樣的事，如果你賣的產品或服務是採購專員會定期購買的品項，像是工業用品，你可以確信，其中有部分專員一定會有較偏好的業務員存在。除非你能夠拿出吸引他們的獨特提案、在走進對方門內之前就先擊倒對手，否則每次一定都是受偏愛的競爭者占上風。

我不是個出色的網球選手。我懂網球規則，較年輕時也常打網球，但我已經好幾年沒打了。請想想，如果我在聲稱要打敗一位網球好手之後，馬上就下場和他比賽，會怎麼樣？

我用力把球發過去，對方會朝著離我很遠的地方打回來。我看到球過來，會心想「好，現在快跑過去，把球回擊。」當然，在我還這樣想的時候，球老早就在那個地方落地了。我受到了預料中的刺激，但是我必須停頓動作，以思考如何反應。等到我想出正確的反應方式時，時機已經過了。

但假設我們可以讓時間倒轉，回到這位網球好手還沒有打過任何一顆網球的那一天，而且讓他改學游泳，當場為他的網球生涯畫上句點，反倒是我開始朝職業網球手邁進的話呢？先別管我在職業比賽中打得好或壞，游泳而不打網球的他所打過來的每一球，我都回擊過一萬次以上。如果此時把我們放在同一個球場裡比賽呢？我是個多年以來全心全意打網球的人，他在這些年裡卻都在游泳，連網球拍和五弦琴都分不清，這樣會發生什麼事呢？我自然而然就能在球場上打垮他。重點在於，徹底的準備，包括心理建設及自信的建立，在絕大狀況下都是成功與否的決定性因素。無論在運動項目中，在銷售上，或是在任何地方，只要準備得比別人多，你很少會嘗到失敗。

那麼，所有比別人做得還好的準備，有什麼共通點？就是速度。

更勝於人的準備，可以建立起反射性的反應。一旦你的反應來自於反射，它的品質就自然而然提升。這不光是因為你的反應總是夠快，也是因為你不必急急忙忙，因此有餘裕可以挑選最好的回應方式，再順暢地傳遞出來。在你這麼做的同時，你也會有時間可以想想下一步怎麼走。如果你還在試著靠臨場反應，你根本沒閒功夫想別的。

銷售高手會收集顧客的異議。他們喜歡從其他銷售能手那裡聽到顧客的異議，看看書，再自己思考該如何回應。任何時候，他們都樂於得知新的異議類型，唯獨在面對顧客時除外。可以確知的是，銷售高手們愈快得知新的異議類型，就愈快想出最佳回應方式。但他們不會僅止於此，而是會練習、操練及預演最佳回應方式。銷售高手在銷售現場聽到新異議前，早已做好馬上提出最佳答覆的準備了，因為他們已經練習、操練及預演過對於各種已知異議的答案。專業的工作方式，就是這樣。他們的高收入，就是來自於這樣的思維與行動。

看到這裡，你可能很好奇：「如果真的這麼簡單，為何世上那麼多業務員都沒有成功呢？」理論確實簡單，但應用起來並不容易，不同產品與服務間各有不同，而且經常處於進化的狀態。不能只是知道幾種異議的類型、背好答案，就又把「異議—回應」這件事永遠拋到九霄雲外去了。懂得經常對新異議類型保持注意，以及尋求以更好的方式回應舊異議，才是個銷售高手。

你的潛在顧客會不會對你的產品或服務提出以下的異議？

- 「三年前我們用過（或者，我們買過一個），但我們對於成效很失望。」
- 「你知道嗎？我們不是那種草率做出決定的人。你的相機很棒，但我們決定要再多看看。」
- 「你們賣太貴了。」

現在，你可以看著這些常見的異議，然後說：「以後我會研究一下如何回應這些異議，但目前我靠臨機應變也沒有什麼問題。面對顧客時，有時我會想出一些真的很棒的回覆方式。」

你當然可以這麼做，畢竟你就是這樣打破銷售紀錄的嘛！什麼，你沒打破過任何銷售紀錄？

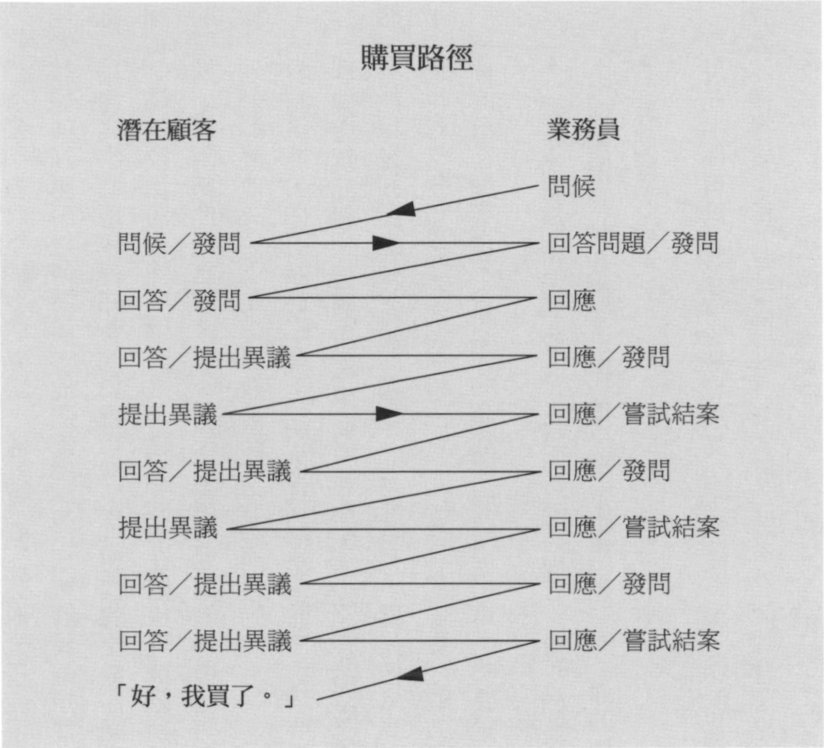


那麼，可能的原因之一，就是你都靠臨機應變因應異議，沒有事前練習、操練及預演。一個人如果無法先在處理異議上表現出色，就不可能有出色的業績。等到你變得專業之後（也就是你決定不再隨性參賽，而是要爭取大獎），面對異議就能不停頓、不思考，直接給對方有效的回覆。

在談異議的那一章中，我會教你一些已證實有用的回覆方式，來處理在諸多銷售狀況中常見的基本異議類型。等到你對於這些異議的回覆，已經練習、演練與預演得夠徹底後，你就會熟悉這套方法了。你就懂得怎麼為此時此刻只出現在自己的提案中的特定異議，設計有效的回覆了。

要徹底熟悉這些標準的異議回覆方式，它們都是在你每天的銷售工作中最常聽到的。如果你對此從不研究，那你一定是還沒察覺到所有成功的銷售洽談，都會照著右圖這種型態發展。

當然，這張圖已經極簡化過了。但基本要素就是這些了，重要的是概念。這張圖呈現出的是精簡的銷售過程。專業業務員要發揮的功能在於，了解潛在顧客可能會問什麼或提出什麼異議、何種資訊與回應最適於因應預期中的問題與異議，以及何種結案方式最能引領潛在顧客同意購買。總歸一句，就是他們講這個，你回答那個，持續一陣子之後，讓他們帶著你推薦的、最適合他們的相機離去。為何能夠如此？

因為你早已精確地學習過，他們會怎麼講，你又該怎麼講。

講到這裡，我又要再強調練習、演練及預演的重要性了。這本書裡寫著有逾百萬位業務員適用的技巧，包括異議及其相對應的回覆，以及結案方式。你必須把這些東西變成自己的，這代表著你應該要：

- 練習你要用的精確字詞，直到它們成為你的習性。
- 反覆演練，直到能夠清楚而令人信服地把這些內容表達出來。
- 請其他關心你工作成就的人幫忙，盡可能創造貼近真實狀況的場景並做預演。

這些都做到後，你的專業準備工作就完成了，你就能得到專業業務員應得的高收入。因為，在你面對顧客、他們給你刺激時，你可以馬上提供更靠近結案一步的回應。難道你不希望這樣嗎？

做好專業準備，你就能拿到專業級的收入。但是不要拖，今天就好好開始動手。這些話聽起來很耳熟，對吧？很多產品與服務，都會以這樣的話，把能夠協助顧客實現目標的效益展示出來。你已經拿辛苦賺來的錢買了我的書，那你要不要學會我的想法呢？你要不要投資所需的時間和心力，把內容變成你的東西？這是你的人生、你的決定。我希望你做出正確選擇。

第三章

# 問對問題，全心全力朝成功銷售邁進

在我們探討專業業務員會運用的問題前，重要的是先意識到，為何自己必須精通發問技巧。

## 發問技巧的十二種用處

**第一、問問題是為了取得控制、維持控制。**一來就不會任由潛在顧客取得對話控制權，二來在你提供重要細部資訊時，也不會亂無章法。問一些協助你判斷顧客最需要什麼解決方案的問題，可以讓你取得及維持銷售場面的控制權。每個問題之間必須環環相扣，顧客才會跟著你的帶領走。

**第二、問問題是為了找出顧客感興趣、你又可能幫得上忙的大方向。**接著問更多問題，以縮小範圍，勾勒出自己有機會服務顧客的層面。然後，再問更多問題，以鎖定你能夠提供的具體產品或特定服務。

**第三、問問題是為了取得顧客的肯定回應，以開啟顧客的非正式允諾，再慢慢擴大對你提案的正式認可。**如果在前面的階段中，顧客給了夠多的肯定回應，那麼等到最後要做決定時，他們就比較難改變心意對你的產品說不。

**第四、問問題是為了引發及引領顧客的情感朝著購買而去。**第四章會有詳細的探討。

**第五、問問題是為了找出異議所在。**經過篩選，也已經妥切互動過的潛在顧客，很少會再對你的提案提出那些常見的異議。任何一個顧客只會有少數幾個異議，就算有，也不會是太重大的異議。銷售高手會先找出對每位顧客而言較為重大的異議事項，並以專業手法解決掉。他們知道，篩選過的顧客，就不會提異議提個沒完了，也知道顧客難免會有某種程度的異議，但他們不是帶著恐懼逃避，而是熱切想把它們找出來。

**第六、問問題是為了解決異議。**毫無疑問，解決異議的最好方式就是提問題由顧客回答，藉此證明該異議並不重要，或者根本對顧客來說是一種益處。

**第七、問問題是為了確知顧客想要得到的效益。**沒錯，我講的就是效益。顧客買的事實上不是產品或服務，而是他們預期可以透過擁有產品或服務而得到的效益。

**第八、問問題是為了讓顧客承認某項事實。**如果這事實是出自你的口中，他們會質疑你；如果是他們自己講的，那他們就會相信是真的。

**第九、問問題是為了確認兩件事：（一）顧客要再談下去；（二）你應該進入銷售過程的下一個階段了。**

**第十、問問題是為了讓顧客決定要不要接受你的提案。**

**第十一、問問題是為了協助顧客合理化自己想要做的決定。**之所以這麼做，是因為你也希望他們做這些決定。我們不是都會希望有人來告訴我們，「你需要那台花俏的新車」、「你有資格買更大的房子」、「你會因為這件四百美元的洋裝或西裝而獲益，或是贏得他人讚賞」？就在我們的情感吶喊著「我想要它」的時候，我們不都渴望有人支持？沒錯，要問問題，以協助顧客合理化他們想做的決策，以及講出帶有那種用意的、明確而堅定的話來。

**第十二、問問題是為了結案。**第十七章會談到的所有結案方式，全看你的發問能力夠不夠好。別犯下只著重「你要告訴顧客什麼」的錯誤，而且要依據他們的答案選擇不同方式結案。

## 基本發問方式

在你問任何人問題前，要確定這個問題他們回答得出來。如果他們不知道答案，可能會覺得這個問題以及發問的你，都威脅到了他們。例如，如果你想協助某人做出採購電腦的決策，別假定他們懂得所有關於電腦的資訊。一開始要先問易於回答的問題。「吉姆，很多要買筆記型電腦的人都會買我們的，因為他們經常到處跑。你主要是在市區跑，因此筆電會放在你的車上，還是你主要是帶著它上飛機？」這個問題他會回答得出來。但如果你問的是「你要買多重的筆電」、「你需要哪一種筆電套」，吉姆可能答不出來，因為他根本不知道有什麼選擇。

要問的問題基本上可分兩類：開放式與封閉式。

**開放式問題：**開放式問題，你所問的人得要思索一下才能回答出來。他們必須想想自己要怎麼回應。還記得學校老師要求，寫報告時，內容必須要回答「5W1H」的問題嗎？誰、什麼、何時、何處、為何及如何。這就是我在這裡要講的。

當你問了一個包含這些字眼的問題時，潛在顧客無法快速給你反射性的答案。他們必須在思考後，提供一些有助於你做銷售簡報的資訊。

「強生先生，這台新筆電，在您府上會由**誰**使用呢？」

「您最希望這台機器具備的功能是**什麼**？」

「您希望**何時**安裝這台新東西？」

「您預計退休後要在**何處**生活？」

「**為何**您會想要在這個時點把舊空調換新？」

「您覺得這台機器會**如何**影響您的事業？」

由於這些問題都需要思考，也是靠它們才能繼續講下去，因此你至少要在簡報中準備二至三個開放式問題。某些產品甚至可能用到所有的「W」。

現在就花點時間，迅速寫下六個與你的產品或服務相關的開放式問題。為了以正確形式寫出問題，你最好能先想想，自己希望得到什麼樣的答案。

**封閉式問題：**封閉式問題的目的在於取得特定答案。一般來說，封閉式問題的答案都很短，問題可能只是「是」或「不是」的是非題，而答案足以讓你在銷售過程中往前推進。在銷售情境中，有幾種類型的封閉式問題相當管用，接下來就來看看。

## 標準的拴綁式問法

所謂的拴綁式問法，是一種在句尾迫使你回答「是」的問法。拴綁是加諸在句尾，像是「這年頭車子的油耗很重要，不是嗎？」如果你講的事情在潛在顧客眼中為真，難道他們不會同意你嗎？等到他們認為你的產品或服務中有某些部分確實符合他們的需求，他們會更傾向於要付費購買，不是嗎？當你說「不是嗎」的時候，請帶著溫暖的微笑，輕點你的頭。由於這問題怎麼看都不帶有威脅性，潛在顧客很可能會點頭，或是開口回答「是」，以表示認同。

以下是你會覺得很有用的十八種標準的拴綁式句尾：

他們不是這樣嗎？我們不是這樣嗎？它不是這樣嗎？

你不是這樣嗎？不該這樣嗎？不對嗎？

不能嗎？不該嗎？那時沒那樣嗎？

不能這樣嗎？他們沒那樣嗎？那時不是那樣嗎？

不是那樣嗎？他沒那樣嗎？他們不會那樣嗎？

你不同意嗎？她沒那樣嗎？你不會這樣嗎？

當然，還有其他類型。只要把這種用詞巧妙地放在句尾，就能得到許多較次要的「是」或「對」。銷售就是一門這樣的藝術：問對問題、收集次要的「是」與「對」，藉此引導潛在顧客做出主要決策。最後的成交，充其量就是把顧客回答的這些「是」與「對」全部加總在一起而已。

接下來，我希望你們和我配合，運用這樣的成功策略。一個專業的業務員，會同時做很多事，他們在做簡報時，會想著顧客馬上就要得到的好處、顧客可能提出的異議，並且回顧前面已經談過的東西，據以完成簡報剩下來的部分。整個過程，都非常順暢。要想呈現那種程度的簡報，你必須讓這樣的策略自然而然融入自己的講話方式中。

首先，閱讀下面的句子，並且在空白線上，盡快填入適切的拴綁式句尾，然後自己大聲把句子讀出來。請你不時面對鏡子這麼做，以確保自己使用拴綁式句尾時，能夠在點頭的同時呈現出感同身受的樣子。專家都是同時做很多件事的，不是嗎？以下就是用於練習拴綁式句尾的句子：

「很多先進企業，現在都使用無線電腦系統了，＿＿＿＿？」

「居家保全是大家都關心的事，＿＿＿＿？」

「它們很有趣，＿＿＿＿？」

「只需練習就行了，＿＿＿＿？」

「這是一種自然而然的流露，＿＿＿＿？」

這就是標準的拴綁式問句。在進入其他類型前，請先確認你確切掌握了這個觀念：**在使用拴綁式問句前，要先等待來自顧客的正面刺激。**

如果你沒等正面刺激出現就使用，你可能會誤用到負面因子上。例如，假設我賣的是辦公室用影印機，現在我和馬可布斯（Makebux）這家公司的辦公室經理約好碰面。

我已決定要把公司的新型產品「超能（SuperPow）」賣給對方，它不但印得很快，還可以快速分色和分頁。我之所以想賣這種機型，是因為（一）賣了有獎金可拿、（二）我可以在業績比賽中拿更多分數、（三）在我的業務區域內還沒賣出過任何一台「超能」，因此我確知只要賣給馬可布斯公司一台，就可以打破鴨蛋。這些理由都很好，但那只是「我」的理由，不是「他們」的理由。

當我風塵僕僕把車子開進該公司停車場時，我這台箱型車的後座唯一的一台影印機，就是「超能」。我不需要其他台，因為我就是要把這台賣給他們。我已經下定決心一定會讓他們買下來。我不但已經把「超能」綁在一個有輪子、好用的台車上，也已經準備好一個製作精美、命名為「超能可以為馬可布斯公司做什麼」的簡報檔案夾。我已振奮起充足的精神，一定要談成。

雙方一開始洽談，我就說：「你們想要的影印機，並非只要和其他影印機一樣能印就好，對吧？你們想要的，是在印的時候也能夠分色與分頁的影印機，不是嗎？」但那位經理卻搖頭說：「不對，我們這棟大樓從來就用不到分頁功能。我們設在對街的子公司，已經有一台功能齊全的影印機幫我們做這些事了。這裡只需要一台不會故障、影印品質良好的小巧機器。」

看到我怎麼把自己毀掉了嗎？我沒問問題，而是用告知的。我沒等潛在顧客的正面刺激到來，就全面投入，結果碰壁。一個專業的業務員，會在接收到顧客的正面刺激後才結案，而不是憑著自己對自己的正面刺激。不管我再怎麼需要在自己的業務區域賣出一台超能，不管我再怎麼想贏得業績比賽，也不管我再怎麼熱切渴望拿到獎金，馬可布斯都不會購買超能。我只要把東西沒賣成卻花掉的時間，拿一半來用，就足以把桌上型影印機超能賣給對方而結案了。

如果我在赴會前致電先確認需求，我可能早就談成了。如果不便如此，或是無法如此，至少我可以先設計過簡報的內容，就能夠在中途改成介紹符合對方需求的機型了。

## 反向的拴綁式問法

為了增加變化及增添一些熱度，我建議可以把拴綁式問句倒過來講，也就是把拴綁的部分移至句子的前面，來表達對那件事的認同。要把它想成我是在和各位談論一種說話習慣，它能夠讓你在步調快速而且嚴苛的銷售工作中，建立一番事業。這裡講的四種拴綁式問句，並不是隨便拼湊一下就能在銷售簡報中使用的。銷售高手可以天衣無縫地把這四種類型都用進去，而且不會因而降低他們對顧客的專注力。這麼高程度的技巧，需要事前演練。

請把前述的拴綁式問句，拿來練習反向的拴綁式問法。很快看過去，把句子讀出來，再大聲以倒過來的方式講出來。有時候，改掉一、兩個多餘的字，會讓句子變得比較順暢。第一個例子是，「很多先進企業，現在都使用無線電腦系統了，不是嗎？」如果倒過來講，就是「不是有很多先進企業現在都在使用無線電腦系統了嗎？」其他的句子也請試著講講看，才能講得順。

## 內插的拴綁式問法

把拴綁點隱藏在複合句當中，看起來會最順暢。這聽起來很難，但做起來不難。以下把同一個句子以三種不同形式表達出來。

標準型把拴綁放在最後：「等你抓到感覺後，你就真的對它掌控自如了，不是嗎？」

反向型把拴綁放在最前：「你不是可以在抓到感覺後，就真的對它掌控自如了嗎？」

內插型把拴綁放在中間：「等你抓到感覺，不就能夠真的對它掌握自如了嗎？」

另一種變化是更為明顯的拴綁：「你可以真的對它掌握自如，不是嗎？等你抓到感覺就行了。」

在把任何簡單的拴綁式問句轉換成內插型時，你只要在前面或後面加一段話就行了。就以最簡短的拴綁式問句練習題「它們很有趣，不是嗎」為例，只要在最前面加一段話，就變成把拴綁放在中間的複合句了：「等你習慣之後，它們就很有趣了，不是嗎？」

這不是太難的技巧，這樣使用的話，可以把拴綁點隱藏起來。請把前面的那些練習句拿來練習看看，先看過去，自己加一段話，然後分別講出把拴綁點放在你加的話的中間、前面或後面時的複合句。加進去的那段話，往往和時間會有點關係：

「現在我們克服了挑戰，難道你不開心於……」

「下星期交貨時，尊夫人不會感到高興嗎？因為……」

「等你在家裡擺出這台新機型，不就能夠看到……」

「在這嚴重通貨膨脹的年頭裡，你難道不開心於自己選擇了……」

這三種類型要巧妙混合運用，不久你就會發現，拴綁式問句已成為你不費吹灰之力就能用出來的說話技習慣，而且增加了你的業績、你的精神及你的銀行戶頭。

## 順勢的拴綁式問法

最後一種拴綁式問法可以在很多層面使用。舉最簡單的來說，只要潛在顧客碰巧講了什麼有助於銷售的話，你就順勢拴綁上去。

潛在顧客說：「品質很重要。」

你說：「不是嗎？」

這話是他說的，所以是事實。每當潛在顧客講了什麼有助於銷售的話，只要你順勢拴綁，就得到了次要的認同。不是嗎？這種順勢拴綁的技巧，對於意志堅定、想要主導洽談過程的潛在顧客，尤其有效。除非你被迫得要修正某些錯誤訊息，否則潛在顧客所講的任何有礙於銷售的話，都要予以忽視，要集中心力引導潛在顧客講出有助於銷售的正面陳述，以便你順勢拴綁上去。

潛在顧客說：「你們這些機型，外觀都太四四方方了。」

你說（避免認同他的負面陳述）：「先生，您現在看到的是我們的標準系列。勞駕您過來這裡一下，我們的新款產品『清障者』想請您給點意見。」

潛在顧客：「嗯，這是我所想的有型。」

你：「我沒騙您吧？告訴我，您看到它擺在這兒，是否和我有同樣的感覺？」

潛在顧客：「嗯，好像它會以光速清空地面一樣。」

你：「可不是嗎？您覺得它會不會很好操作？」

潛在顧客：「唔，我不知道，不過會想要了解一下。」

和潛在顧客談到這裡，接下來要怎麼走，就看這個顧客是否已符合篩選條件，或是看你們公司對於展示產品的規定是什麼。無論如何，技巧性地順勢運用拴綁式問法，已經成功幫你取得三個次要的認同，也站在準備得分的位置上了，短短時間內就大有斬獲。

## 緊扣式問法

緊扣式問法就是，隨著顧客所講的話發問，繼而讓談話內容往成交的方向更靠近一步。以下是一個運用了順勢的拴綁問法、緊扣發問的例子。潛在顧客來到展示室時，隨即談到顏色的問題。

潛在顧客：「我喜歡綠色。」

你：「綠色可真棒，對吧？我們最新機種有三種深淺不同的綠色，您偏好哪一種呢？峇里島的綠、愛爾蘭海的綠，還是阿卡普爾科春季的綠？」

潛在顧客：「我選峇里島的綠。它的深淺度看起來最給人放鬆的感覺。」

你：「可不是嗎？」

請繼續再用緊扣式問法一次，引導潛在顧客往購買產品的方向更進一步。你可以用任何對話來練習，隨意閒聊最合適。此外，每次購物時，都是訓練這類技巧的太好機會，可別浪費了。

## 複選問題

複選問題就是提供兩個選項的問題，但是二者都能夠確保在銷售過程中繼續往下走。顧客對於複選問題的回答，相當於在銷售的過程中給了你次要的同意，也更往主要決策更靠近一步。最適用於在約定碰面的時間與地點、安裝時間、投資類型及講金額時。

如果你沒問複選問題，而是問了答案只有「可以或不行」的問題，潛在顧客通常會怎麼回答？如果你像我九成九的學生一樣的話，答案會是「不行」。在這個部分大家是有某種共識的，即大家都會認為，回答「不行」會比回答「可以」要來得輕鬆與安全。就是因為這樣，專業的業務員才要用複選問題，來避免問出那種等於把「不行」塞到顧客嘴裡當成答案的問題。

在大多類型的銷售工作中，幾乎都得先和買方約定時間碰面，才可能談成買賣。一般來說，更多機會代表著更多業績，因此，避免無緣無故少掉一次碰面的機會，就變得很重要了，別在還沒開始前就先結束。所以，專業的業務員絕不會問：「我今天下午可以過去拜訪嗎？」

銷售高手會給對方兩個選擇：「強生先生，今天下午我會到你們那一帶，你看我哪個時間過去拜訪，你比較方便？是下午兩點比較好，還是你覺得我等到三點比較好？」

如果他說「大約三點比較好」，你就約成了。因為你給的兩個選擇都是「可以見面」，而非他原本可能會選的「不能見面」。

這類的複選問題太棒了。如果你想把這種問題當成結案工具，那麼可以稱之為「複選推進問題」，因為不單單是用來約訪或用來協助買家選顏色而已，而是把你從做簡報的階段推升到結案階段。在詢問訂金金額，或是約定交貨日期或任何用於結案的細部資訊時，就稱為複選推進問題。

「強生先生，強生太太，我們必須約個日期交貨。哪天您比較方便呢？一號還是十五號？」

「噢，那一號好了。」他們這樣回答時，就等於買下它了，不是嗎？

複選推進問題一樣是提供潛在顧客兩個選項的問題，而且兩個選項都不是「不行」，兩個選項都能夠確保程序可以繼續走下去。

假設你要賣的是有史以來最出色的服務之一：保險。雖然在上個世紀裡，大家早已認得這項產品，但令人訝異的是，一般人還是不知道，自己需要保險。主要原因在於，他們不知道自己還沒碰過能夠協助他們理解保險、做出正確決定的專業保險業務員。

如果坐在你面前的是我（而且已經完全吸收了我這份課程的所有內容），我會笑著說：「強生先生，您要指定夫人為受益人，還是你們有個家庭信託基金？」

這就是一種複選推進問題。如果他說「我要讓妻子當受益人」，他就買到自己需要的保險了。無論潛在顧客在複選推進問題中選擇哪個答案，都一樣會進入購買你產品或服務的階段。

## 豪豬技巧

豪豬技巧是一種回覆潛在顧客問題的技巧，方式是拿自己的問題丟回去，一方面可維持對於洽談的掌控權，另一方面也藉此帶領雙方進入銷售過程的下一個階段。

你可能會問：「如果沒回答潛在顧客問的問題，他們不會生氣嗎？」

以下是我的豪豬式答案：「你怎麼這麼怕潛在顧客生氣呢？你主要關心的應該是幫助他們做出聰明的決定，好讓他們享受你的提案所帶來的好處才對呀？」

不管是什麼形式的銷售工作，你經常會碰到一些可以回答是或否，但你不會因而得到什麼的問題。別人也經常會向你要一些你可以提供，但你不會因而得到什麼的資訊。無論是產品或服務，「什麼時候可以到貨」是常見的問題，這種問題是最適合用豪豬技巧把問題丟回去的狀況之一。

潛在顧客：「我可以在下個月一號收到東西嗎？」你可以回答「噢，當然可以，沒問題」，但你不會因而得到什麼。當潛在顧客問這種問題時，專業的業務員又會怎麼回答呢？

他們會笑著說：「如果下個月一號送到，是否最符合您的需求？」銷售高手會給這種答案，因為他們很清楚，如果潛在顧客回答「是」，就等於成交了。

不管你相信與否，有些潛在顧客要的不是迅速到貨。他們可能會想要把時間押後，分散投資以避免倉儲成本，或是到可容忍的最後一刻才安裝產品。如果是這樣，豪豬技巧就找出顧客關於交貨的真正心意了，不是嗎？

銷售高手知道，豪豬技巧用起來有多溫暖，也知道以友善的關心態度問豪豬式問題有多重要。豪豬技巧如果過度使用，或是在回丟給潛在顧客時，擺出「要嘛你就忍耐，要嘛就少廢話」的挑戰態度，就失去它的價值了。若能謹慎運用，倒可以幫你賺不少。

## 參與式問題

何謂參與式問題？

**參與式問題就是，買家在買下之後可能會自問關於產品或服務效益的任何正面問題。**

換句話說，參與式問題是擁有產品的人會有的問題。你要藉此把潛在顧客帶到未來，帶到一個他們已經擁有產品的時空中。如果他們對參與式問題給了正面回應，那就是他們已經看到自己擁有該產品的畫面了。如果他們在還沒購買產品或服務前就問參與式問題，就是在告訴你，可以繼續談下去。現在把它拿來應用看看，假設有個企業家正考慮向你購買一架要價三百萬美元的噴射機。

「科克漢先生，這架飛機您打算只讓公司的人用，或者您也有把它租出去的打算？」

這是個複選推進問題，不是嗎？但在另一個層面，它也是個參與式問題。科克漢先生如果在公司經營上用不到這架飛機時，把它租出去，將可大幅節省成本。一方面你是要在他決定購買前，就提醒他有這樣的選擇存在，另一方面也是希望他能以擁有噴射機後的角度去考量。

對於任何產品或服務，都可以設計參與式問題。在你的提案中安排這種問題，既是一種挑戰，也是一種義務。之所以是挑戰，是因為並非任何產品都能夠輕鬆運用這種技巧；之所以是義務，是因為你一定得先想出參與式問題、協助潛在顧客設想擁有你的產品或服務時的狀況，你的能力才能發揮到最有效的水準。

無論是參與式問題，或是本書所講的其他技巧，你都可以拿來打造成自己的求財工具，也就是說你可以把這些技巧融入自己的天賦與智慧之中，一併提升。你所用的銷售方式，要能夠展現出自己的風格。要有創意，把創意應用出來，然後致富。

## 把這些策略納為己用

讀過我所寫的拴綁式問法、參與式問法，以及我如何運用這些典型結案手法之後，別只是坐在椅子上對自己說：「我講不出這些話來。我用不出這些字來，那不是我。」你必須有意願採取並寫出對你而言、對你的產品而言管用的策略。如果你讀了我寫的，覺得應該用不同的方式運用，那很好。那意味著，你認為還有更好的方式可以講出更有效的東西、創造更有力的觀點。

在訓練業務員時，或說在所有教育中，最大的挑戰之一，在於你既要提供有效的技巧架構、理論、方法及知識，又不能扼殺學習者的創意。這是很少能夠克服的一種挑戰，其原因與受訓者、訓練者都同樣有關。大多數的人身處於學習的情境中時，都會希望兩種互不相容的事情同時發生：

- 希望老師能夠具體教導自己對的方式、最好的方式，好讓自己能夠把所學應用出來。
- 不希望老師只因為我們身處於學習情境中，就把太僵化的教導體系強加於我們身上。

請想想這種矛盾。在看這本書時，你既想學到銷售技巧的大師具體教你該怎麼賣東西，又不想要模仿別人在銷售現場所講的話，因為那對你來說太不自然。

有時候，你可能會覺得，要是有人可以把銷售工作成功的每件事，都分解為六十個簡單的步驟，會是很棒的事。但你也知道，如果真的做得到這種事，如果每個人都只要讀完一本書，不必融入於自己的環境與天賦當中，也不用把自己的原創性、幹勁及熱情放進來，就能成為一個收入傲人的業務員，那豈不是人人都做得到了？

你不想和我一樣，講我講的話，或是用我的方式賣東西。你想要做自己，講自己的話，用自己的方式賣東西。吸收新知識、新技巧能帶來多少力量與滿足感，全看你是否把自己的東西加進去。那正是我在寫這本書時的目的，我要讓你對自己說：「既然我學到了足以讓自己成為專業業務員的技巧與觀念，我要用自己的話去運用這些技巧，把它們納為己用。」

如果你真心想在銷售工作中贏得高收入，就有這個能力利用書裡提供的原料，生產出自己的產物，把銷售工作做好。

## 右轉兩次，邁向銷售成功

很多還沒到達專業階段的業務員，心目中所想像的專業銷售工作，都和實際情況恰恰相反。進入銷售工作時，你可能會以為，「我的工作就是要不停講、講、講。」

但專業的業務員，也就是真正的銷售高手，會想到人有兩隻耳朵和一個嘴巴，應該要按比例使用才對。不要講太多話把顧客淹沒，反而要鼓勵他們多講話。現在來比較一下這兩種方法。

一般業務員會講的：

- 「這是最棒的了，市面上沒有任何產品可以相比。我們遙遙領先競爭者，因此產品都是最出色的。你最好買回家。」
- 「這種保單比市面上你找得到的任何保單還要有保障，你一定要趕快買。」
- 「這些東西正在特賣，你怎麼還在浪費時間到處逛？不可能有更便宜的價格了。」

當「業務員」採用這樣的手法時，他們在做什麼？他們在逼迫別人，不是嗎？他們在催促別人。他們在講一些別人可能不想聽的東西。他們在試著把明顯只是為自己好的一套說詞，硬逼著潛在顧客接受。這種做法只會很快嚇跑客人，只剩下少數喜歡和你爭辯的人。

相對的，專業的業務員從不給人逼迫的印象。原因很簡單，他們從不逼迫，而是引導。銷售高手不會一直講，而是大多時間都在聽，再加上技巧性的發問，引導潛在顧客從初次接觸，到沉浸在擁有產品或服務的喜悅中。真正專業的業務員，會在他們敏銳而有用意的發問中，維持關心與理解的友善態度，藉此鼓勵潛在顧客敞開心胸，免費提供自己想要的資訊。

你是否曾經感到訝異，為什麼在你向某些業務員買東西前，他們會先讓你想講什麼就講什麼？他們會留心聽你講，表現出感興趣的態度，使你感到很舒服。請回想那些對話，你可能會以為，自己在主導話題，業務員只是跟隨你。表面上是這樣沒錯，在一開始的時候。但是深入去看，自始至終主導方向的其實是那位專業的業務員，自始至終跟隨著的反而是你。怎麼會這樣？

由於他們手上有多種產品或服務可以提供給你，因此會鼓勵你先講。等到你設定出方向後，他們就天衣無縫地站在你面前，開始帶領你往多條通往成交的康莊大道走。等到他們技巧性的發問找出某一條最好的康莊大道後，會不露痕跡親切地帶你走過去。他們套在你頭上的韁繩實在太輕巧，你根本不會想要反抗，反倒是買了下去。

## 兩種都用：探索式問題與引導式問題

專業的業務員有兩種基本發問方式：探索式問題及引導式問題。

當然，這些有高度技巧的專家所問的問題，往往都能在引導潛在顧客之外，還同時問出更多資訊。他們之所以做得到，是因為深知在發問時要同時扮演好兩種角色，才能讓雙方的洽談成功。

探索式問題實在太簡單而明顯，以至於我們輕忽了其中的圈套所在。

「有什麼可以為您效勞的嗎？」

「沒事，我只是看看。」

很多零售業的業務員，都會問這樣的問題。他們多年來每天都得到五十次相同的答案，卻還是繼續問一樣的問題。就是因為這樣，他們才會到現在還在賣別針與蝴蝶結。哪天等他們決定不再問這種「可以回答不」的問題，才有資格在銷售工作中晉升到更高的地位。

你：「您早。如果您有任何疑問，請問我，不要客氣。另外，歡迎隨意看看您喜歡的產品。」

潛在顧客：「噢，我在想你們這裡有沒有……」

有時候，某個情境下，最好的探索式問題，並不是結束於問號。你可以講得像是陳述一樣，所得到的答案卻可以比詢問得太直率時，還來得充實。如果你是個外勤業務員，可能永遠沒有任何情境，會讓你想要使用「有什麼可以為您效勞的嗎」的問法，但你還是會有很多機會問出「可以回答不」的問題。

「關於你們下個月要用的十號產品，我來報個價好嗎？」

「不用了，我們手邊的已經夠用好一陣子了。」

別問這種「可以回答不」的問題，問個真正的探索式問題，不是好多了嗎？

「你們是用十號還是十二號產品？」

「我每月報價、每季報價，還是每年報價好？」

探索式發問的第一守則是：永遠別問「可以回答不」的問題。

這是很重要的觀念，因此我要再多做說明一下。何謂「可以回答不」的問題？

**「可以回答不」的問題，就是任何可以用「是」或「不是」、「要」或「不要」回答的問題。**

如果你提供潛在顧客這樣的選擇，等於是搬石頭砸自己的腳。當業務員提供這種選擇時，有百分之五十一到九十九的機率，大家會選擇否定而非肯定的答案。

## 如何取得引導式問題的控制權？

來稍微想想真理這件事。真理是什麼？這問題大家已爭論了幾千年，至今仍無共識。我並不是要試圖從哲學的角度解決這問題，我只是想強調一件事：在日常生活中，人們相信什麼是真理，它就是真理。如果你相信某牌的高辛烷值汽油是唯一一種適用於你心愛跑車使用的汽油，你就會刻意用它，就會願意為它付更多代價。事實可能是，有十多種其他品牌的汽油更適用於你的跑車；但對你來說，可以的話，你還是只願意在油箱裡加某牌的汽油。

那我們要如何讓顧客相信，事情真的如此？

我們可以用告知的，可以不管顧客想不想聽，就把所有真相都塞進他嘴裡。我們可以讓顧客知道，他不認同我們所描述的事實，是多麼愚蠢的一件事。

我們可以做這些事，但顧客也可能依然不相信。為什麼？因為那些都是我們講的。專業的業務員會用不同方式運作，不但簡單而且有效。這方法就是：**話如果出自我的嘴，他們比較會懷疑；話如果出自他們自己的嘴，那就是真的了。**這是專業銷售手法的基礎概念，也是成功運用引導式問題的根本原則。

就在你站在那兒把諸多事實灌輸給潛在顧客時，就在你告訴他們你的產品有多棒時，就在你吹噓著產品的功能與保證時，你是不是注意到，他們退卻的樣子？你是不是看到，他們的表情僵硬起來，他們的雙臂交叉在胸前，他們的雙眼開始左顧右盼？你是不是察覺到，他們不是倒退一步，就是往後靠在椅子上？發生這種情形時，你是在傳遞訊息沒錯，他們卻沒在接收。你已經失去他們了，他們只是人還在那裡而已。

專業的業務員說話時，會把目標放在鼓勵潛在顧客表達意見，以及問出有助於成交的問題。以下是幾個例子：

「你希望自己在找的產品是比較高品質的，對嗎？」

這問題當然是個「是」或「不是」的問題，卻不是個「可以回答不」的問題，因為沒有人會回答「不，我不要高品質，我要的是爛得像垃圾的東西。」

「與注重自己誠信與正直的供應商合作是很重要的，不是嗎？」

「什麼？你們很正直？滾出去！」沒人會講這種話吧！有人會嗎？

這就是為什麼專業的業務員不主動講這些事，而是用問的。大體來說，問問題比講東西好。不過，要想問出威力十足的問題可不是只有這樣而已，是更為複雜的一件事。

以下是真正有效且能創造財富的問法：

- 要提出探索式問題，發掘顧客願意買帳的產品特質。這樣，你就知道哪種產品或服務可以成交，以及知道該怎麼做了。
- 要提出引導式問題，讓顧客自己講出你想要他們相信的東西。話如果出自你的嘴，他們比較會懷疑；話如果出自他們的嘴，那就是真的了。

## 發問力三大原則

**原則一：我總是先建立關係再取得控制**。這得花多少時間很難說，但是要記得一件事：如果你碰到每個潛在顧客都馬上試圖主導，你是在妨礙自己成交。

**原則二：我問的是設計好可以讓我得到所需答案，以及讓銷售過程往下走的問題**。要如何才能做到呢？事前的準備。要練習、演練及預演，你才能讓事情快速進行下去，也讓銷售過程愈來愈刺激。另外也要練習、演練及預演的是，要如何在得不到想要的答案時，把過程拉回正軌。對於不想要的答案，有些你可以忽略，有些你可能必須改變路徑。這些都要事前規劃好。

**原則三：我得先幫別人做好決定，才能引導他們做決定。**顧客知道你的所有產品嗎？如果你可提供多種產品或服務，正常來說，顧客會挑選幾種？答案是一種。

許多業務員手裡都握有五十到五百種的產品，假如每一種產品都帶一件樣品，加起來也夠裝好幾輛箱型車了。就算產品品項比較少，業務員也不可能把每一件所銷售的產品都帶著走，可能也做不到。就算做得到，你不必這麼做，也不該這麼做。

身為專業的業務員，你的工作是要幫顧客做決定。如果你不做決定，他們還要你做什麼？他們不會需要你，而會對你維持潛在顧客的身分，然後去找能夠也願意幫他們做決定的業務員。對你來說，要幫顧客做決定可能會有些困難。所以我才說，你要找出顧客想要什麼好處，再把能提供這些好處的東西賣給他們。好了，你幫顧客做的決定，要在哪裡發揮作用呢？

我來告訴你答案。假設明天早上你起床發了高燒，身體不太能動，你知道自己真的病了。因此，你逼迫自己下床，搖搖晃晃地走進離家最近的診所。醫生對著你微笑並說：「嗨，很高興你來這裡。你看起來很糟，知道自己得什麼病嗎？」

「完全不知道。」

「噢，沒關係。你身後的架上有一百本書，現在請你坐下來，不用太拘束，然後看看這些書。我得去打場高爾夫球，我希望在我回來時，你已經找出自己生什麼病了。如果你可以幫我做到這件事，我保證可以馬上找到方法治療你的病。」他很不適任，不是嗎？無論你病得多重，你一定都會爬出那裡，再找另一個醫生看。

專業工作者都具備他們能夠用來幫顧客解決問題、創造機會的專業能力。醫師會幫病患治病，並為他們創造健康有活力的機會；建築師會幫顧客解決空間問題，並幫忙創造拓展生活形態的機會；專業業務員會幫顧客解決產品或服務問題，並幫忙創造提高生產力、促進快樂、增加安全感、提高收入與地位，以及享受許多其他好處的機會。

無論是哪一種，專業工作者的知識，都必須多過於任何一位顧客所需要的。這意味著，專業工作者必須能夠找出某一位顧客的需求，而且這要靠自己知識中的哪個部分來滿足。專業工作者會運用一套有組織、經過經驗累積的諮詢方式找出這些資訊。關鍵因素之一在於，每個專業工作者的成功，都來自於他尋找、理解，以及定義每位顧客身上的問題（或機會）的能力。無論是建築師、律師、顧問、業務員，或是各種專業工作者，都是如此。為此，有些專業工作者發展出一套看似隨興的諮詢方式，以協助自己找出並理解顧客的問題與機會。這套方法似乎沒有結構存在，為何他們會用這套東西？因為他們發現，這套方法最有效，可以讓他們在輕鬆自在的形式下，得到比直接拷問顧客時還多、還好的資訊。不過，有些專業工作者會偏好高度結構化，而且一目了然的方式，也有能力運用得很成功。

不管所用的方法是細膩、非正式還是快速而直接，專業工作者對於收集資訊的對話都要取得控制。他們很清楚，該從每個顧客身上收集什麼資訊，也會著手去取得。基本上，無論醫師、律師、業務員還是管理顧問都一樣，要是他們專業能力夠，所能提供的東西一定都多過於眼前的顧客所需要的。他們會控制洽談過程，以節省自己與顧客的時間；他們也會幫顧客做好決定。

請停下來想想，有多少業務員在面對潛在顧客（無論是轉介而來或自己開發）時，在洽談的過程中，都完全任憑潛在顧客主控？如果他們成功地通往展示或簡報的階段，那麼比較要歸功於運氣的成分，以及潛在顧客的購買決心，而非任何自己運用過的技巧。接著，在他們簡報或展示時，又再度任由潛在顧客控制進度。結果就是，潛在顧客很少獲得產品或服務所能提供的好處。

這種人很喜歡把問題推給自己的產品。他們很容易會說：「我們在市場中的競爭力就是不夠。」但如果公司裡有任何人開開心心地以相同的東西找到許多顧客，也藉此創造許多收入，有問題的怎麼會是產品？如果銷售團隊裡有人做得到，那麼銷售團隊裡的每個人就都做得到。把自己缺乏專業能力的責任，推給所賣的產品或服務，是一種未來會以最快速度毀掉你銷售工作的惡習。

因此，你必須熟知以下所有事項：產品或服務；發掘潛在顧客的專業體系；診斷潛在顧客情境、找出其需求與機會的專業流程；處理異議、展示或簡報，以及結案的專業技巧。

一切都開始於，你要熟悉自己所賣的東西、要有詳細的知識。除非你知道自己在賣什麼，否則你不可能順利找到潛在顧客；除非你知道自己在賣什麼，否則你不可能做好展示或簡報；除非你知道自己在賣什麼，否則你不可能順利結案成交，而你賣的就是產品與服務。

要把握每一次的機會，學習更多有關產品或服務的知識。要找機會學習產品或服務怎麼使用、有什麼好處，可以帶來什麼機會，但也要知道其限制與挑戰所在。每樣產品或服務在限制的範圍內都有它的好處，但超出限制範圍，效果就不好了。每樣產品或服務都可能有它的問題在，就算你試圖忽視，還是可能會在某些狀況下曝露出來，那不會是你喜歡的狀況，也對你沒有好處。

你的首要之務在於，為自己的產品或服務建立龐大的專業知識庫。這知識包括對競爭產品的充分理解，以及用於篩選顧客的條件在內。沒有這樣的知識，你怎麼可能聰明地為自己，也為潛在顧客決定，他是否能夠或者應該成為你的顧客？不可能的。有了對產品的知識，才能建立起以有效而專業的方式為顧客服務，也為自己贏得高收入的專業能力。

你要先問潛在顧客問題，然後用你的診斷儀器（可能是一台計算機、一本便條紙、一捲皮尺、一台電腦，或只是你的大腦）收集更多資訊。這樣，你就做好準備，可以篩選出能夠為新顧客解決問題，或是為他創造新機會的具體產品或服務了。

第四章

# 創造銷售氛圍

銷售高手只會向潛在顧客推銷對方想要的好處與功能。我已經注意到這件事好幾年，也深信這對於順利完成銷售至關重要。別賣你想賣的，要賣他們想買的。

銷售高手在找出潛在顧客想要什麼樣的好處前，不會向他們推銷產品的好處。一般業務員多半劈頭就推銷產品的好處，於是無可避免地導致潛在顧客坐在一旁考慮。「我聽到的這玩意，對我根本一點也不重要。」再多講一陣子，潛在顧客就會因為受不了你而離去，再不然就是你因為受不了他而離去。我想先確認一下，在這方面我們的意見一致。買你的產品或服務的是誰，是你自己還是顧客？當然是顧客。那麼你就該提供他們想要的，沒錯吧？你所販賣的功能，應該要能夠提供他們想要的好處。這和我所主張的「你應該幫顧客做決定」，吻合嗎？

完美吻合。人們想要的，比所能得到的要多，金錢只是每個人都面對的重大限制之一而已，時間也是。人人都希望擁有車內空間更寬敞、外型更嬌小的車子，都希望三餐更好吃卻又更不容易致胖，投資有高報酬卻又風險更低。他們什麼都要，但你很清楚那不可能，因此你必須在自己眾多的產品與服務中，以及顧客眾多的欲望中，決定哪一項最適於他們。

大多狀況下，你不可能花時間把每件東西展示給顧客看，或是帶領顧客逛遍你所知範圍內的每一吋空間，只為了找到他們會購買的某件東西。這麼做很沒效能，很不專業，也賺不了錢。你和顧客碰面所提供的諮詢（可能是透過電話很快詢問潛在顧客幾個問題，或是在某人辦公室中面對面坐下來談），用意在於診斷他們面對的挑戰，並決定他們可能掌握的機會。訪談過後，你就決定如何繼續。過程中，你不可能和他們討論無窮的可能性，也要有足夠的專業能力判斷，他們最後不會購買。你的服務有一部分在於幫他們與幫你自己節省時間。

## 賣給能買的人

很多業務員花了好幾小時和無權決定購買的人打交道。在消費性、工業性、政府銷售中，這是常見的問題。基本上，你不可能走進屋裡直接和主其事者交談。對方會告訴你，沒人能做這樣的決定。對方會跟你說，所有決策都是董事會、信託受託人、委員會，或是什麼類似主體的特權。聽到這番話，你多半會理解為決策團隊的每個成員都不在，都找不到人。簡單講就是你接觸不到。

你聽到的是真的，但並非事實的全部。委員會確實存在，會定期開會，也有決策權，所有重要決策都要由它核准，而且它的所有成員，因為種種實際因素，無法見你。根據法律或是所有內部章程，該組織的所有權力都委交給該團隊。

不過，這類接觸不到的委員會成員所行使的權力，對你來說通常不怎麼重要。他們確實有權力，但是出於複雜性及時間的問題，他們很少會真的行使。不管你接受與否，所有的董事、信託受託人或各式各樣的委員會，都必須仰賴幕後無數的無名小矮人，提供一些他們可能會認可或否決的建議。當然，稱這些人為無名小矮人，是因為他們並不在年度財報上簽名，大名也不會出現在公司大樓的樑柱上。不過，他們的背書卻可以促成採購訂單。

很少會有什麼狀況，比接觸不到的委員會還複雜、還易於搞砸關係的了。不過，如果你對於該組織的蛛絲馬跡，以及權力分配上的一些細微小事有足夠的敏感度，這也會是你最能夠藉此贏得更多報酬的地方。

每個組織都有它的採購程序，它涉及幾個人、長時間、冗長的文書作業，而且都要透過完全合乎法律、定義名確並且透明的管道，在該組織的治理團隊或老闆的指揮下進行。這是該組織在外界眼中呈現出來的一面，檔案夾裡也存放了用於證明事事都根據組織規章執行的文件。

但事實上，很少有事情真的根據組織規章來走。真正的決策多半都在透明管道之外決定。用於證明這些決策合法的文件，都是在事情完成後才建立的。

在這種情形下，彈性很重要；太過死板會有礙於你的成功。請謹記以下講到的方法，然後在遭逢接觸不到的委員會時予以運用，小矮人們通常會幫你找到路。如果你只是盲目跟隨，有時候他們會帶你走偏，或是害你跌下斷崖。

- 幕後的小矮人都沒有安全感，也會嫉妒委員會手中所擁有的權力。你要讓他們感受到自己很重要，讓他們知道你很開心能和他們共事，而非和那些有頭銜的人或是公司高層共事。
- 針對你要提供給該組織的產品，要對它的價值與重要性有信心。你需要這樣的信心，但是也別因而忽視了一項事實：在那接觸不到的委員會裡，大多數成員對於自己珍愛的專案都很投入，沒有太多閒工夫理你。除非你想觸動小矮人們的敵意，否則千萬別暗示，你要跳過他們直接找委員會談。除非你能夠設法接觸到委員會，並以自己的提案推銷，否則你應該需要小矮人的合作，才能成交。從你起心動念向他們推銷的第一秒開始，就要謹記此事。

- 確定你找對了小矮人，而非一些負責幫富事的小矮人趕走他們不想交談的業務員，以之為主要職務的小矮人。
- 小矮人有兩種：一種會藉由向你承諾以展現出自己的權力，另一種是從不承諾。千萬別妄想從心不甘情不願的小矮人那裡得到什麼確切的承諾，因為它根本不可能實現。
- 如果你無法在適切期間內把東西推銷給小矮人，但你又覺得這家組織值得你投入更多時間，就繞過對方吧！如果你無法透過朋友、政治關係或是直接而堅持的緊追不捨等方式，和接觸不到的委員會接觸，就跳過這位小矮人，去找他的頂頭上司直接溝通你的提案。你會有和其中一位小矮人為敵的風險，但你又有什麼好失去的呢？你已經失去了他的支持，或說無法贏得他的支持。既然你無計可施，也只有跳過他了。

我會在第十四章教你一些策略，可以解決找不到正確對口的困擾。要知道，找不到對口的問題，不是只有企業採購才會碰到，在零售或家庭銷售上，也會碰到相同的挑戰。

現在假設你要賣東西給已婚夫妻。你和其中一人談得很不錯，你瘋狂地向他推銷，但事實卻是他的另一半才是真正決定買或不買的人。你的職責是要找出夫妻之中何者才有決定買或不買你產品的權力，再從他那裡得到肯定的答覆，而且要注意，不能刺激到他的另外一半說「不買」。

在實際銷售活動中，你經常會碰到以下三種類型的家庭：一、單親家庭。二、小家庭，即父母與小孩。三、大家庭，即小家庭再加上一些親戚。

除非你是大家庭的成員之一，或是與其中一人熟識，你可能無法體會到，家庭成員的影響力還是很大。年輕夫妻家中的沉默老人家，可能握有通往寶庫的鑰匙，他們才是真正的決策者。

## 別用邏輯推銷，而要觸動情感

很多人都試著用邏輯推銷產品，而且只用這一招。重點在於：**消費者很少出於邏輯購買；他們是出於情感購買，再以邏輯防衛自己的決策。**

有些人會覺得，許多東西都是在全然無涉情感下賣出與買入的。例如，哪裡會有人對豬肚、可可豆及棉捆感到興奮萬分？投機買賣者會；他們擔心供給過度及價格的直直下滑。使用者會；他們擔心供給不足及價格的節節高漲。即便是最不吸引人關注的產品與服務，還是有人藉由情感而獲取或失去利益與名聲。

那如果是貨架上常見、滿足既有規格的標準商品呢？

競爭性商品之間缺乏差異，意味著情感因子很可能會放大，而非消散。在決定購買時，消費者可能會隨自己的偏好，可能會用評分的方式，或者以一種不怕為自己惹麻煩的心態，想買什麼就買什麼。在這些狀況中，銷售與服務所扮演的角色就大得多，也呈現出不同的層面。

## 掌握進行中的改變

促成購買的情感過程是怎麼來的？它始於購買者自我想像的新變化；也就是說，開始於購買者以一種新的角度看待自己。如果於購買者購買預算的金額很小，自我想像只需要很小的改變就行了；但如果購買預算的金額相對於收入很大，那麼要促成購買，可能就需要大幅改變自我想像。這樣的改變，可以出現得非常快速，可能發生在幾分鐘以內，甚至幾秒以內。在雙方洽談的過程中，銷售高手都熟知，怎麼在顧客的自我想像產生改變時掌握住它。顧客會開始覺得，這麼好的東西，自己可以擁有、可以享用、會因為它而變美、會因為它而受恭維，而且自己不但有資格、有需要擁有它，也值得擁有它。此時，銷售高手會迅速增強顧客所產生的這些新念頭。一旦你發現顧客的熱情開始退縮，要快點再增強他們的自我想像。如果你這麼做，顧客不但會喜歡你的產品，也會想要它、需要它，意識到自己不能沒有它，然後他們就會買下它。

不過有一些事要注意，因為它是銷售工作中最常見也最受到濫用的技巧。在東方的市場裡，店家會自動使用這種技巧；在專賣店裡，也遭到過度使用；而在絕大多數販售服飾與珠寶的零售點，我們一樣太常聽到這樣的話術。

好好的一種技巧，竟然在不真誠與不留心之下，淪為索然無味的東西，不過，只要正確運用，它會是很有用的技巧。在運用時需要專注、需要紀律，只要能夠做到。以下是具體方法：

首先，要真心想要為顧客做到最好，並且藉由詢問一些能夠得知他們希望達成什麼的問題，來展現你的關心。要跳脫你自己的品味與偏好，要認清適於你的東西未必適於顧客，還要盡最大努力從顧客的觀點看世界。

其次，運用你的專業能力，把顧客引導到你的產品清單中最好的解決方案去。

第三，等待顧客給的正面刺激。正面刺激出現時，如果你判斷他們已發現某種足以協助他們達成任何效益的因素，就增強顧客對購買的想像。要避免使用他們已耳聞一千次的陳腐話語，要遠離那些他們多年前就已不再相信的辭藻。要集中在顧客身上，說些真誠而正面、足以突顯出顧客獨特性的事。這樣的話，不但能做成生意，也創造出會幫你介紹新顧客、未來也會重複購買的顧客。關鍵在於，要沉得住氣等待他們給的正面訊息。否則，你會發現自己只是在吹噓一些顧客根本不喜歡的東西，而且在你察覺之前，你已經跌進一面明顯不真誠的蛛網當中了。

要是你只堅持事實，要是你經常拿邏輯和顧客打交道，卻避免觸動他們的正面情感，會如何呢？他們唯一確定的是，你是個業務員。這會觸動他們的負面情感，繼而開始攻擊你。潛在顧客要嘛會在情感上向著你，要嘛就是在情感上背對著你（如果他們背對著你，你成交的機率就剩下原本的百分之一）。

在任何課堂中，我都會要學生講些足以讓人購買的情感性理由。大多學生在講到任何一個「足以促使人們購買」的情感性理由前，都會先給我一些「為何對方應該購買」的邏輯性理由，這讓我相信，整體而言，業務員都太強調事實，而太少強調情感。

「因為他們買得起。」顧客會在情感上覺得想要這項產品之後，才會思考自己是否買得起。

「因為尺寸對了。」如果顧客不想要，尺寸對了又怎樣？

「因為產品的價格正在漲。」沒錯，價格是在漲，顧客也因此有強烈的情感動機把錢省下來，不亂買自己不想要的東西。

「因為符合他們的需求。」你或許覺得這符合顧客需求，但事實是他們只會購買自己想要的。情感，這才是重點所在。除非你觸動了正面情感，否則你就是在觸動負面情感，而且會失去這筆生意。我又問了一次，購買的正面情感有哪些？

在其中一堂課程中，有個擔任業務員已有一陣時日的聰明小女生說：「式樣。」

我馬上抓住機會說：「社會上每個人都必須穿衣服，各位同意吧？這是我們花錢買衣服的邏輯性理由，但我們是否只購買足以保暖、避濕、包覆身體的廉價衣服就夠了？肯定不是。我們會購買自我想像要我們購買的式樣，我們會從情感角度購買。」

另一位年輕女士說：「顏色。」

「沒有錯，顏色是一種購買情感。在服飾與家具方面，顧客常會根據顏色選擇，反而比較不是選擇要哪一種商品。這樣的心態，某種程度也適用於大多數的購物情境。穿戴某種顏色服飾的人、開著某種顏色的汽車到處跑的人，以及在家中與辦公室身處於某種顏色的環境中的人，都是在用顏色傳遞某種訊息。我們對於不同顏色有不同感覺，也會買自己喜歡的那些顏色。」

我繼續要學生提供購買情感，一個男生說：「擁有時的自豪感。」

「沒錯，」我答道：「人類喜歡擁有東西。事實上，擁有時的自豪感，就是對自己感到自豪。它不但是購買情感，而且很容易觸動。業務員之所以會說，『朋友們一看到你開著這輛車來，就會知道你很成功，不是嗎？』就是這個用意。表面上看起來，我們真正需要的不過就是交通工具，但從深層來看，很多人都需要、也想要能夠藉由擁有車子而勉強得到的身分地位。只要能力上辦得到，我們就會購買自己想要的東西。」

在銷售過程中，邏輯是一把沒有扳機的槍。你愛在手上怎麼轉它就怎麼轉，只是你無法擊發。情感是銷售過程中的另一把槍，但它有扳機，你可以拿來打目標。每當你產生另一個正面情感時，就等於又為生意的成交開了一槍。以下列出一些最常見、最有效，也最有力量的購買情感：

**顏色與式樣、擁有時的自豪感、虛榮、安全性、身分地位、野心、換工作、同儕壓力（向人看齊）、自我成長、健康、對家人的愛、家庭變大、家庭變小。**

在你所學到的銷售技巧當中，最有助於增加收入的一種，就是如何觸動顧客的正面情感、為你想成交的生意帶來正面幫助。至於要用什麼具體字詞，得看你的提案、你的個性、你的顧客是誰，以及市場狀況而定。請研究前述的每一種銷售情感，並開發出一套你可以用來詢問顧客、足以觸動情感的問題。

假設你看到一件前所未見的便宜小飾物或新玩意，突然覺得很想要它；但除了這項事實外，你沒有任何應該想要它的理由。接著，你冒出了一些促使自己買下它的迫切情感理由。但這些理由真的解釋了你為何想要它嗎？肯定沒有。這些情感理由的功用，只在於證明你需要它，至少證明到你自己滿意為止。如果這新東西夠出色，你會訝異於自己這麼做的速度有多快。

**「正面情感促成生意，負面情感破壞生意。」**請把這段話列為要點，而且要經常複習。

在你培養如何觸發顧客情感的技巧時，要隨時保持這樣的想法。如果你的情感設定運用得很笨拙，或是缺乏控管，你毀掉生意的速度可能會和你創造生意的速度一樣快。也請記住，你的行為與禮節、你的用詞和說話方式，以及你的穿著打扮，都可能觸發潛在顧客的情感，無論你喜歡與否。

別人會從情感的角度回應你。當我說別讓他們對你做出帶著恐懼、怒氣或嫌惡的反應時，我不是在開玩笑，每次看到有些業務員在和潛在顧客接洽時，都把對方當成好像一無所知一樣，我都會斷言，這些業務員根本沒有意識到潛在顧客也是有各種感受的。當業務員太過強勢時，潛在顧客會有害怕的感覺；當業務員擺出一副「你懂什麼」的態度時，潛在顧客會有生氣的感覺；當業務員有任何地方不專業，潛在顧客會有嫌惡的感覺。

現在我要帶你穿過這些危險地帶。一方面你得要深刻察覺到，負面情感有多容易引發，以及它們對於成交機會有多危險。另一方面，同樣重要的是，你自己不能緊張，否則你的緊張會大大對潛在顧客造成負面影響，也摧毀了你成交的機會。至於解決方案，就是要理解這種情形。只要能夠理解，就能夠做對動作，讓機會永遠站在你這邊，進而在正面感受下成交，而非在負面感受下破局。

你對潛在顧客講的每件事，都會在他們心裡形成印象。如果你用的是他們懂的字眼，如果他們也都在聽你講（而且講的又是一些你不該那麼關切的事情），那麼你講的話，就會在他們心裡形成印象。既然人生複雜而多變，那些印象，也有大有可能會複雜而多變。不過，若單以「成交」的觀點來看的話，事情就簡單多了：你講的話在潛在顧客心裡形成的印象，要嘛就是有助於提高成交機會，要嘛就是會減損成交機會。

但事實上，一個負面印象就足以抹煞掉許多正面印象。如果你覺得自己比較聰明，可以隨時讓你所在意的潛在顧客產生各種負面印象沒關係，如果你確信等到顧客的負面情感來襲時，你只要多創造一些正面印象就能救回生意，那麼請想想乾燥的森林只因為某輛車上丟下來的一根點燃的香菸，就整個燒毀的例子。負面情感的力量是很大的，銷售高手不會和它鬧著玩。只要對潛在顧客來一次不假思索的發言，就可能毀掉賣他們東西的機會。

要了解這樣的挑戰。與陌生的對象往來時，你不可能得知他們有哪些不宜觸及的敏感點。如果你想猜看看，猜錯的機率比猜對的機率大。

這樣才有勝算：以宜人但無壓迫感的微笑，以及柔軟的態度對待他們。不要恭維；不要問私人問題；不要以奉承的態度歡迎他們。

以負面印象對待潛在顧客，會使你完全失去交易的可能性。在你意識到自己做了什麼好事前，這些人已經離去了，你根本連彌補傷害的機會也沒有。事實上，大多數銷售場合中的大多數潛在顧客，一旦碰到這種傷害時，幾乎不太可能再讓你修復。

「在接觸到陌生面孔時，永遠要保持專業」，這樣才有勝算。只要這麼做，你會成交更多次。銷售高手會意識到，自己必須去除潛在顧客的恐懼，而且不能引發新恐懼。他們知道，自己必須引發正面情感，而不能引發負面情感。他們知道自己必須提出邏輯、支持顧客根據情感做出向他們購買的決定。銷售高手知道，除非創造出勝過負面印象的正面印象，否則永遠不可能走到最後一步。

只有一個方法能夠圓滿做到這點，就是避免使用產生反感的字眼。很多人都沒有意識到，之所以未能成交，經常是因為自己使用的某些字眼在潛在顧客心中引發恐懼所導致的。要學學和顧客講話時，如何建立他們的信任，而非引發他們的焦慮。

## 以正面用詞取代引發反感的字眼

成千上萬的業務員對於會引發反感的字眼都一無所悉。另一種更糟的狀況是，他們可能知道，但還是繼續用這些字，把鈔票從自己的錢包裡趕走。我先定義一下何謂反感字眼。**反感字眼就是會引起恐懼，或是提醒潛在顧客你正試著把東西賣給他們的任何字眼。**

如果你在銷售過程中正往較後面的階段走，但是卻又用了反感字眼，潛在顧客可能會給你這一類的反應：「我們會通知你。」「我們會考慮此事。」「我們準備好後會再打給你。」

反感字眼很有力量，可以讓你嚇壞潛在顧客，以致他們都會拒絕你及你的提案。如果你習慣於使用反感字眼，就不需要敵人了，因為你自己就是。以下是許多這類的可怕字眼，以及該用什麼字眼取代它們：

**約訪。**若為企業與企業間的生意，可以用這個字眼。但是在消費性的買賣上，可能需要更換一下。顧客聽到約訪這個字眼時，往往會想到耗費在看醫生、看牙醫、找技工等事情上的時間，但是那些狀況未必是好事。所以請把約訪這個字眼換成：**碰面、拜訪。**

與對方約時間碰面或拜訪時，聽起來比較像是要和你關心的人見面，而非只是冷淡的會面。碰面這個字會讓人覺得，雙方見面所花的時間是公平的。你和人家碰面是為了分享想法。但若用約訪，會有一種操之在對方的感覺。在你拜訪時，別人會覺得可以好好聊一下，而非只是兩個小時的業務簡報。如果你的簡報真的得花兩小時，那你必須先讓潛在顧客知道你希望能和他們碰面多久，再和對方敲時間。不過，你會發現，自己往往是先和人家約好要碰面或拜訪，才提到所需要的時間長短。

**花費或價格。**每當你的潛在顧客聽到，你用「價格是九萬九千美元」或是「花費是八十五美元」的方式，提供價值資訊時，他們就知道發生什麼事了。你正在施壓催促他們做決定，試圖賣東西給他們。因此專家會稱之為：**總投資**、**總額**。

專業的業務員最愛用的字眼是總投資。不過就和其他字眼或技巧一樣，也有過度使用的可能。以下是一些替代性的用詞，一樣可以把花費與價格兩個字永遠從你的銷售用詞中驅逐：**「估算起來是……」**、**「以……美元帶走」**、**「以……美元提供」**、**「值……」**。

為避免混淆，也避開你不想碰到的問題，這些替代字眼要小心使用。如果你說：「這款產品值九百七十五美元？」潛在顧客可能會想問：「了解，但你要賣我多少？」

如何處理這種狀況，得看你們公司的銷售程序。如果你是照著印好的目錄報價，顧客也知道你們公司不二價、沒有議價的空間，那你可以看一下目錄，再講出以下的任何一句：

「那款產品值九百七十五美元。」

「目錄上顯示那款產品是九百七十五美元。」

「估算起來是九百七十五美元。」

**定價**、**標價**。除非是在轉售的場合，已經標示出零售價與較低的批發價，否則這兩個字眼也是禁忌。在我們這個折扣至上的社會裡，每個人只要聽到定價或標價，會覺得可以再要求打折。如果你已經明確講過不二價，卻又講出定價或標價這種字，會更有殺傷力。因此，你可以把先前用於避免講出價格與花費的那些正面字眼，拿來取代定價與標價。

**頭期款**。如果你在找一個能夠讓潛在顧客都恐懼的字眼，頭期款會是很棒的選擇。但如果你想要減少而非增加他們的恐懼，那就表現得專業一點。正確的用詞應該是：**初始投資或初始額**。

**月付額**。這是另一個可以把你不想做的事做得很有效的字眼（即放大潛在顧客心中的恐懼）。大多數的人，都抵擋不住月付額這個字。他們的月付額已經夠多了，如果再看到這幾個字，腦海中會浮現什麼？所有的帳單。

月付額是簿記用詞，也是收款人最愛的字眼。專業的業務員會說：**每月投資或月均額**。

**契約**。大多數的人聽到契約這個字時，會想到什麼？法律訴訟、法庭、法官們決定自己的命運、律師們送來帳單，以及莫大的麻煩。銷售高手不會稱之為契約，他們會用：**同意書**、**文件**、**表格**。

**購買**。請想想看，沒人希望花錢買，他們只是想要擁有而已。有些業務員用了類似下面這樣的說法，結果把簡報搞砸了：「只要您向我們購買它，我們可以火速送上」、「購買我們的產品後，您會為它感到開心」、「找我購買的人，都會得到很棒的服務」。

如果潛在顧客聽到這些說法，他們會怎麼想？「如果我買了它，我就必須花錢，但我不想再花任何錢了。我只想要得到它而已。我追求的是更多效益、更少問題。」

專業的業務員知道，人們都想要擁有東西，因此他們會經常談到擁有。購買是痛苦的，擁有是快樂的。所以丟掉購買，換成：**擁有**。現在來改寫上面的三個句子，把購買的痛苦換成銷售的力量：「如果您決定擁有它，我們可以火速送上」、「擁有我們的產品後，您會為它感到開心」、「只要透過我，擁有我們其中一種款式，您就等於擁有了一部分的我，因為我極力想把最棒的服務提供給我的客戶」。

想要擁有某樣東西的欲望，是一種深層的衝動。這種帶有強制性的力量實在太重要了，可千萬不能等到洽談過程中碰巧有這樣的氛圍才使用。專業的業務員，會具體計畫與練習要如何把擁有的想像，直接連結到現有的每個夠出色的賣點上。這意味著銷售高手會坐下來，寫出一些能夠順利達成此目標的句子，這些句子要反覆強調擁有的概念，但是除此之外的其他元素要不斷變換。要設計一些用於建立擁有想像的句子，好讓你能夠持續增強這種能說服顧客購買的力量，又不必一直提醒潛在顧客，你的目的在於賣東西給他們。要寫出不至於太明顯表露意圖的句子，花不了太久時間。只要幾分鐘時間，就足以讓你演練這種銷售句型，直到成為第二本能。但不管你花了多久時間，只要你練成了，你的銀行戶頭能夠賺到的錢，一定會高於和其他業務員邊抽菸邊打屁時的收入。

以下是一些建立擁有想像的句子，你可以和剛才建議過的那三個有銷售力的句子列在一起：

- 「這種分頻功能是敝公司特有的，而且內建於敝公司所有款式的產品中。因此，您只要挑選一個想要擁有的，您帶回家的就肯定是分頻器了。」
- 「我們全體成員都很自豪於敝公司在服務方面的名聲。我們與擁有這些服務的顧客們一樣重視它，如果您也成為其中一人，我相信您會對我們滿足顧客需求的全心承諾感到欣慰。」
- 「既然貴公司營運的獲利性全仰賴一台機器，耐不耐用就很重要了，不是嗎？只要您擁有一台我們的主力產品，把一切交給它，它的耐用性之高，會是您非常滿意的特質之一。」
- 「今天我想向您展示一種能夠讓您在擁有後贏得更多機會的產品。」在「更多機會」的後面，你還可以再加上「賺取更多利潤」，或是任何你想要用這種措辭強調的賣點。

●「我相信目前我們仍有存貨，等您決定好想要擁有的款式後，您會欣慰於它的初始投資有多低。」如果你賣的是服務，可以把句子改成：「等您選擇想要擁有的服務後，您會欣慰於自己為其他更重要的事情，省下了多少管理時間。」

你可以把自己的提案中，每一個夠資格的賣點，都連結到擁有的想像上。如果你無法把某種效益連結到擁有的喜悅上，那麼不是這個賣點還沒有重要到值得一提，就是你對於自己的產品或服務的熱情還不夠。當然，有時候你必須從負面角度連結：「只要擁有我們的保全系統，您就不必擔心……」

要把你的銷售力最大化，就把最出色的賣點連結到既基本又很帶人性的、對於擁有的喜愛上。當然，你不能不斷把這種句子塞給對方，要把建立擁有想像的句子分散到每次的洽談中，順暢地結合到銷售過程的其他層面上。我要再提醒一次，任何技巧如果過度使用都很危險，這會讓你的潛在顧客察覺。一旦發生這種事，他們就會抗拒你的銷售技巧。

有一種方法可以掩藏住建立擁有想像的這種技巧，就是把最強烈的字「擁有」，留給最出色的賣點使用。對於較次要的賣點，你可以換成以下任何一項以斜體呈現的字詞：

●「我很確定在我們龐大的商品群中目前都還有存貨，等您找到**您想要放在客廳**的款式後，您會對於我們塗料種類的豐富感到印象深刻。」

●「等到**它屬於您**之後，您會滿意它引人側目的方式。」

●「等到**這種花樣出現在您的牆面上**，您會開心它為您府上增添的氣氛。」

- 「等到**您的辦公室安裝這種機型**後，您會很滿意它幫您省下的時間。」
- 「如果**您納入這種服務**，您會對於貴公司出貨部門績效的改善感到滿意。」
- 「等到**它是您的之後**，您就知道超載的問題已變成過去式了。」
- 「等到**您讓**我們的人員加入您的團隊，而且還不是您付他薪水，您會訝異自己為公司省錢所贏得的讚揚。」這種適用於收費式服務的銷售方式，很容易可以改用到許多產品上，只要把「人員」這個字換成你手邊有成本效益的設備名稱即可。

前面的最後一項技巧其目的在於，在領人薪水、很明顯並非老闆的人身上，引發兩種不同的情感。第二種情感的威力較大，因為它訴諸於領薪員工最重要的情感。這種情感叫野心。

從心底最深層來看，這個問題會發展為「這對我有什麼好處？我並不是要你給回扣」。很少有組織的採購人員會收回扣，而且沒有比「沒人想收回扣、你卻試圖賄賂」還來得更悲慘的了。如果你願意自負責任，那你自己作主吧！因為我相信沒有任何工作值得你為了保住它，而做出賄賂的醜行。人生當中有些事你永遠不該隨便犧牲，其中一項最重要的就是你的正直。

不過，大多高階主管、官員及其他採購人員雖然誠實，都還是受到野心、受到這股「對我有什麼好處」的情感所驅使。你憑什麼要他們今天同意採購你的產品或服務，而非把你的提案轉給委員會、歸類為廣告，或是在你離去後馬上把所有東西丟進垃圾桶裡？就是因為你的提案可以給他們一點東西：讓他們在下單後，能夠在公司裡贏得一些榮耀。

雖然這麼做很重要，但也不要小看最後那個句子裡，另一種情感訴求的力量。要謹記在心的是，即便大多採購人員自己不是老闆，只是在幫公司或組織採購，但只要你用於建立擁有想像的句子措辭得宜，他們都會有強烈的回應。這樣的事實，來自於一種類似種族本能的東西。某種程度上，為一家組織工作的每個人，都會感受到所屬群體的拉力，感受到忠誠度，感受到一種「我們對抗他們」的感覺。「我們」就是每位在此工作的人，而「他們」就是世界上的其他人。這是一種把任何群體凝聚在一起的基本力量，而且會長久存在，無論是家庭、公司或是任何型式的組織都一樣。一個人在組織裡的位階愈高，這種感受就愈強烈。既然身為一家組織採購的人多少都有某種地位，你可以確定他們會對建立擁有想像的句子有反應，因為即便他們還是會向你抱怨自己的工作，他們對於公司，還是極為忠誠。

**賣或賣了**。不可能有任何人會一面對你滿面笑容，一面又說：「等等，你瞧瞧今天有個業務員賣了什麼給我。」但你卻聽常會聽到「等等，你瞧瞧我今天買了什麼。」從情感層面來看，「買了」不只是「買」的過去式而已，還是「擁有」的現在式。談論自己剛剛「買了」什麼雖然有些狡詐，卻是一種用於自誇擁有什麼的安全方式。這是因為，雖然炫耀自己的財產會引來別人皺眉頭，但是對於自己新買的東西表達出狂熱的態度，在社交上卻是可以被接受的，大家也很喜歡這麼做。事實上，這也是採購人員們很想要滿足的重要情感需求，即便他們很少意識到它，也更少承認它。如果你的產品或服務適於使用這種技巧（幾乎都會適用），要先做好必要的功課，好把這有用的句子整合到你的銷售過程中。它的威力十足。

人們在談論自己今天買了什麼時，事實上是在說：「等等，你瞧瞧這個我今天剛買來提升地位的新東西。」他們做了一些事，現在他們想要每個人承認他們的智慧、風格及權力，但是他們並不想把這樣的榮耀分享給與他們成交的業務員。為什麼？因為除了自己的欲望與決定之外，他們不想承認曾有任何外力介入自己的選擇。在和任何認得你顧客的人交談時，要謹記這一點，避免說出「我賣這個給他過」之類的話。當你說出「我賣給」的時候，你就成了一個拉著顧客到大街上，逼迫他在你用紅筆打勾的地方簽名的能手了。這樣是在侵犯顧客的領域。

專業的業務員從不賣任何東西給任何人，而是讓別人開開心心地參加。不過，儘管你可以一整天讓不同人開開心心地參加，但如果你一再對同一個人使用相同的說法，可能會有反效果。所以請避用「賣」及「賣了」，改為輪流使用以下的說法：**開開心心地參加；透過我取得（買到、訂到、購入）；協助取得；商量或諮詢；與我談妥；協助（或幫助）顧客克服困難；提供專業能力或提供（重要、必要、有用）資訊；有這個榮幸（殊榮、機會、挑戰）代理、代表、居中協助；安排機會；解決煩瑣小事。**

為避免聽起來太浮誇或輕率，所講的內容要符合所賣的商品類型。如果你賣的是折扣商店裡的未上漆家具，而不是要把這家商店賣掉，那麼用「有這個殊榮能夠提供諮詢協助您帶走它」這種說法，就太可笑了。如果你要做的是百萬美元的生意，卻說「幫您解決這點煩瑣小事」，別人可能會以為你只是個顧店的。現在把其中一些用進來，以彰顯它們可以如何促進你每天的績效：

「您可能很好奇，附近是否有任何人擁有我們的服務。不知道您是否認識這條街上的瑪圖年家？他們開開心心地參加了我們的六號專案。我之所以知道，是因為他們就是和我談妥的。您要不要現在致電給他們，確認一下他們有多享受敝公司的服務？」

面對別人介紹而致電你的顧客：「沒錯，上個月我有那份殊榮為瑞奇先生挖掘一個好機會。」

請把這些句子和「對，我賣東西給他們過」比較看看，然後練習這些能夠讓你賺到最多收入的說法，它們能幫你建立信任，而非引發懼怕或對抗。

**客戶**。現在暫時回到瑪圖年家的例子去。既然他們已經開開心心地使用了我們的產品，現在他們是我們的客戶嗎？不，別用客戶這個字。這個字沒有我講的其他負面字眼那麼嚴重，但你還是可以用比較正面的方法描述。別稱現有的顧客為客戶，要稱他們為：**委託人、我們服務的人、我們服務的家庭**。你所描述的形象，是有血有肉的人，而非列在一份銷售報告中的陌生名字。「我們在本地社區服務過許多家庭。」「史密斯家是我們有幸以出色產品提供過服務的家庭之一。」你感受到差異了嗎？他們也一樣。

**準買家**。在同樣的句子裡，別把你希望在不久的將來就會使用你產品的人，稱為準買家。要叫他們：**潛在顧客、未來的顧客**。只要你在心底把他們看成未來的顧客，你會發現，自己在他們有機會帶走你的產品前，就已經把他們當成顧客對待了。如果你只把他們當成諸多可能買、也可能走掉的潛在顧客之一，你的態度會不一樣。對的態度有助於顧客更常找你買，或是介紹別人來買。

**佣金**。有時，你可能會碰到潛在顧客公然問你：你賣這些產品或服務的收入如何？他們甚至會問：「你每賣一件可以賺多少？」與其和對方討論佣金的問題，還不如回答他：「約翰，敝公司確實對於我們完成的所有交易，都會提供成交費。不過，我可以保證，未來幾年您可以從敝公司得到的服務，絕對遠超過什麼成交費。這才是你真正在意的，不是嗎？」你的目的是要把他們的思維從你所賺的佣金，轉換為他們為獲得的價值所支付的「**服務費**」。

**問題**。快，馬上停止把任何阻礙或妨礙交易完成的因素，都當成是問題。問題會導致事情停滯。問題會對關係造成負面影響。現在起，任何減緩銷售過程的事情，都要看成是：**挑戰**。「挑戰」這個字除了可以給顧客更正面的印象外，也有助於改善你的感受。你並不是被一面由問題構成的磚牆擋住去路，那只是一面你要挑戰打破它或翻越它的牆而已。

**異議**。如果你正在洽談的某人提出了異議，要感到開心！如果根本無意購買一樣東西，很少人會浪費時間提出異議。當他們提出異議時，就是開始在想要它、開始害怕做決定了，因此他們才會試圖減緩進度。現在開始要把異議稱為：**關切**、**關切的層面**。

**更便宜**。請千萬別和別人說，你的產品比競爭者更便宜。在你聽到「便宜」這個字的時候，你心裡想到什麼？我想到的是較無價值的東西，或許是品質較差。即便大家都想花最少的錢買東西，他們還是希望能在可能範圍內擁有最好的品質。所以，如果你的產品沒有競爭者那麼昂貴，要說它：**經濟實惠**。在大多數人的心裡，符合經濟效益是件好事。他們會尋求經濟效益，對於能夠以這樣的角度買到東西，也會感覺很好。

**比稿與開條件**。銷售工作已占去我人生將近四十年了，我熱愛它。但我不喜歡聽到有人說這是在「比稿與開條件」。我們這一行，有些人就是喜歡展現出外界心目中對業務員最糟的那種既定印象：皮笑肉不笑、鯊魚般的思維、講話像是在馬戲團門口叫賣拉客的，而且會昂首闊步四處比稿以贏得交易。

別再用比稿的心態了，要熱切想讓別人聽你的簡報或看你的展示，而且別開條件。如果你這麼做，會讓他們把注意力聚集在價格上，也會讓他們有所期待，覺得你會在能力範圍內壓低價格以求成交。要請別人來：**聽聽我為貴公司準備的簡報、參與展示活動、掌握我們為您安排的大好機會、考慮一下這件很有意思的交易。**

如果你不相信這些用詞可以創造內心的想像、引發情感、促使事情發生，那麼你入錯行了，不該做銷售工作。比稿與開條件是沒有用的字，講這些字眼不但只會讓聽的人心裡產生壓迫感，也會在你自己的心中增強舊時的業務員形象，而且是傷害最大的那種。

別再講比稿與開條件了。要開始請別人聽聽你的簡報、看看你的展示，以及考慮一下你所提供的機會。換句話說，要開始尊重而非看輕自己的工作與潛在顧客。為了實現改變，你必須把這兩個字從你的想法與對話中驅逐掉，無論是多麼隨性的場合都一樣，尤其是在和其他業務員交談時。與同事間是最難的，但你的新態度將可明確讓他們知道，你在做的是尋求成功的工作，不是尋求失敗的工作。這可以把你推上贏家的道路，遠離輸家，而這永遠都會是很好的一步。我的建議如下，放鬆，閉上眼，想像你自己盛裝打扮到最理想的狀態，接著請想像自己：（a）正在順暢地做簡報；（b）正在進行安排得很完美的展示活動；（c）正在把最棒的機會提供給想要、需要及能負擔得起的人。在腦中鮮明而具體地維持這些正面想像，並把它們命名為**簡報**、**展示及機會**。

每當你聽到或想到（當然你不會講出來）「比稿」或「開條件」這兩個字眼時，要馬上把它的影像從腦中丟掉，用適當的正面想像取代：

- 現在我正在做最完美有效的簡報。
- 我正在把最精心設計的介紹展示出來。
- 我要提供一個再棒不過的機會給這些人。

這種方法可用於處理多種負面因子。要主動掌控，要用好的驅趕掉不好的。不過，改變不可能一夕之間發生，要給它一個月的時間。如果你又講出甚至是想到其中一個字眼，而沒有馬上以正面想像取代掉負面想像的話，要從頭來過。堅持下去，直到你控制住想像的成分連續三十天。然後你可以計算一下，刻意運用正面想像，究竟為自己創造了多少收入。

**簽名。**我們要拒用的最後一個字眼，是最難纏的一個每件事你都打點好了，過程很順利，你也已經幫潛在顧客填好契約，只要他同意，就往銷售的下個階段走，此刻你興奮萬分。但你隱藏起自己的興奮，把契約轉過去，滑往桌子那頭的他。「那就這樣，現在您只要在這裡簽名，我們會馬上幫你處理後續事宜。」

突然間，潛在顧客的笑容僵硬起來。他端詳了契約片刻，接著清了嗓子，咕噥道：「噢噢，嗯，呃，欸，我爸爸說，在簽任何東西之前，要仔細閱讀過。」

所以，當你說出「在這裡簽名」的時候，你已經觸動了他的自動防衛機制，讓他覺得「如果我不小心點，只要一支原子筆簽下去，我就任人宰割了。沒關係，這種事不會發生，因為我要先一字不漏看個仔細，否則我決不簽任何公司片面提供的契約。」

而他就真的這麼做了。契約前面部分的其中一款，提醒了他有一件涉及稅務的事情要先確認，接著他又瞄到一件他想和律師討論一下的事。一時之間，雙方要在這次的會面中簽署這份文件，變成不可能了。

即便買賣契約只是很簡單的表格，「簽名」依然是令人生畏的字眼。銷售高手從來不會暗示自己的顧客簽任何東西，他們會邀請潛在顧客：**同意這份文件的內容、認可這張表格的內容、認同這份契約的內容、在這些文件上署名。**

我希望你願意投資必要的時間學會這一節的東西。只要能建立起運用真正正面的術語、引發潛在顧客情感的習慣，在所有銷售場面中，都會有一股力量跟著你。

## 三個一組的概念：如何讓有效性翻倍

很多人都有一套銷售時會用的說詞。由於它在一些潛在顧客身上用得很成功，我們就忽略了一項事實，就是同樣一套東西對其他人沒效。

但很少有人了解。一般業務員只要一走進來，準備做任何形式的銷售洽談，都會高高地打開他用於接收訊號的天線。但由於他一直專注於想著自己，以及想著待會要講什麼，以致他除了靜電造成的噪音之外，聽不到太多東西。因此，他錯失了對方的訊息，帶著他那套標準的簡報，頑強地蹣跚前行，但沒多久卻又離開這裡跋涉而去，沒能談成生意。

銷售高手也有他們自己的天線。由於他們的注意力都在潛在顧客身上，他們可以清清楚楚接收到對方的訊息。他們對於自己到那裡要講什麼，都倒背如流，因此身處於和對方面對面的機會時，根本不會分心。事實上，銷售高手都會準備三套可以在現場使用的內容。由於腦袋清楚，他們輕易就能接收到潛在顧客的訊息，再採用最適於對方態度的簡報版本。不久，他們就把訂單放進公事包塞得好好的，飛離那裡。要像個銷售高手，要運用三個一組的概念。在銷售過程中的每個層面，都要設計三套東西練習。目前你可能已經懂得若干程度調整簡報的方式，但若能有意識地建立三套東西回應，這將會大幅提升你調整用詞與行動，以符合潛在顧客的能力。

我要再多解釋一些，因為我所講的並不只是針對種異議設計三種答覆而已。我要建議的是，針對每一個異議的每一種出色的答覆，都練習三種措辭方式。第一種可能是包括俚語在內的平實措辭，第二種可能是較為高尚而長篇大論的，第三種應該是以標準語文清楚講述。

這種三個一組的概念，不是只有這樣而已。每一個答覆的三種措辭，還可以用快速、中速或慢速來講。語氣可以是輕聲、普通或是大聲。態度可以是柔和、友善或帶點強勢。這樣組合起來，對於每個異議的每種答覆，就有八十一種組合了。在把這種概念應用到銷售過程的每個層面時，你很快可以發展出為數眾多的答覆方式，就很容易為每個潛在顧客找到最合適的一種了。

先從最簡單的簡報開始，設計三種不同變化的版本。以下是其中一組可能：

一、隨興、放鬆，警戒。

二、活潑、務實、討喜。

三、熱情、坦率、一對一。許多潛在顧客會自動把談話內容大同小異的業務員摒除在外，只和以個人身分搏感情、認同其個性的業務員往來。這種版本會適用於這一類的人。

以上這些是情感性聚焦的不同變化，接著來看看內容。同樣的，要想出三套東西並不難。

一、注重技術面。這種內容極為強調產品的技術創新。如果還有節稅與成本效益方面的好處可講，也可以放進來。要用比較務實的措辭訴諸情感。

二、平均混用。適度的技術性內容，以標準語文強烈訴諸情感。

三、深層路線。以樸實的語言直接訴諸情感，只少量放點技術面的細部資訊做為調劑。

上面這三個一組是內容上的不同變化。另外還有講的時候的語氣，如果能為不同狀況馬上調整語氣，你銷售力可望大進。要做到這一點，要發展出三種傳遞時的不同態度：

一、輕鬆。可以放鬆但不要粗心，可以有趣但不要太過。我知道有業務員太注重逗對方笑，結果未能成交。在銷售場合中加點幽默，只是為了協助雙方往下談，而不是為了要讓你自己開心。你的笑聲就留一些自己等上銀行的時候再用吧！

如果幽默不是你的強項，別擔心，慢慢會有的。此外，潛在顧客當中，會有一些人比較不拘小節、受不了從頭到尾只正經談生意，因此要為這種顧客培養一套較為輕鬆的簡報方式，你會更容易成交。

二、適中。對於個性較多變的老顧客，以及對於還不認識的潛在新顧客，以真誠、警覺、就事論事的態度來講，最為安全。

三、莊重。能夠在高壓力情境下，快速而精簡地暢談的能力。最管用的是以簡短、俐落的句子把結構與內容都講清楚。不講笑話，不用華麗辭藻，不提難解的技術問題。努力練習這種模式，你會訝異它經常派得上用場，也會對自己經常靠它談成生意而感到欣慰。

這就是三個一組的概念，聽起來很複雜，實際上不會。你只要訓練自己從三個層面去想就行了。只要你能做到，有效性必定翻倍，挫折必然減少，收入肯定增加。

## 以五種感官觸動情感

你有幾種感官？視覺、聽覺、觸覺、味覺、嗅覺、直覺。銷售高手會盡可能多觸動潛在顧客的多種感官。所以，如果你是那種只會講、講、講、講的業務員，你觸動了幾種感官？只有一種，即聽覺，再加上一點點的視覺。但就算是對產品最感興趣的潛在顧客，在你講一陣子過後，他們還是會不想再看你。這就是為什麼業務高手要遵行以下的理論了，你也應該多用：**你觸動到的感官愈多種，談成生意的機會就愈大。**

關於這點，告訴你一個銷售高手的例子，他是我過去有幸訓練過的年輕人，在他那一州的房屋轉售市場很快就成為第一把交椅。

你應該很清楚，要出售的房屋都會有開放參觀日，也就是在街頭挑選幾個重要的轉角插旗子或擺箭頭，以指引別人前往要賣的房子。當然，業務員要在現場協助訪客開開心心看房，或是再去看當地的其他房子。

就在決心要把自己的成交件數提高到遠比一般水準高之後，這個年輕人決定回顧一下自己過去的銷售過程，從最基本的事項開始。因此他自問：在目前為止我促成的每一件交易之間，共通存在的有力因素是什麼？

在分析與思考好一陣子後，他意識到，重點在於潛在顧客對於房子產生一種興奮的情感，接下來就進入成交所需要的買賣細節了（包括他們的腦子及文件都是）。

開始分析後，他很快學會如何看出別人的情感反應，就算那個人習慣性地會隱藏感受，也不例外。因此他開始規劃一些觸動潛在顧客情感的方法，而且做得比以前還快還好。當別人身著夏日的輕便服裝走進房子、看到生著一團美麗的小火時，他們的臉上會出現訝異的表情。這時他會像認同對方一樣溫暖地微笑，說道：「你們是不是很好奇，為什麼我要在這個季節生火？」對方是不是很有可能回答？這樣不就打破陌生了嗎？

接著他會說：「我來解釋一下。我只是想做好自己的工作，讓每個來看房的人，都能體驗到四季的感受。我太太和我在寒冬時都很享受在壁爐裡生個溫暖的火、看它劈叭燒著的感覺，您也是吧？」這不就觸動情感了嗎？對方會記得這棟房子嗎？對方會記得他嗎？這三個問題的答案，都是肯定的。

但他打算觸發潛在顧客所有感官的計畫，還不只這樣而已。他挑了幾捲有情調的音樂卡帶，弄了一台可攜式錄放音機，帶來播放。他也總會在廚房裡玩香草的那套老把戲（滴幾滴在烤箱裡烘），讓那個區間充滿宜人的香味，好觸動關於溫暖、遮風避雨及好廚藝的想像。他也會注意，每個房間要怎樣照明最好。他會為每棟房子都找出特有的介紹方式，以訴諸潛在顧客的所有感官。

沒多久，透過他看房子的潛在顧客，與他搭上線的比例變高了，因為這些人發現了他的不同、他的機靈及用心。在看房階段的出色表現，為他贏得一波波別人介紹的顧客，也讓他在該州成為最知名、收入最好、顧客滿意度也最高的房仲人員。

他之所以做得到，是因為他運用了顧客的所有感官，去除了稱為恐懼的強烈情感，以一連串的正面情感反應取而代之。這吸引了顧客透過他進入愉悅的體驗，而非透過其他房仲人員。他過去到現在的所作所為，正呈現出業務高手的行事本質：盡可能運用每一種有建設性而溫暖的感受，帶領顧客的情感與他同行，直到顧客說：「我想買，我想買，我想買。」

## 第五章

# 為何不去做自己明知該做的事？

請問問你自己：「為何我不去做自己明知該做的事？」要認真地問，因為答案決定了你的未來。除非你去做自己明知該做的事，否則你還是處於加諸自身與成功背道而馳的法則之下。

在那個問題的背後是一種挑戰，即「我該如何才能讓自己去做明知該做的事？」稍後我會教你怎麼做，但是現在要先花點時間了解為什麼。

我想你經常會問自己類似前面這兩個問題。除了那些業績過人的（因為他們已經在做自知該做的事），以及已經認輸的（因為他們訓練自己不要再問）以外，每個做業務的都自問過。你之所以不屬於後者的其中一員，可能有很多我所不知道的原因，但有一個原因我一定知道，即因為你在看我這番話。這表示你已經向新想法（而且可能是讓你困擾的想法）敞開心胸，你已經願意在找到有助於自己的改變之後，改變你做事的方式。

在你剛從事銷售工作時，你充滿了用之不盡的什麼？是「熱情」。那是一種這樣的感覺：**小心，世界，我來了！既然我有這麼棒的機會來做業務，沒有什麼能限制我做任何事**。

沒錯，那時你曾經有過熱情及欲望。沒錯，對於自己即將投入的事，你感到熱切而興奮。一早起床不是問題：你迫不及待想上路，你具備成功所需的所有條件，只有一樣東西除外，那就是「知識」。你甚至連自己在做什麼都還不清楚，但那不是問題；你的熱情可以補其不足。

接下來，你怎麼了？幾個月過去了。你學到產品知識，你學到在責任區域內要怎麼跑，你學到怎麼開發顧客，也得知有哪些挑戰。但就在你得到這些知識時，你的熱情怎麼了？

它冷卻了一些，不是嗎？但你公司的產品對於目前的新顧客來說，和你展開銷售工作那天一樣新鮮，只是對你而言變得不再新鮮。任何產業、公司、產品都會有的不好層面，你已經觀察了一段時日；但你也待在其間一段時日，任由這些不好的層面影響了你的行動。

你學到了知識，但那只夠用來補你熱情的不足而已，相抵之下，你還是一個績效平平的業務員（即遠低於你的潛力）。一點都沒錯，在你的外皮之下，有個銷售高手，有個一馬當先者，有個收入傲人者，有個抱負十足者，正掙扎著要出來。

所以，你其實知道該做什麼，只是沒有這麼做。為什麼？在大部分組織裡，對於一個已經待了好幾個月的業務員來說，主要因素並不在於缺乏某個業務職位所需要的特定產品的相關知識；這可能也不是你的原因。主要的挑戰在於你無法激勵自己去做你早就知道該做的事。為什麼會這樣？因為你該做的事，並不是你想做的事。如果二者相同，你應該早就在做了。

討論到這裡，已經來到最重要的地方了，即**為何你不想做自己明知該做的事？**

之所以不想，是因為你自己內心的衝突。衝突來自於，你的欲望與需求帶領你往前的力量，抵不過你的恐懼與焦慮扯著你往後的力量。

稍後我們要詳細研究你的這些欲望與需求。欲望與需求是激勵因子，每個人都有。另外也要仔細看看每個人一樣都有的反激勵因子。當你感受到恐懼或焦慮時，那就是反激勵因子，這也是反激勵因子之所以影響力很大的原因。

幾乎所有追求成功的人，都曾經在職涯中的某個時點，被這樣的衝突撕毀過，它存在於大多數的人生活之中。或許我們無法阻止這場戰役繼續下去，當然，我們不可能贏得每筆生意，總是會有超出我們控制範圍的因素，不時會搞掉我們的生意。

想想這件事。在你最私人的念頭裡，想想這樣的衝突到底是不是阻礙你獲得卓越成就的主要因素。不是缺乏能力，不是缺乏產品知識，只是因為你不去做明知該做的事而產生的衝突所導致。只要知道該怎麼做，平復這些恐懼與焦慮是輕而易舉得令人訝異。第一件要做的是，承認你和每個人一樣都會恐懼與焦慮。承認這個事實，是你必須通過的第一個關卡。接下來就要下定決心，你不要再讓這些打得倒的恐懼與焦慮阻擋在你的面前，使你無法在人生中取得你想要的東西。

下定決心後，就讀下去。想想自己為何會低落，研究這個敵人，找出你能夠進攻的弱點，好去除它。認識激勵因子，並學習如何運用它們；認識反激勵因子，並學習如何擊垮它們。接下來，你就會去做自己明知該做的事了。你會做得很自然，沒有任何壓力，因為那是你想做的事。

## 你是怎麼低落起來的

你曾經低落過嗎？你曾經不想起床，不想做你明知該做的事嗎？有沒有一些日子，你寧願開車經過公司，沒聯絡就躲起來？你曾有那樣的感覺嗎？我來告訴你，你是怎麼產生那種感覺的。

如果你不是因為對賺錢有興趣，就不會來做銷售工作。我這樣猜想應該沒錯吧？我另一個猜想應該也沒錯，就是你會同意這個描述：在我心情低落時，我賺的錢沒有充滿熱情時那麼多。

如果你接受這描述，我想你會同意這樣的想法：要是我能夠減少心情低落的時間，增加充滿熱情的時間，我就能賺更多錢。

請注意，我講的並不是「**增加你的熱情，低落就自動減少。**」你可以把任何分量的熱情灑在已經因為自我衝突而導致低落的生鏽面上，熱情一定附著不上去。不過，熱情確實可以附著在敏捷、知識及意願上。所以我才會充滿自信斷言：「**減少你的低落，熱情就自動增加。**」請把這一段兩個引號裡的句子拿來比較，這兩個看來似乎很像的句子，有很大的不同：第二個句子可行，第一個不可行。照著第一個句子做，成果很有限；照著第二個句子做，將可帶來成功的富饒與滿足。

要想盡辦法建立熱情，這點沒錯。但是在讓自己投入這種有用的活動前，要先確認自己的熱情是不是有乾淨的表面可以附著上去。請先清除你腦子裡因為低落心情而形成的生鏽面。

要做到這件事，你必須具體知道，自己是如何低落起來的。

來仔細看看是什麼樣的衝突引發了挫折，最後發展為低落的心情。我把這整個流程稱為「鑄造低落的鎖鏈」，因為它是一系列事件造成的。如同任何鎖鏈一樣，要摧毀它的綑綁力，只要破壞其中一節就行了。以下是你自行鑄造低落鎖鏈的過程，也就是你變得沮喪的步驟：

一、意識到自己的欲望與需求後，激勵了自己往前。你想像自己發動了一輛高性能跑車的引擎。

二、意識到自己的恐懼與焦慮後，反而激勵了自己並停下腳步。你的跑車已經在泥濘中淹到輪圈蓋的地方了；驅動輪還在轉動，但你哪兒都去不了。

三、你周遭的一些業務員已經前行，但你沒有，你的挫折感迅速湧現。你看到他們在做什麼，也知道自己該做什麼，但你想做的愈多，你就愈難要自己去做。你在跑車裡猛踩油門，弄走大量的泥巴，但你還是動也不動，反而愈陷愈深。你的挫折到達頂端，你生氣地用力打輪胎。

四、由於你無法成交，也無法前進，以滿足自己的欲望與需求，你對自己的產品與公司失去信心，或者更糟到對自己失去信心。一旦發生任何一種情形，原先使你不安的挫折感，就轉為低落。就像你放棄踩跑車的油門以脫離泥濘、關掉引擎、下車走在泥巴上徒步行走一樣。

五、現在你太過低落，已經無法自行採取任何有效行動了。除非有某種外力拉你出來，否則你會一直處於那種動彈不得的狀態當中。

如果你此刻或過去曾經對於自己的銷售成果感到低落，或是覺得未來自己可能這樣，那你必須找尋產生激勵力量的源頭。

## 激勵因子

**出色業務員的第一項激勵因子是金錢。**為何金錢是激勵因子？它可以讓你取得你想要與需要的東西。錢是個好東西。請大聲複述這句話：**錢是個好東西。錢是個好東西。錢是個好東西。**只要你所賺到的錢與你所提供的服務成正比，錢就是個好東西。錢是個好東西，但它本身並不能讓你開心。錢能夠做的，不過是給你一個機會，讓你可以探究一下什麼能夠讓你開心。在你探究的過程中，有錢總比沒錢開心得多，不是嗎？

取得更多金錢的方式是把服務（service）這個字的「s」，換成金錢符號「$」，變成「$ervice」。這是因為你所賺到的金額，完全取決於你提供給別人的服務量與服務水準。以我之見，金錢就是把你提供的服務在計分板上反映出來。如果你賺的錢不夠多，那就是你提供的服務不夠多。

**第二項激勵因子是生活保障與安全感。**大多激勵課程，都會以馬斯洛（Maslow）講的需求層次（Hierarchy of Needs）做為骨架。這套理論告訴我們，一般人每天努力，是為了滿足生理需求，也就是取得保障與安全感。在原始社會中，生活保障可能是一群山羊、一個遮風蔽雨的洞穴或帳蓬；在現代社會中，生活保障是拿錢買的。沒有了錢，就不能買衣服。如果你裸著身子四處跑，你難道不會覺得有些沒安全感？如果在某個場合中，你的衣服沒穿對品質與款式，你也會覺得沒安全感。錢可以買到多種能提供我們某種程度安全感的東西，因此錢是力量十足的激勵因子，它可以直接用來衡量成功，也可以提供生活保障與安全感。

**第三項激勵因子是成就感。**幾乎每個人都想要有成就，但也幾乎沒有人願意為了實現成就，而去做必須做的事。我相信，任何地方的人都可以分為兩種：有成就者與無成就者。

有成就者約占全球的百分之五，無成就者則是剩下的百分之九十五。有一項事實可以說明這一點：無成就者所實現的是「無成就」的狀態，而這就是他們的成就。因此，無成就者會覺得，接受失敗，要比接受任何有實際價值與意義的東西，要來得輕鬆。一無所有的人，通常會實現他們認為自己應得的狀態：一無所有。

你是否已準備好脫離無成就者的身分了？你是否已準備好加入那百分之五的精英、贏得在上流社會享受珍饈的權利？

可以從另一種觀點來看這件事。你所認識的每個人也都想有成就。如果你透過自己的產品與服務，幫助他們達成正在追求的事，他們會反過來也幫你達成你想要達成的事。

**第四項激勵因子是認同。**這個激勵因子很有意思，我時常覺得它對我們業務員來說，是最重要的一項。認同比任何因素都還能激勵我們做更多事。人人都需要認同：先生、太太、小孩，即便你的老闆也是，我們都是。在你還小的時候，為什麼你要在後院側手翻？你想得到什麼？認同。「嘿，媽，爸，快看我，我表演得很棒！」

我們都渴望也需要認同。因此，這項激勵因子才會在運用到最大限度時，發揮這麼驚人的力量。許多業務經理最愛用來刺激團隊成員績效的方法，就是給予認同。只是，有更多的業務經理因為認同得太少、太慢，或是太隨便，以致未能享受到認同部屬的好處。如果要把認同的力量有效地運用到業務團隊中，就必須是真的認同，要即時，要真誠，不能有偏頗。認同的品質或價值，必須與當事人的實際成果相匹配。

**第五項激勵因子是他人的接納**，不過這是有風險的。

你可知道，每天有多少人孜孜矻矻，就是為了贏得他人的接納？對很多人，包括很多業務員來說，那是他們最大的動機，也是他們最大的弱點。

有一件有趣的事，會發生在每位新進業務員身上，不管你負責的是什麼樣的產品或服務。在你還是剛進公司的員工時（或許也是剛開始從事銷售工作時），看到你帶著滿腔的熱情首度投入銷售工作，會是誰坐在那兒等著接受你或拒絕你？

是已在公司裡的有成就者還是無成就者？是那百分之五，還是那百分之九十五？

哪一群人會待在公司裡？哪一群人在外跑更多業務？

很有可能會有人說，「現在我來告訴你這裡的真實狀況是什麼。」一旦這種事發生，你可能會覺得，這個人有百分之五的機率會是有成就者，但事實上，你可能已經好幾個星期沒看到那些有成就者了，因為他們正忙著從事能夠使他們更加傑出的事。等到你最後終於認識那百分之五的其中一人時，他們不會多講而只會告訴你：「很高興你加入我們，這是一家很棒的公司，在這裡你也會變得很出色。幸會，下次見。」

公司裡可能會有人告訴你，我的訓練對你沒幫助。他們並沒有公平看待這些觀念與技巧，就講這種話。這群人當中，有幾位只是隨便翻幾頁看一看，找找看有沒有什麼可以調侃的地方後，就講出這種話。這些人都是輸家，他們希望你也加入他們的陣營。他們最不希望你做的事，就是加入贏家陣營。接著我們舉傑克・巴米爾斯（Jack Bumyers）的例子，來說明為何做這種事對他們來說那麼重要。

傑克已經在你剛進入的這家新公司的銷售部門，工作將近十一年了，而且已經一百二十個月沒學到新的銷售技巧了。在你剛加入時，公司從總裁以下的每個人，都希望你成功，但是傑克和他的朋友們例外。每當某個不知打哪來、吹著口哨的新人做得不錯，傑克就會面臨一個嚴峻問題的考驗，即這個新來的呆子都辦到了，為何我辦不到？

他和每個人一樣清楚這個問題的答案：傑克是個拒絕提升工作效率的無成就者。但這卻是傑克無法接受的答案，因為一旦接受，就等於向自己承認，自己的工作習慣與方法必須要大幅改變，才能成功。但那太痛苦、太讓人退避三舍了。把新手的成功歸因於外人的偏袒、純粹的狗屎運，或是說人家不擇手段，會簡單得多。只要能去除自己的罪惡感，傑克什麼都講。但不管傑克多麼善於找藉口，不管他花多少時間與精力鋪天蓋地找藉口，還是掩蓋不住掙扎著想衝破封鎖的事實。

這樣的事發生一、兩次後，只要一有新人表現出有前途的樣子，傑克就會自然而然焦慮起來。他體會到，那種機敏、很下工夫又認真學習的人都有一種迅速成功的齷齪習性。這總是讓他憂心忡忡，被迫必須再找另一種自己能夠接受的解釋。這種痛苦進入了傑克的潛意識，需要一個釋放的出口。於是，他開始依照一種可悲的錯誤信念行事：對抗他人成就的最好方式，就是讓自己周遭不要有人有成就。不久，他練就了扼殺同事企圖心的功夫，實現了高度的無成就狀態。每當有新人說「我最好趕快動手，我還有好多電話要打」，老傑克就會回答他：「這個時候打？你找不到人的啦。」

每當他偵測到某個工作熱誠的人出了什麼問題，他都會巧妙地利用。「你的文件搞不定嗎？那家公司太過刁難了，你會經常碰到這種問題。」

只要任何人展現出賣力工作的跡象，他就會不露痕跡地把同儕壓力引導到那個人身上。如果這些計謀都不管用，他們那群人就會突然冷淡起來，一有機會就抵制正要出頭的新星，那人一進辦公室他們就轉過身去，避免和他對到眼，甚至於不把應該分享的資訊告訴那人。這就是一個企圖心十足、又極為渴望同事們接納自己的業務員，可能會踏入的危險地帶了。因為，同事們接納你的代價，就是讓你的績效變得平平。只有夠堅強的人，才能抵抗得了這種壓力；只有夠堅強的人，才能夠為成功付出這額外的代價。

讓你的身邊充滿你最想要成為的那種人。不管你自己有沒有感覺，你會愈來愈像自己經常往來的那些人，愈來愈不像你沒有往來的那些人。你會無意識地從平日相熟的人那裡，學到大大小小能夠有所成的方式（也可能是學到無所成的方式）。你會無意識地學習他們的態度與想法、吸收從小細節到大觀念都包括在內的每件事，只不過你吸收到的可能刺激你更有成就，也可能讓你沉入無成就的深淵中。

現在把那些你花最多時間相處的人的大名寫下來。仔細檢查這份名單，看看名單上的每個人對於你的心態是否有正面影響。把那些無正面影響的人，列到第二份名單去，然後想想周遭有沒有誰，可以取代掉第二份名單上的人。如果你決定把目前的往來對象中的任何一個人，換成充滿熱情的新朋友，你會心滿意足地發現，如果採取逐步汰換的方式，這個過程一點都不困難。不必公開決裂，也不用當面說破，只要讓那些負面人士比較不容易找到你，再把省下來的時間用來參加能夠接觸到更多正面人士的活動就行了。其中一些人將會成為你的朋友。

**第六項激勵因子是自我接納。**只有做到這點，你才能把自己的潛力發揮到最大。人人都渴望它。自我接納之於我們的人格，就像是鈣質之於骨頭。很多人的自我接納都建立在別人的認可上，這使得人格的骨頭變得脆弱。脆弱的骨頭導致人生艱辛，建立在他人接納上、混淆的自我接納，也導致人生艱辛。

自我接納是一種做自己的狀態，它是要靠你自己實現的，不是靠任何人幫你實現的。自我接納就是別人的意見不再能控制你的那一天，就是你不同意一件事而且把它講出來的那一天，就是你突然跳上飛機飛到歐洲渡假的那一晚，就是你想賴床所以賴床的那個早晨，就是你拋掉所有不想玩的遊戲、不想扮演的人生角色的那個小時，就是你終於釋放潛能、成為自己、知道你已成為自己，也知道你已完全光榮地屬於自己的那一分鐘。這聽起來不是很令人興奮嗎？

很少人能做到。為何這麼多人都無法自我接納？

因為我們沒有控管能夠認可我們的人數。因為我們向世界追求的認可，多過於世界願意給我們的；於是世界阻擋了我們的追求行動，使我們無功而返。因為我們沒有體認到，真正接納自己有多重要。有些人隱約知道自己缺少什麼，但還是試著強迫自己接納自己。但無論我們表現得有多大聲、多積極、多堅持，我們腦中那些細微的聲音，還是一直在告訴我們，自己到底有幾斤幾兩重。

沒錯，除非你學會安於把來自他人的接納，設定在可達成的範圍內，否則你很難成為自己。除非你停止擔心此事，否則你無法成為自己。除非你得到一些認同、增強了你的自我形象，否則你永遠無法實現自我接納。但除非你先有一些成就，否則將無法獲得認同。但除非你發展出安全感，否則你永遠無法有成就感。而除非你開始賺到一些錢，否則你不會擁有安全感。

但你也可能已經有了金錢、安全感、成就、認同、來自他人的接納，卻還是無法自我接納。你可能認識一些什麼都不缺而獨缺自我接納的成功人士。

我們都讀過一些已成為巨星的藝人，卻自殺的報導。他們有錢、有安全感；巨星指的是人人都認同也接受他們，然而他們卻無法自我接納。人人都愛他們。或者該說，人人都愛他們，某人除外。那個某人走到今天，才發現得到的不是真正想要的。而最高度的自我非難，就是自殺。

我還要告訴你另一種激勵因子。雖然這項因子並沒有出現在馬斯洛原版的需求層級中，但它的力量幾乎和自我接納相當。我之所以加上它，是出自我個人的體驗，以及我所看到的其他人的情形。

**第七項激勵因子是對家人的愛。**它必須和其他所有激勵因子結合在一起。透過賣力的工作，你可以有成就、有收入、獲認同、有安全感，讓別人接納你，你也接納自己；但如果你不提供給自己所愛的人高水準的「服務」，也就是參與他們的生活、表達對他們的認同、提供他們安全感等，那麼你會發現，在大多數人眼中你是成功的，但你很孤單。當你在商業人生中追求成功的同時，別忽視了在你個人的人生中，真正重要的人。我知道有太多頂尖的專業業務員，看起來什麼都不缺，卻無法和自己生命裡原本應該最重要的人維持良好的關係。擁有家人的愛與讚美，可以讓你的其他成就都放大十倍。

以上就是七大基本激勵因子，它能夠刺激每個人、深層而力量十足的情感。要是無法控制得宜，我們可能淹死其中；要是控制得宜，我們會獲得無窮的動力。應該要好好研究它們。

## 反激勵因子

接著我們要來探討的是，為何人們得不到那些他們有動機追求的東西。你可知道，有多少人因為太害怕失去眼前的保障，以至於他們不願放棄它，去追求心中渴望的更大保障嗎？

但具體來說保障是什麼？我們真的能夠擁有它嗎？我相信，沒有比你在自己心裡建立的保障，更讓你覺得有保障的了；我相信，你有多大的能力面對維持生計的挑戰，你就有多大程度的保障；我相信，你得到的保障，不可能大過於你處理無保障感的能力。

這意味著，你必須放棄自己已經得到的，才能得到你想要得到的。這表示，你想賺錢就必須花錢，對任何事業來說都一樣。你可能是一家大公司的業務代表，但你基本上還是在打造自己的顧客群、在建立你自己的事業。專業的業務員很清楚，銷售高手也很清楚，這需要投資，不光是投資時間，也要投資金錢。在後面的章節裡，我會談到一些如何花錢以賺更多錢的方法，像是郵寄廣告。新手業務員都不太能夠有效運用郵寄廣告，他們其實可以用得很好，也應該多用一些。為什麼他們不用？主要是因為他們不想放棄一部分自己已經擁有的，去換取他們想要的。

這不是很奇怪嗎？就好像他們不相信那樣的未來有一天會到來一樣。如果你希望未來比現在要好，就必須為未來預留空間，就必須打造未來，就必須為未來付出代價。你未必得要郵寄廣告，但你還是必須投資，以在別人眼中建立自己的可信任感，它可以表現在穿著打扮上。你確實必須投資，以建立銷售知識與技巧。如果這些條件已一應俱全，會不會有成果，那還用說嗎？

**第一項反激勵因子是對於失去保障的恐懼**，害怕失去你已擁有的。

為協助戰勝恐懼，請想想一項事實：所有人際關係、技巧以及個人財物，都需要某種程度的維護，否則你就會失去它們。要想清楚，如果你拒絕放棄目前你已擁有的任何東西，你哪來的空間、時間、金錢及精力去接受新的成就？

**第二項反激勵因子是對失敗的恐懼。**大多數的人都會碰到這樣的挑戰，早年工作中的我也不例外。

你想不想學會一種保證你不會約不成碰面，不會做不好簡報，不會無法成交的方法？我馬上可以教你。那就是：別拿起電話，別做簡報，別試著結案。只要你試都不試，就能夠避開失敗。有多少從事銷售工作的人，每天只因為可能失敗就任憑機會流失？

請各位想一想（我的意思並非要你挑戰人身安全，或做出危險舉動以尋求刺激），想一想你應該做得專業卻因為恐懼而沒有去做的事。接著再想像自己正在做那件恐懼的事，輕輕鬆鬆、技巧熟，而且成功。只要你說服自己，不久真的要做那件事，就會產生一些恐懼的症狀。

或者，你也可能因為太過恐懼做這件事，以致你無法正視它。有時，我們必須讓一些想法在腦中醞釀，直到我們準備好面對。但是可別讓這想法憑空消失。請把下面這段話寫下來，和你的名片放在一起：**去做你恐懼的事，你就掌控了恐懼。**

一有機會就把它拿出來讀，等到哪天你準備好行動，也躍躍欲試要克服恐懼時，你就會突然想起這段話。接著你會面臨一個難受事實，即如果你不掌控恐懼，恐懼就掌控你。於是你會小心翼翼做好準備，挑戰你的恐懼，永遠克服它。每當你克服一種恐懼，你會發現下一種恐懼會變得更容易面對與克服。不過，你未必能夠在第一次就克服它，要先有心理準備。重要的是，要踏出反擊恐懼的第一步。踏出去之後，它就不再是一條難爬的上坡路了。

你身邊有多少人只因為害怕失敗，就不嘗試？有多少人任由自己置身於平庸的廢物堆積場中，而沒有接受成功前不時會出現的拒絕？如果你只能從這本書裡學到一件事，請選擇下面這件事，就足以讓你花在閱讀上的心力得到一萬倍的回報：**我對自己的未來深具信心，因此我絕不會自己認輸退出。**

**第三項反激勵因子是自我懷疑。**這個因子特別愛找我們做銷售的人。在你進入這一行之前，你可能會和親友提到，你打算做業務員。結果他們怎麼講？

「業務員？你想賣東西？靠這個維生？你知道這什麼意思嗎？你的收入會有很大的起伏。今晚吃雞肉，明晚可能吃雞毛。你是怎樣，瘋了？」

在你還沒入這行前，只要多碰到幾次這樣的攔阻，你的心裡就會種下自我懷疑的種子，你的熱情也會沾上恐懼的色彩。那種恐懼有可能讓你加倍努力，也有可能讓你找台階離開。「好吧，反正我就試著做業務看看，」你告訴你的親友。「就給它一個機會，如果我喜歡，那很好；如果不喜歡，也無妨，我會再找別的工作。」

問題在於在你以這種方式迴避對銷售工作的承諾時，你已經把自己這些話聽進去了。我在本書的其他部分會提到，說服一個人的最有效方式，在於「當他們自己說出口，那就是真的。」這方法也對我們適用，它可能幫我們，也可能害我們。如果你是以「給它個機會」或是「做看看會如何」的態度進入這一行，一定會損及你接受困難考驗（像是面對拒絕）的決心，但困難的考驗卻又是成功必須的。

你應該告訴別人，你已經決定要以銷售為志業。沒有「如果」，沒有「以及」，也沒有「但是」。要對自己承諾，你想把銷售工作做好。別吹噓你準備要做什麼，但也別找藉口不全心全力投入。別在預期自己會失敗之後，著手證明自己真的預言得很神準。

在你決定成為銷售高手的那天起，你就不再平庸了，因為平庸的人不會做這種決定。在你承諾全心投入的那天起，你就不再平庸了，因為平庸的人不會做這種承諾。在你做出決定與承諾後，你會開始以不同方式處理拒絕。未能成功約訪時，你就不會再問平庸的業務會問的：「我哪裡做錯了？」

有人來到你們的展示室或展示區，離開時沒有帶走你們的產品或服務時，你也不會問：「我哪裡做錯了？」你之所以不那樣問，是因為那樣會增強自我懷疑。一旦增強到一定程度，自我懷疑會演變為負面信念。

等到負面信念染上你時，你會深信每件你要做的事、正在做的事都是錯的，都會失敗。然後，你就真的失敗了。負面信念就是這樣，不管身處任何業務職位，只要讓自己暴露在病毒中，都有機會染上它。負面信念對銷售新手而言尤其危險，如果他們一有機會就自問「我哪裡做錯了」，在他們開始這份工作的前幾個月，便足以反覆問上無數次。

銷售高手失敗時，會問什麼問題？是「我哪裡做對了？」

銷售高手會持續做先前做對的事、維持正面態度、戰勝拒絕、繼續嘗試，然後開始取得勝利。這些勝利會不斷累積，一直到清除掉躲藏在正向信念的金字塔下的任何自我懷疑為止。大多數的人在自我懷疑的反激勵下，都沒有採取行動，而且還演變為負面信念。現在起，別再問「我哪裡做錯了」，要問「我哪裡做對了」。

「等一下，」你說道。「我現在站在展示室的窗邊，臉部正在做日光浴，感覺正棒，結果一個不消費的人走進來，折磨了我好一陣子後，卻走掉了。一直到他進門前，我的感受都還很好，現在我卻覺得糟透了。所以，我自然而然會問『我哪裡做錯了？』這個道理任何白痴都懂。」

沒有錯，任何白痴都可以問那個問題，但銷售高手、前段班的業務員們，不會把自己的自尊及正面態度丟在那裡，任由零星幾個負隅頑抗的顧客踐踏。

你做對了什麼？你準時上班、穿著得宜、對產品與服務信心十足；你讓潛在顧客隨時找得到你；你把最好的服務提供給他們。如果他們選擇不購買，你可以分析下次自己該採用什麼不同方式處理，但完全沒必要懷疑自己做對了的事。

**第四項反激勵因子是改變的痛苦。**對我課堂上的學生而言，這是最棘手也最有挑戰性的反向激勵因子，應該學習如何抗拒它。它也是傷害力最大的反向激勵因子，我希望你特別花力氣克服它。

為何改變似乎總牽涉到痛苦？我們抗拒改變，是因為它代表著舊有的自己，有一部分必須死去，也因為未知的新的自己將會誕生。我們會為熟悉的成員離去而難受，也艱辛地撐過陌生的成員降生的痛苦過程。一切都是本能。

有些人抗拒改變，是因為過去曾承受過突如其來的痛苦事件，或許是在童年。長大後，他們會說「我不喜歡驚喜」之類的話，以反映出那種心態，也會傾向於以打擊改變的方式抵擋災難。不是只有個人才會攻擊改變，企業也會，國家也會，只是這世界依然還是會改變。

我們都多次聽過一句愚蠢的老話：「原本就是這樣的。」也聽過這種無意義的藉口：「過去我們都是這樣做的。」也聽過這個不算理由的理由：「我不要改變。」但同一時刻，那股無從避免的改變力量，仍不斷變化，一會兒讓舊有的作法失效，一會兒又讓不改變的人逐步遭淘汰。我們確實可以向改變的力量反擊，暫時贏得幾場勝利，但我們贏不了這場戰爭的。到頭來，我們只能在改變與滅亡之間選擇其一。

所以，別攻擊改變，要讓它為你所用。這話說來簡單，做來不易，因為我們都傾向於以強烈情感攻擊改變，只有在一些較為薄弱的知性理由之下，才會運用改變。現在要教你如何打破這種模式、如何讓改變成為龐大而正面的力量，刺激著你向上：

- 好好想一想自己對於改變的恐懼情感，直接面對它。接著，有意識地把「想要提升工作方法」的感覺，從「失去熟悉的事物」、「沉緬過往時光」，以及「與陌生新事物抗衡的痛苦」等感覺中抽離。
- 留下舊生活中最好的部分。一旦擁有堅實的情感基底，就能用來打造有助於自己的改變了。
- 養成在沒有必要時依然嘗試新事物的習慣。
- 每天找個人說，你接收新想法的速度很快、你喜歡嘗試新東西，以及你隨時都在學習、改變及成長。不斷講這些話，你就會相信它、照著做、讓它成真。

- 別人逼迫你改變所造成的痛苦，會比你自己主動改變大得多。與其坐著等待改變的大斧砍向你的生活，不如自己走在正向改變的最前端，提升自己的生活。

我的用意不在於要求你改變，而在於向你展現如何才能快樂。如果你不快樂，那就忍耐一下改變所造成的暫時性痛苦。如果你不想忍受改變必然涉及的痛苦，那就好好接受你目前的處境吧！如果你是因為怕失去快樂才不改變，請小心，不久你就會感受到外人把改變加諸於你的痛苦。生活之中，這樣的狀況太常見了。克服它的最佳方式，或許也是唯一方式，就是主動掌控未來、自行展開改變。

每個人都有一些想法與價值觀。我們就是我們，我們都不想改變。我來講個例子好了。假設基於健康考量，你現在應該減重。再假設你超重五十磅好了，如果你對於超重五十磅很滿意，那麼你應該保持現狀，不要去想節食的事。但如果你對自己超重不滿意，那你最好採取一些行動。

在你承諾要節食的那一天，你會產生一些痛苦，你會覺得痛苦，一直到你把那五十磅減掉為止。等到你輕快地在街上走著，每個人都問你怎麼辦到的時候，你可以笑著說：「這沒什麼。」

現在就暫停閱讀這本書，把以下這句話抄在任何一本筆記本上：**等到改變帶來好處後，改變的痛苦就消失無蹤了。**

等到你把承諾過要做的事完成後，改變的痛苦就會消失無蹤。除此之外，還會因為能夠積極而有效地掌控自己的人生，而產生一股興奮感。不過這裡要小心一點，要注意我們心裡是否有衝突存在。我們都想要那些激勵因子，但我們卻又克服不了反激勵因子。

「我想要賺很多錢，好讓我能夠生活有保障，能夠獲得成就感，能夠獲取一些認同，能夠受到我所接觸的人的接納。等到我擁有這一切時，我知道我會接納自己，也會覺得自己很棒。但我卻又不想放棄目前所擁有的安全感。對方的拒絕讓我不舒服，但我可沒有到那麼悲慘的地步，所以我不想再打給那些人一次。」

- 「要是他們不想在家裡安裝我們的娛樂系統，那就難搞了。」
- 「要是他們看不出我們的車子在實際上路時是最棒的，那是他們的問題。」
- 「要是他們無法分辨我們的電話系統更方便使用又更省錢，那就太糟了。問題在他們身上，不是我。」
- 「要是我不再打給他們一次，他們就無法再拒絕我。」

所以，不拿起電話，會比忍受對失敗的恐懼及對遭拒的恐懼要簡單。當你又有機會跟催一位潛在顧客時，同樣的戲碼又會上演。最後的結局一定又是「唯獨這次我不想再打一次電話。」那麼輸的是誰？是我自己。由於我無法控制改變涉及的痛苦，不但失去這張訂單，還因為加深這種自尋失敗的模式，而失去更多類似訂單。每當我冒著無法得第一的風險在賽跑中棄權，就多加深這種自尋失敗的模式一次。每當激勵因子與反激勵因子在你的腦中形成衝突的時候，結果就是一種稱為挫折的過渡性階段。

等到你受挫後，下一個階段就是一種稱為焦慮的有趣狀態。這是用比較時髦的名字來稱呼情感上的痛楚。有些人會用「我再也無法忍受這種壓力了」來形容自己的焦慮，有些人則是靜靜任由那種痛苦在心裡沸騰。

再下一個階段，就進入危險區了。很多人每天都在進出危險區。

如果你無法藉由放棄保障來處理自己對無保障感的恐懼，如果你在試圖結案時無法克服對可能遭回絕的恐懼，如果你無法處理自己所擁有的這類疑慮，如果你不改變、不發展自己的技巧，你很可能無法在自己的舒適區一直逗留下去。我來舉個例子給你聽。

我是你的業務經理，你和其他業務員正來到我們這個據點，一如往常準備參加刺激的大活動，也就是每週一次的業務會議。我處理痛苦與焦慮的能耐假設是七百，在我沖澡並且想著「今天早上，我打算要讓那些人參加一場很棒的會議。我真的要鼓勵他們一下。雖然績效不太好，沒人賺太多錢，但他們真的是很棒的團隊」的時候，我的痛苦與焦慮指數在五十。

吃早餐時，我決定來看一下自己在股市第一次投機買賣的成果如何。原本我有些猶豫要不要看，最後還是決定看。在早報上，我找到了那一檔我的股票經紀人保證足夠讓我們全家下半輩子都在加勒比海的郵輪上度過的股票。它跌了五十美元。突然間，我的痛苦與焦慮指數上升到一百五十。我太太猜想有什麼股票跌了，跑到我身後看著早報上的報告。接著她開始煞有其事地給我建議，就好像她的選股能力有多好、她的腦子完全是由股票代碼組成的一樣。我的痛苦與焦慮指數上升到三百。

跳上車時，我知道自己快遲到了。我猛踩油門，一個警察攔下了我。我太急躁而忘了在他身上使用假設性的成交法（下次再有警察攔下你時，請在他還沒開口講任何一個字之前，直直看著他的眼睛、帶著微笑說：「大人，請原諒我害你必須過來警告我。」），不過我違規得太嚴重，也無法用那招就是了。因此，罰單又讓我的痛苦與焦慮指數增加到五百。等到我晚了二十分鐘、終於到達會議室時，你坐在那兒。電話響了，你接起它後和我說：「湯姆，找你的。」

「我進辦公室接一下，馬上回來。」是區域經理打來和我說我們這個據點的業績，也稍微講一點鼓勵性的話啟發我。他大概是這麼說的：

「霍普金斯，你知不知道你們這個點的績效是所有連鎖點中最糟的？你的手下工作不力，你們花的廣告預算不該只有這點成果，而且基本上你看起來很無能。如果你無法鞭策手下趕快有成績，你可能要準備另謀高就了。」

我掛上電話。我看到自己辦公室玻璃牆外的業務員們，正等著我去主持會議。我帶著高達七百五十、已進入我危險區的痛苦與焦慮指數走到那裡。此時有大量腎上腺素穿過我的腦子，我變成只有兩種選擇：要嘛就打，要嘛就跑。由於在企業裡通常不會真的做這兩件事，因此我把它換成現代用語：要嘛就撤退，要嘛就發火。我不想走人，所以，這場會議就變成不同於我今天早上原本設想的那樣。我大概是這麼說的：

「早安。你們知不知道，你們的產值很差？我們是連鎖點中最差的。我警告你們每個人（剛才我才和區域經理談過），聽過來，而且要聽好，如果我丟飯碗，我會要你們每個人陪葬。」

突然間，我覺得好爽。我的痛苦與焦慮指數掉回五十，因為我以威脅的方式擺脫了我過高的痛苦與焦慮。我是擺脫了，但是誰接收了呢？你和業務團隊的其他人接收了。我已經把你們每個人的指數都推升到七百五十，把你們全都趕進危險區去了。

在任何一種銷售工作中，每天你都會碰到許多痛苦的事，也會碰到許多焦慮的事，每天都會。面對與戰勝這種狀況的關鍵在於，要體認到你要做的就是克服痛苦與焦慮而已。只要做到這點，你就會停留在舒適區。為什麼？因為事實上只有兩種區存在：危險區和舒適區。你一定得待在其中一區。除非你自己先覺得痛苦與焦慮會造成傷害，否則它們不會成真。只要你拒絕它成真，它們就傷不了你。要體認到每天你都會碰到痛苦的經驗。這些經驗都可能在你心中造成焦慮；如果你太集中心思在感受痛苦與焦慮上，不想冒更多失敗的風險，決定任由焦慮形成的話，就會成真。但如果你決定集中心力從事能夠讓機會成真的創造性事物，你就能繼續待在舒適區，因為你的心思固定在行動上，而非受苦上。

你一定碰過那種你已經掏心掏肺以待，他們依然不滿意的顧客。他們講得很直率，或許還很無禮。他們或許還會做出更超過的事，即打一通討人厭的電話或是寫封信給你老闆，這會把你推到危險區，而許多身處這種狀況的業務員，也只能選擇撤退或發火。

下一章要講的是按部就班的公式。每當有人取消會面、不接受送貨日期、說自己不想要你的產品時，拒絕你時，就使用它。把這公式應用在任何你碰到的拒絕上，你就會開始期待拒絕的到來，而非避開它。這聽起來很難以置信，不是嗎？請翻到下一章，自己看看。

## 第六章

# 學會喜愛「不」

你的爸媽教你的第一個字是什麼？是「不」（不行、不准、不可以）這個字，不是嗎？

他們是怎麼教你「不」的意思？打你的屁股。為何父母要這樣對待我們呢？是因為他們不喜歡我們，還是因為他們愛我們？

當然是因為他們愛我們，他們也知道，除非我們學會避開某些事，否則我們會傷害到自己。所以，為了我們好，他們才會用自己唯一懂得的一種方式，也就是讓我們害怕「不」，來把「不」的意義銘刻在我們的心中。

現在的你之所以無法在銷售工作中稱心如意，唯一的阻礙是什麼？是「不」這個字。

我們會學到這樣的折磨，原因很簡單：對於這個再基本不過的字，抱持著錯誤的心態使然。這種心態打從我們很小的時候就存在，但這心態在我們的生活中早已失去用處（尤其是對於以銷售為業、會因為一個「不」字而無法服務他人、達成目標的我們來說），卻尚未消失。

面對突然不友善起來的潛在顧客，一般業務員會很擔心自己會不會有失身分地位。如果在撤退前有必要叫罵一下，他們就叫罵；如果他們的身分只容許私下搥胸頓足，他們就私下搥胸頓足。但無論選擇哪種方式，都一樣失去了這個潛在顧客。

銷售高手則會以截然不同的角度看待這種狀況。他們馬上就了解到幾件事：潛在顧客正處於痛苦當中、自己若以更大的不友善反制潛在顧客的不友善並無意義，以及自己的身分地位根本和這無關。身為人，他們希望協助潛在顧客釋放掉痛苦；身為商業人，他們希望移除潛在顧客的痛苦，好讓生意能夠繼續談下去。

以下就是銷售高手如何扮演好人角色而致勝的方法：他們會保持平靜，仔細傾聽，找到機會就直指問題核心。

「潛在顧客先生，我有一種感覺：困擾你的主要因素和我或是我的公司無關，也不是我們一直在討論的事。（別停，繼續講）我能了解那種感受。何不讓我分擔一些負荷呢？我想那對你我來說都會好過些。你不該讓那樣的事壓在你的胸口，找個與事情沒有直接關聯的人談談會是個好方法，可以幫你釐清對於某項挑戰的思維。你願意講給我聽嗎？」

在講這些話的時候，態度要清清楚楚，但不要催促他。不友善的潛在顧客通常會先顧左右而言他，不承認自己碰到什問題，或是假裝沒聽到你的話。但如果這時你顯出真正的關懷，他很可能會在不知不覺中講出正在困擾他的事。一旦他開始講，很可能會用光原本預留給你的時間。別擔心，他會邀請你再來一次，或者會說出類似這樣的話：「我自己的問題已經講太多了，你今天來是要向我推銷什麼？」你告訴他後，他問：「我得花多少錢？」

你再告訴他，他接著問：「我看我們就跳過一些客套的過程好了。你了解我們公司的需求何在，你的機器處理得了嗎？」你告訴他處理得了。這當然是真的，否則你也不會在這裡了。

「很好，那我就下訂單了。下次你經過這一帶時，過來找我，我可能可以幫你介紹顧客。」

銷售高手會知道，在什麼時機下，最有效的簡報就是不做簡報。

## 如何抵抗別人的拒絕所造成的負面效應

沒有業務員會否認在這一行，能否克服拒絕所造成的負面效應，對成功來說很重要。大家都需要一套能夠發揮這種功能的系統，現在我就要講。我稱之為「銷售高手抵抗拒絕的公式」。

在碰到對方拒絕時，只要專心使用這套公式，你不會有不好的感受，反而會感覺很好。別和拒絕硬碰硬，要運用它，而且要誠心運用它，因為它可以點燃火箭，帶著你的業績衝向天空。

**第一步：要計算每個你收到的拒絕之現金價值。**我無法告訴你價值是多少，因為這本書是為所有類型的銷售工作寫的，而且價值會隨時間改變。不過為說明如何使用這公式，就假設你每成交一筆生意，平均可以拿到一百美元好了（**一筆生意等於一百美元**）。

**第二步：銷售高手會根據比率行動。**身為專業的業務員，要知道自己「接觸到成交比率」，也就是要知道你要接觸過多少人才能成交一筆生意。追蹤這個比率幾乎不花什麼力氣，又能產生有價值的資訊。例如，比率變差就是在提醒你，在對方認真起來之前，你還有許多挑戰要克服。這個部分，我會在後面的章節多談一些。在這裡，就先假設你每接觸十個人可以完成一筆生意。這意味著，你的「接觸到成交比率」是十比一。

所有銷售高手當然都努力要提高自己的「接觸到成交比率」，不過我這裡用的十比一的比率，在許多類型的銷售工作中，都是合理的平均值。接著就用它來看看該怎麼運用這公式：**一筆生意等**

## 於一百美元，十次接觸等於一筆生意，因此，一次接觸等於十美元

你不是因為那筆生意而賺到報酬，而是因為接觸。這樣看待銷售活動，並不詭異、扭曲，也不荒謬，而是事實。你必須接觸十個人，才能完成一筆生意。不接觸代表沒生意，也代表沒收入。收入不是始於生意，而是開始於接觸。在這個事實下，你為何還要說服自己，一筆生意可以讓你收到一百美元，一次接觸卻毫無效用？這麼想不但是在滅自己威風，而且不真實。但請別推託，銷售高手與平庸業務員間的差距，就來自於他們如何看待諸如此類的事。

所以要照著銷售高手的方法做，即以致勝的想法建立自己的自信，使用上面的公式。或許你平均下來每接觸十二個人可以成交一筆二百四十美元的生意。如果是這樣，你每收到一次紮紮實實的拒絕，你就賺到二十美元。請找出自己的現金價值，在打每通電話前及在每次被拒絕後，用它來建立信心。這個報酬是根據事實算出來的。要打更多通接觸的電話，因為你承受的痛苦會愈來愈低，也會因為放鬆而愈打愈好。接著在不久之後，你就會意識到自己很享受打電話。這時候你就上軌道了。過去你用來看著牆壁找理由不打電話的時間，現在已足夠讓你打五通、十通甚至二十通電話了。你的業績變好，你也很有樂趣，因為成交很有樂趣。這不是很刺激嗎？

每次你聽到「不」的時候，你就又賺到一定金額的錢了，也就是每被拒絕一次的現金價值。這時候你會體認到，「不」是個好東西，財富就藏在「不」當中。

只要關注拒絕的現金價值，你就會開始期待遭拒。如我所言，銷售高手與平庸業務員間主要的差異在於，他們如何因應拒絕這麼基本的事情。如果你把每次的拒絕看成值十美元並做好處理，即

使你只是站在那裡，還是有些顧客會給你兩、三百美元。

如果你能夠要求自己因應拒絕，也就是如果你讓自己體會拒絕，並且克服了它第一次、第二次、第三次，你就會開始了解到遭拒根本沒那麼可怕。請繼續下去，你會培養出對抗拒絕的能力。於是乎，突然間你會發現自己能夠在毫無不適下處理拒絕，也會很納悶為何自己以前會讓拒絕的恐懼阻礙了你實現目標。

## 面對拒絕的五種態度

這五種面對拒絕的心態，必須逐字學起來。為讓它更貼近情感也更有力量，我為每種態度都準備了三款不同的版本，請挑選你覺得最舒適的那一種（A、B或C），然後記住這五種你個人專屬的新態度，用它們來面對所有低於成功水準的成果（你也可以把拒絕換成失敗，只要你覺得這樣換更能貼近你的感覺）。

第一種面對拒絕的態度是：

（A）我從不把失敗當失敗，只把它當成是可以學到東西的經驗。

（B）我從不把沒有成功當成失敗，而當成是可以學到東西的經驗。

（C）我總是把沒有成功看成是可以學到東西的經驗。

第二種面對拒絕的態度是：

（A）我從不把失敗當失敗，只把它當成是在我要走的方向上調整路線所需要的負面回饋。

（B）我從不把沒有成功當成失敗，而當成是通往目標的指引。
（C）我會在每次沒有成功的經驗中，找到用於修正路線的資訊。

第三種面對拒絕的態度是：
（A）我從不把失敗當失敗，只把它當成是培養幽默感的機會。
（B）我從不把沒有成功當成失敗，而當成是培養幽默感的機會。
（C）沒有成功的時候，我總是能迅速以幽默感看待自己。

第四種面對拒絕的態度是：
（A）我從不把失敗當失敗，只把它當成是練習技巧、改善表現的機會。
（B）我從不把沒有成功當成失敗，而當成是練習技巧、改善表現的機會。
（C）我珍惜每次沒有成功時，所得到的練習技巧、改善表現的機會。

第五種面對拒絕的態度是：
（A）我從不把失敗當失敗，只把它當成是我必須參與並且贏得勝利的賭局。
（B）我從不把沒有成功當成失敗，而當成是我必須參與並且贏得勝利的賭局。
（C）我總是把沒有成功看成，在我必須參與並且贏得勝利的賭局中，必要的一部分。

好了，現在來仔細看看這五種面對拒絕的態度，我們才能把對抗失敗的能力最大化。

**一、學到東西的經驗。**在你外出開發潛在顧客，結果遭拒的時候；在你做完簡報或完成展示，但沒有做成生意的時候；在你已講定生意，但因為一些小事導致訂單被對方公司取消的時候。你得到了什麼？

某種極有價值的東西，即銷售實務中，時間、地點與品項都獨一無二的一堂課。獨一無二是指，這個月的競爭環境與經濟環境特有的、你的責任區特有的、你的產品或服務特有的狀況。別拒上這堂課，因為你已經用沒做成的那筆生意繳完學費了。

有時候你必須做些研究才能上這堂課，有時候則再清楚不過。不變的是，你必須好好想過。不管情形如何，都要花時間與精力分析事實、研讀你付出一筆生意學到的教訓，而不是雙手緊握著，大喊「我哪裡做錯了？為何我丟了這筆生意？」

湯瑪斯・愛迪生（Thomas Edison）做過超過一千次無法做出實用燈泡的實驗，並把細節記錄下來。他不斷嘗試，終於發明出一種能夠照明一小時的燈絲，接著發明出能夠燃燒一天、一星期的燈絲，一直到完成燈泡這種比任何發明都還改善更多人類生活的發明為止。

別人問愛迪生：「你失敗了一千多次，有什麼感覺？」

據報導他是這麼回答的：「我並沒有失敗一千次，我只是找到一千種不管用的方法而已。」這話不是很棒嗎？全看你如何詮釋事情。我發現，出色的銷售高手，也就是為自己及家人賺取龐大收入的那些人，都改變了他們原本的心態，學會如何處理打敗絕大多數業務員的壓力與焦慮。

每當別人又以任何方式拒絕，請告訴自己：**我從不把失敗當失敗，只把它當成是可以學到東西的經驗。**

**二、路線修正。**如果你走偏了，會需要負面回饋把你拉回正軌。

我們都碰過對我們展示的產品，見一個愛一個的顧客：「噢，我喜歡這個。那個也很有品味。看看那邊那個，棒極了。」他們從不給你任何異議或負面回饋，但是你也幾乎沒辦法成交。你本來以為他們會全部買回家，結果他們空手離去。

在我的銷售課裡，我用的是一種我覺得最貼切的比喻，根據的是最現代的自動導向飛彈。飛彈發射後，它內建的某種設備，會自動朝目標飛去，引導飛彈變化各種必要的路線，以求打中目標。

現在假設我就是飛彈，而目標在那裡。剛剛有人朝著目標的大略方向發射了我，但是我沒多久就飛偏了。目標鎖定元件介入系統，給了我一個「不用了，謝謝」的訊息。

我回頭往對準目標的方向飛，但是有點飛過頭，又偏掉了。目標鎖定元件再次告訴我「不用了，謝謝。」我不斷飛來飛去，但目標鎖定元件一直回絕我，一直到我找到目標為止。我抵達了。轟隆！完美的爆炸。再見了，目標。

一些關於銷售行為的研究，已發現了許多既定行為模式。在外跑業務的業務員因為無法把別人的拒絕當成工作中的一部分來處理，而進入危險區時，就會出現其中一種模式。他們會開始把愈來愈多的時間花在哪裡？在「家裡」。

有太多業務員會躲在家裡，或是提早回家，或是吃三個小時的午餐，以逃避被拒絕的痛苦。

如果飛彈無法處理被回絕的問題，它可能做什麼？它可能在發射基地爆炸。做業務工作的人，會出現這樣的行為。他們再也忍受不了了，因此他們在自己的辦公室裡或在展示室爆炸。轟隆！完美的爆炸。再見了，工作。

飛彈也可能決定要繞圈圈。任何產業的業務員都會做這種事。「我想我今天就到處走走、放鬆一下神經好了，但我不打算和任何人講話。噢，前面那個可不是上次很喜歡三六〇型產品的那個精明的傢伙嗎？太幸運了，他沒有看這邊。那我就可以在他還沒看到我之前，低身進入廁所了。」

為何會有業務員做出這種事？因為再次遭拒的可能性，大到當時的他所無法處理。

面對同樣一個曾經重創過平庸業務員自尊的顧客，銷售高手會以創意及這種態度面對：「你聽好，精明先生，咱們來試試看。你要講什麼就講，我都不怕。我現在要利用你的負面刺激，找出正面方式答覆你的異議，我一定會成交的。」

以這種方式因應，不是比爬進洞裡躲起來還有意義嗎？為何要任由別人的拒絕打垮你呢？為何要擋掉負面回饋呢？要感謝有負面回饋的存在，用它來改變路徑，然後打中目標或是打另一個目標。很有趣的。

知道自己不會讓別人拒絕你、知道自己已經為工作負起責任、知道自己一定會在連續九次遭拒後露出成交的微笑，真的是很刺激的事。你會說：**我從不把失敗當失敗，只把它當成是在我要走的方向上調整路線所需要的負面回饋。**

**三、幽默感。**這是我最喜歡的一種面對拒絕的態度，我想我比任何人更常用它。你是否在顧客面前有過創傷性的體驗，並讓它徹底摧毀了你？事情發生後，你覺得很糟，糟到你無力再打電話給這些顧客。你已經精疲力竭。你甚至不想再聽到有人提起那些人的名字。

但三星期之後的你，變得如何呢？你在為自己的大失敗狂笑不已。你會和別人說：「你真的應該看看我出糗的。那時我去拜訪這些顧客，結果……」三星期後，糗事變成笑料。在你第一次講出故事，嘲笑自己的慘劇時，所有的傷痛都消失了。

我碰過的所有出色人士，都有很棒的幽默感。他們開心看見世界的真實面，也在其中找到為數眾多的笑料。笑是好的，要多笑些，不過別太快笑出來。如果你接到一個剛向你下單的顧客打來，告訴你「我們想要退貨」，這時就不宜大吼大叫，或是講更多笑話因應。首先，你要盡一切可能挽救這筆生意。如果它還是告吹，這時你才用比較淡然的角度去看。

如果你是個銷售新手，在每次碰到壞事時都能笑著面對，你的工作一定會做得很愉快。只要你笑的都是與工作直接相關的事，而且在你大笑之餘一樣很有效率地工作，有何不可？你將可因而把工作態度維持在一定的高度，也會學得很快。其實，只要你了解失敗中的教訓何在，也從中學到東西，那麼要把自己碰到的事拿來當笑料，就會十分輕鬆。一開始，你可能必須在想哭的時候努力笑出來。但這也是一種習慣，全看你選擇什麼心態面對。如果你願意為自己的人生負責，你就能培養出想要賴以維生的習慣。當成功不來找你時，一定要淡然視之，並告訴自己這句話：**我從不把失敗當失敗，只把它當成是培養幽默感的機會。**

**四、練習。**每當你向顧客完成展示或簡報，而他們不買時，他們沒給你訂單，但給了你什麼？練習的機會。很多人都沒有意識到此一重要性。業績低於潛在能力的那些人都有一種瞧不起練習的傾向，但這正是他們表現不佳的原因之一。如果他們的表現那麼棒，他們的業績又怎麼會不好？

完美的表現遠遠不只是把銷售用的稿子背下來而已。如果業務員未能引導顧客深度參與展示或簡報的過程，就只會得到平庸的結果而已。你必須練習，並且對於自己要賣的東西有完備的知識。無論你是在展示室裡、潛在顧客的家裡、你的展示區、他們的辦公室裡，或是其他地方與他們洽談，只要你碰到任何對你說「不」的顧客，你至少都贏得了一次說這句話的機會：**我從不把失敗當**

**失敗，只把它當成是練習技巧、改善表現的機會。**

每次遭到拒絕後，要忘掉那些負面的感受，專注想著正面事項，然後繼續往下走。要馬上、自動、堅定地這麼做。這是少數幾種能夠確保成功的習慣之一，也是可以學會的。要把它弄到手。

**五、賭局。**銷售是一種牽涉到百分比的賭局，與數字有關。這麼多年來，我發現任何銷售單位都會受到一項法則的支配，即勇於冒著失敗的風險與更多人接觸的人，收入都比較多；較不這麼冒險的人收入比較少。

如果你經常去冒失敗的風險，你會經常失敗，這是無可避免的，這個系統原本就是這樣。但百分比效應也是系統內建的：在某種次數的嘗試後，你會成功。在這種狀況下，你必須做的就只有接受一項事實，即成功需要某種百分比的失敗，次數很重要。所以，當你努力卻得不到成果時，要告訴自己：**我從不把失敗當失敗，只把它當成是我必須參與並且贏得勝利的賭局。**

如果你懂棒球，應該會認識泰．柯布（Ty Cobb）。在他表現最好的那一年，他企圖盜壘一百四十四次，成功九十四次。請想想，他每盜三次就有兩次成功，有百分之六十六的成功機率。他的傳奇就建立在這樣的紀錄上，歷久不衰。百分之六十六！

接著再談談另一位球員麥斯．卡瑞（Max Carey）。他的成功率高過於九成，在他表現最好的那年，他企圖盜壘五十四次，成功五十一次，多麼驚人的百分比。不過，現在卻沒人記得他。在人生裡，重要的不是你失敗的次數，而是你持續嘗試的次數。如果老麥斯放下自我，嘗試盜壘更多次，他可能就是第一名。

## 銷售高手的信條

以下是湯姆．霍普金斯國際公司（Tom Hopkins International）的基本哲學，我們就是以此維生。它在我們公司裡培養出銷售高手，也把我們有幸訓練過的業務員變成銷售高手。

**外界對我的評斷，看的不是我失敗的次數，而是我成功的次數；我成功的次數與我失敗後還能繼續嘗試的次數呈正相關。**

工作時，請照著這個信條及面對拒絕的五種態度去做；把它們深深刻在你心裡，你的表現與收入就會三級跳。我打從心底相信，銷售高手之所以是銷售高手，是因為他們已經學到要以克服更多失敗的方式，為自己的衝勁添加柴火。

現在再複習一下面對拒絕與失敗的五種心態，並且在每次你冒風險或採取行動，但結果未能贏得勝利時，把它們用出來。

一、我從不把失敗當失敗（從不把拒絕當拒絕），只把它當成是可以學到東西的經驗。

二、我從不把失敗當失敗，只把它當成是在我要走的方向上調整路線所需要的負面回饋。

三、我從不把失敗當失敗（從不把拒絕當拒絕），只把它當成是培養幽默感的機會。

四、我從不把失敗當失敗，只把它當成是練習技巧、改善表現的機會。

五、我從不把失敗當失敗，只把它當成是我必須參與並且贏得勝利的賭局。

## 第七章

# 找到要賣的對象

你受到一家很不錯的公司雇用，代表該公司銷售你所相信的產品。他們提供了你關於產品知識的訓練，也直接給你一份可以聯絡看看的名單。在前面六個章節裡，你還處於銷售訓練的初期階段中，慢慢了解自己面對的是什麼。在這一行裡，賺錢得從哪裡著手？從找尋需要你東西的人著手。這個階段稱為顧客開發，它往往是決定你的銷售職涯是盛是衰的最大關鍵。

看看你們公司。有多少業務員像擱淺的鯨魚一樣，在公司裡無所事事？我指的是會講這些話的人：

「今天我沒有人要致電。」

「噢，我希望不久就會有熱切的買家走進來。」

「我希望公司可以幫我介紹更多銷售機會。」

「我們的廣告根本是個笑話，廣告都做不好，叫我怎麼找得到顧客？沒人照著廣告上的電話打來。」

這就是那些會因為不懂顧客開發藝術，而中斷業務職涯的人。精熟顧客開發的人，從來不會沒事做。

這事真教人難受，但平庸的業務員並不真正相信，多認識人會是開啟每扇銷售大門的鑰匙。他們會說「找認識的人才有用」，但他們並不明白大多數的人都是可以去認識的，只要你願意主動接觸他們。

就在我某一場為期三天內容豐富的課程結束，最後一個聽眾離開講堂時，一個約莫六十五歲上下的男子來找我，說他做銷售工作已將近四十年。上課時我就注意到他抄了大量的筆記，也對一個資歷這麼豐富的人還這麼熱心來接受訓練、學新東西，感到印象深刻。

「我非常喜歡你的課，霍普金斯先生。不過，你好像可以再把它濃縮一點。」

「我的課太冗長嗎？」

「一點也不，我學到很多東西。但下次你再開課時，只要剛剛好兩分鐘，就能教會下一批聽眾一個能保證他們成功的祕密。」

在這位出色的銷售大師走向白板，拿起麥克筆畫出下面這張圖時，現場充滿一股期待的氛圍，甚至是一股崇敬的氛圍。

「就是這個了，湯姆。」

就在我端詳著他畫的圖時，那股崇敬的氛圍從這個房間消失了。我環顧四週，希望不是只有我和他兩人在場。還真的是只有我們。我露出友善的笑容道：「所以這就是那個大祕訣嗎？」

「正是。每個月你都向數千位希望做好銷售工作的人開講，對吧？」

「沒錯，但有很大一部分的人，工作已經做得不錯或出色了。他們來上我的課，只是為了變得更加出色。」

「沒錯，我就是那種人，而且你手上有大量出色的技巧可以幫助我們。但重點在於，一個人如果不把技巧拿來使用，學了也是白學。湯姆，如果你能夠鼓勵大家使用我的祕訣，他們就能克服

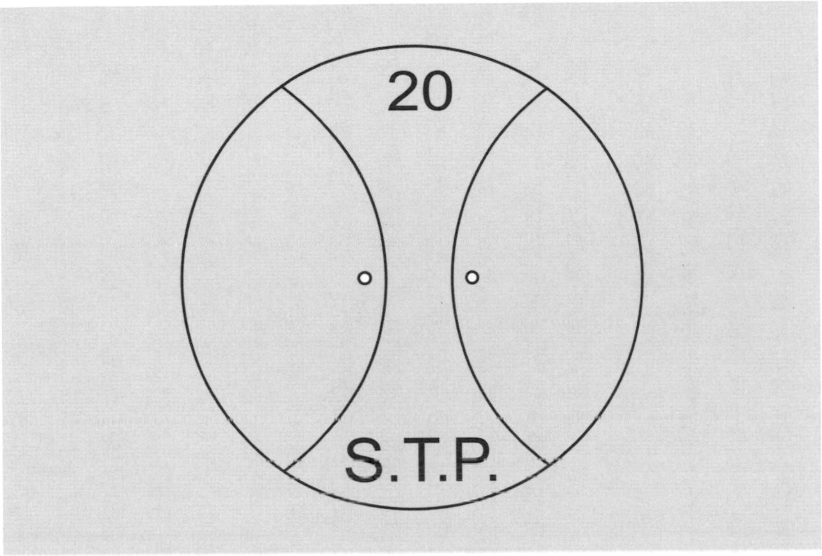


任何有礙於賺大錢的阻礙。」他揮舞著雙手道：「這祕訣就是『每天找二十個人懇談』（See Twenty People，簡稱ＳＴＰ）。」

突然間，空氣中又充滿那種氛圍了。他拍了拍手繼續說道：「只要讓他們照著做，就絕對不會失敗。」

他說對了。根據我多年的銷售經驗，這是真的。我從未聽過有任何成功方程式比這個來得真實、簡單而實用。只要每天啟動你的開關接近二十個人，不久你就是飛黃騰達的那個人了。賺取更多收入的關鍵在於見更多人。只要你願意一天見二十個人，由不得你不成功。即便他們不需要你的服務，還是可能認識那些需要的人。一切全看你認識了誰。

在你剛出爐的新名片上的油墨都還沒乾之前，你應該先準備好一張清單，把你電腦裡通訊錄軟體中的每個人都列上去。先從爸爸媽媽開始，還有兄弟姐妹、阿姨嬸嬸伯母、姨丈叔叔伯伯及堂表兄弟姐妹。也別忘了爺爺奶奶、外公外婆。接下來，就是你最好的朋友們及鄰居。如果你手邊有的話，也把通訊錄拿出來用，把聖誕節卡片郵寄清單拿出來用。

你可能會覺得我瘋了。或許你賣的是複雜性很高的設備，就算花一星期展示給奶奶看，她也一樣搞不懂，為何你得把她放進聯絡清單中呢？因為奶奶認識很多人。她很愛你，也希望你成功；他會在教堂、在銀髮族中心、在診所，在每個她會去的地方幫你宣傳。你知道這會怎樣嗎？有人會聽到或不小心聽到，她說自己心愛的小強尼或小琴正在從事的工作是，提供新奇的電腦設備幫助別人，而且成果不錯。你猜接下來會怎樣？那個人會問她你的事，取得你的聯絡方式，於是好心的老奶奶就幫你找到一個銷售機會了。請記得謝謝她。

完成聯絡清單後，先預擬簡短扼要的草稿介紹自己的新工作。一定要說明你的產品能夠提供的好處，而不是產品的功能或是技術細節。別講太多，只要足夠讓別人大概知道你在做什麼就行。最後要請對方把你記在心上，等到他們或他們的親戚、朋友或顧客出現了和你所賣的東西有關的需求時，再給你一個提供專業服務的機會。把這封信寄給每一位在你清單上的人。

以下是你可以考慮使用的範例：

親愛的約翰與瑪麗：

有件刺激的事情發生在我的人生中了。最近我成為〔公司名〕公司的員工〔業務員、諮詢員〕。這家公司是所屬產業中最大〔最棒、成長最快〕的公司。我已經吸收到許多關於他們產品與服務的知識，很有自信可以當好業務代表。

我在這家公司的職責是要把實現〔舉出該產品或服務的一種好處〕的最新、最有創意的方式，提供給我的朋友〔親人、顧客〕。在信中無法完整交待，因此我會再和你約時間碰面。我很開心有這個機會可以和你分享這種產品可望為你帶來的一些好處。先謝謝你花時間了解。

○○○敬上

如果對方是你清單上最可能幫助你的前十個或前二十個對象，要再打個電話過去跟催一下。他或許是你在工作上認識的人，或許是爺爺和他在鄉村俱樂部裡的朋友。要仔細說明你提供的服務、展現專業精神，並詢問你是否能為他們做什麼，作為他們提供你任何幫助的回報。

要把每天你交談過的人都加進去，以保持清單及事業的持續成長。除了公司指派給你的銷售機會外，清單還可能包括你住處附近的乾洗店老闆、你用餐時碰到的人，或是你在洗車時閒聊幾句的人。你可能會覺得好奇，在這麼簡短的碰面下，要如何問到對方的聯絡資訊？很簡單，我會教你該怎麼做、怎麼說。我稱之為「名片上寫謝謝」策略。

你的新名片的油墨如果乾了，請拿支筆親手把「謝謝」兩個字寫上去。碰到新朋友時，就遞出你的名片說：「我可以給您我的名片嗎？」隨著你伸手遞出去，他們也會伸手接過，一定會的。接著，你要說：「您可能注意到，我寫了『謝謝』兩個字在上面。我想我這是在預先感謝您，因為我很期盼有一天能有這個機會服務您在〔你所屬的產業名〕業方面的需求。我可以也向您索取名片嗎？」

這些話一點都沒有威脅性。你很有禮貌，你希望有一天能提供服務，一點也沒有逼迫感。向對方索取名片也只是一種禮貌性的行為。如果對方沒有名片，你只要說：「沒有關係。那我可以在這家乾洗店和您保持聯繫嗎？」大多數的人都會說可以，因為他們並不認為你會真的這麼做。他們也不太知道，你接受過我的訓練！要問到他們大名的正確寫法，表達你的謝意，然後離去。日後，可以寄感謝小卡給他們，作為跟催。我會在第十八章深入介紹如何寫感謝小卡。

這種技巧只要不到三分鐘就能完成。你一天有多少個三分鐘？現在你知道自己可以如何達成每天找二十個人的目標了嗎？那還只是你當面碰到的人而已。

有一件事情很有意思，雖然很少會有業務員不同意我在前一節寫的東西，但許多業務員都不會照著做。他們知道自己必須接觸新對象才能成功，但是他們卻只想成功而不起身接觸新對象。為什麼？還是同樣的老原因，他們對於我在上一章提到的拒絕感到恐懼。現在，我保證你的的心態已經變了。既然你已知道自己每遭拒一次其實還是有賺到錢，你就已經有了心理準備，要外出找尋需要你產品或服務的好人了。

銷售就是找出要賣的對象，再把東西賣給他們。一開始，你會用盡一切方法。但隨著你的技巧純熟起來，你會知道哪些管用、哪些不管用。你會經常調整所說的話、介紹自己的方式、要傳遞給別人的內容，以及與對方接觸的次數與方式。只有一種方法能夠得知什麼方法管用，就是追蹤成果。這就是各種比率派得上用場的地方了。

## 認識各種比率、努力改善比率

所有成功的事業，都要用到多種比率。你的銷售活動也是一種事業。因此，你必須運用各種比率幫助自己成功。如果你在高中時數學不及格，導致你對數學有一種自卑情結，請放輕鬆。無論你是否能精確定義出什麼是「比率」，你早已經常在使用它們了。但若能更加了解它們，你會把比率運用得更有效率。

比率不過是一個數字，用於衡量某件事相對於另一件事的情形。現在假設你有兩家銀行的帳戶，其中一家給你百分之六的利率，這代表著你存進去的錢所賺到的利息，與你的存款總金額之間的關係，會相當於六和一百之間的關係。這樣的關係就是比率。你可以把它寫成多種不同的形式，但是又不會改變兩個數字間的關係，例如百分之六、六%、〇．〇六。

商業上的比率通常會以百分比呈現，因為百分比是最容易理解與比較的。現在來幫你的兩個存款帳戶計算一下，如上表：

| 銀行 | 存款總額 | 利息收入 |
|---|---|---|
| A | 8,979.80美元 | 448.99美元 |
| B | 332.00美元 | 19.92美元 |

很少人一看到這些數字就能馬上知道，哪家銀行的利率比較高。

但如果我們比較一下兩個比率，答案馬上就清清楚楚如下表：

| 銀行 | 利率 |
|---|---|
| A | 5% |
| B | 6% |

能夠協助你管理銷售工作的比率，都有它們的重要意義在，以下是其中一些你應該追蹤及努力改善的比率：

- 開發顧客的致電次數／所花小時數。
- 開發顧客的致電次數／成功約訪次數。
- 面訪次數／銷售額。
- 所花小時數／所賺金額。

- 上個月開發顧客的致電次數／這個月收入。

現在依序來談談這些基本比率。在你運用這套方法管理自己的銷售工作時，你可能會發現，有其他比率比這些比率還重要。重點在於，比率必須要反映出自己的銷售活動，你才能夠在研究比率之後，得知時間該怎麼分配才會最好。如果你不追蹤，等於是放著船的舵不去掌。

- **開發顧客的致電次數／所花小時數**。有一件很教人驚訝的事，即在我們坐下來準備打電話開發顧客時，我們可能會想盡辦法不打，或是想盡辦法讓自己沒有時間外出開發顧客。如果你真的想要成功，你就會要求自己，也就是你會設定合理的績效水準，並要求自己做到。
- **開發顧客的致電次數／成功約訪次數**。大略來講，不管你賣哪種東西，這比率都差不多是十比一。也就是說，每打十通電話開發顧客，可以約成一次。請別在辦公室裡向別人請教他們的比率，因為後段班的人不會做開發顧客的事，而前段班的人正忙於處理在開發顧客的過程中，從舊顧客那裡獲得介紹的新顧客。你要自己設定自己的作戰平均值，一開始可以先假定每打好十通開發顧客的電話，就能成功約到一次，作為繼續做下去的出發點。
- **面訪次數／銷售額**。粗略的平均值同樣是十比一，但這個比率會因為所賣的東西不同而截然不同。從既有顧客那裡著手的業務員，可能只要幾天時間就能在每個面訪處那裡拿到訂單；為飛機製造商賣飛機的業務員，可能得花好幾年才做成一筆生意。以上兩種都比較極端，大多數業務員還是介於二者之間。等你決定好自己的比率後，要和先前的比率一起研究。如果你約訪成功很多次但成交很少，原因可能是沒有做好篩選，以至於在你走進對方大門之前就已經落敗了。賣錯對象，自然不可能賺到錢。或者，如果你已完成篩選動作，原因可能在於你在簡報的過程中沒能打動他們的心、沒能把他們對於銷售的抗拒程度，降到願意認真考慮購買你的產品。

- **所花小時數／所賺金額。**至少每兩年應該檢視一下，自己花了多少時間在工作上，並與所賺到的收入相比對。要發掘這些事實，你必須先有嚴謹的紀錄。如果你真的想賺更多錢，那就嚴格檢視自己每天有多少時間花在有生產力的事情上，又有多少花在假裝忙碌上。你對時間的運用，決定了你付給自己的薪水。每兩年要嚴格檢視一次，你可能就會想要來點改變了。
- **上個月開發顧客的致電次數／這個月收入。**這個比率是要強調目前你為了開發顧客而打的電話通數，對未來你賺到的收入有直接的影響。重要的是，用於比對的期間長短一定要挑對。要先計算看看，從你打出第一通接觸電話開始，到錢滾進你口袋為止，平均得花多久時間在一個對產品感興趣的潛在顧客身上。可能是三個月，也可能是更久。有些業務員之所以失敗，是因為他們的想法沒有對準自己的銷售工作中牽涉到的期間長短。

銷售高手會發明一些如前所述的簡單方法，來追蹤個人績效比率，但他們不會只因為純粹好奇就算這種事，他們是出於務實的原因，才收集這些必要的資訊。因此，他們會在機會一出現時馬上看見，也會在可能的挑戰變得難以處理之前，就先處理。

現在來看看比率該怎麼用。假設你在公司裡還很菜，但你已經學到一點開發顧客的技巧、篩選的技巧、展示的技巧及成交的技巧了。你一直都是每天和十個潛在顧客碰面，就做成一筆生意。這裡指的是你開發出來的人，而非在街上閒逛的人。

每天你打一通電話，每個月你和大約三十個人見面，因此你一個月成交三筆。如果你決定每天打兩通話，會發生什麼事？你會變成一個月成交六筆，你的收入也倍增。如果你再提高績效水準，每天打四通電話呢？你會變成一個月成交十二筆，你的收入也再次倍增。所以，如果過去你每個月成交三筆可以賺到一千美元，現在你每個月成交十二筆，就能賺到四千美元。

當我在課堂中講出這些數據時，我可以察覺到許多人的臉上透露出的訊息：

「我一天沒辦法打四通。」

「在我們產業，一天兩通很多了。」

如果你有這樣的想法，恕我無法同意。每位可能成為銷售高手的人，一開始都必須與這種負面想法搏鬥。可行的做法是：先坐下來，訂一份能夠讓自己的收入倍增的計畫表。接著，把這份計畫表去掉，再做一份每天都可以多打一通電話的計畫表。然後，再細部規劃時間與安排，好讓你能夠達成第二份計畫表。只要你有欲望、紀律及決心，你做得到的。

你每接觸一些人，就會有一定比例成交。你的目標或許是要提高這個百分比。不過還是務實一點好了，我必須誠實以告，我無法告訴你如何才能讓你接觸到的人百分之百都成交。這是個自由經濟社會，見十個成交十個是不可能的。因此，確實會有一段時間，在你試圖要提高成交百分比時，你會感受到很大的挫折；在這段時間裡，你應該做的是開發更多可以適用於這個百分比的新顧客。

身為訓練者，我的目標不在於讓你成交率達到百分之九十九，那不可能的。我想做的是提高成交百分比、增加你的收入，而我的方法是打更多電話。

為何不是打講得更好的電話，通數較少沒關係？因為打的通數多多益善，尤其是在你還是新人的時候。如果專業運動員每天只練習二十分鐘，他們的職業生涯能持續多長？

還有另一點要請各位記住並採取行動，即銷售高手總是能在遭拒後，成功打好一通電話。為什麼？請你想想，如果你遭拒就停住了，在那一天剩下的時間裡，你會留下什麼？拒絕。

銷售高手都會果決維持這種致勝的態度。如果他們一碰到負面的反應就掛電話，那麼在那一天剩下的時間裡，他們的致勝態度就受損了。

你可能會說：「我可能得打給四個人或更多人，才會有潛在顧客正面回應。」

那就打吧！銷售高手就是這麼做的。百分之五的出色業務員、有成就者，就是這麼做的。

還有一種狀況是，你可能得打好多通才找得到潛在顧客。每次你和既有顧客或潛在顧客完成交易後，必須做什麼？你必須用新的潛在顧客，接替已經感到滿意的顧客。

在完成一筆交易後，銷售高手會說：「我必須再為未來找兩個優質的潛在顧客，以補上不久前才剛在一次美好的機會裡，開開心心參與過的顧客所留下來的空位。」

銷售工作最棒的一件事，尤其是在剛開始從事的時候，就是只要你一開始就忙碌工作，生意就會來。換句話說，有活動就有生產力。由於在銷售工作中早早就了解這一點，因此我開始把每天做過的事記錄下來。每九十天我會回顧一次我做過的活動，和我在這段期間得到的收入相比較，每次都是一樣的結果：我做得愈勤，就賺得愈多。聽好，你必須在正確的事項上勤快，過去我在不動產業工作時，就有一份正確事項清單。以下我把幾乎所有產業的業務員都適用的幾項列出來：

- 隨時吸收產業新聞。可閱讀貼在辦公室裡的文章或新聞、瀏覽刊載產業新聞的網站，或是去看產業專屬的出版品。
- 接觸新對象。我訂下了每天二十人的目標。在我們這個產業裡，這代表著要去敲家家戶戶的門。若為「企業對企業（B2B）」事業，可能意味著逐家拜訪企業，詢問接待人員該公司屬於何種企業，以判斷你的產品或服務是否適合該公司的需求。另一種方法是電話銷售，等於是以電話接觸。若為消費性產品，請在打到對方家裡前記得先確認，電話號碼是否列於「謝絕來電推銷」的登錄名單中。若為工業性產品，那就能打多少就打多少。
- 相約面談。很少有生意能夠接觸一次就談定，向對方確認時間再做後續討論或做產品簡報，是很重要的。從比率中判讀，自己每個月需要幾次面談才能達到收入目標，並努力實現。
- 做簡報。同樣的，要和達成收入目標所需要的簡報次數相對照。
- 取得介紹。就是由感到滿意的顧客把其他銷售機會介紹給你。
- 寄送感謝小卡。
- 自行寄送廣告、介紹手冊、電子郵件、業務通訊或任何這樣的東西，以發掘銷售機會，而非等著公司分派銷售機會給你。

這七個層面都是能夠形成生產力的活動，請在每天的工作中安排一些，直到你開始達到收入目標為止。接著，要看看哪些方式對你來說最有效率，微調一下。等到你用電話介紹的技巧純熟後，或許可以減少一些當面接觸的人數；等到你的成交比率改善，或許可以減少做簡報的次數。關鍵在於，只要在銷售工作中維持忙碌，成功自然會來。

## 盤旋直到做好高飛準備的四種方法

現在假設你因為某種原因，還沒有任何想要開發顧客的強烈動力。如果你身處於完全沒有生意可言的狀態，那你完蛋了。你要嘛必須換掉心態，要嘛就只能換掉工作，因為你的所做所為無法賺到一毛錢。

但你也可能是處於另一種狀態或業務區域：你沒有做任何開發顧客的動作，但是生意卻一直來找你。包括公司安排銷售機會給你、老顧客回來重覆購買之類的。以下這幾種方式，可以幫你保住工作，甚至幫你建立事業，還同時讓你可以從中建立信心，並對產品或服務有更多了解。

就是這些做法可以幫你穩住狀況，直到你準備好賺大錢的動力為止：

**一、快速處理問題。**如果有人對你的產品或服務提出質疑，馬上就處理。

**二、馬上回電。**大多數業務員的最大問題之一在於，他們不想聽取來電訊息及回電給別人。現在快回電，這是讓顧客群滿意的唯一方式。

**三、承諾就要做到。**有些業務員會為了做成生意而什麼都答應。「噢，可以，我會要他們調整。」「我會確保那件東西也包括在內。」「相信我，沒問題的。」但是後來他們承諾的事沒有一件做到。如果是這種態度，永遠不可能有顧客幫你介紹新機會。

**四、保持接觸。**要經常致電或探望顧客。你不能全靠寫信或郵寄廣告，因為那無法接收不滿意的顧客，或有競爭者向他們招手的顧客，要回饋給你的意見。可以打個電話，探探他們是不是到了想升級或換新的心癢期了。

我教過的銷售高手大都會每隔至少九十天，就寄出某種類型的廣告。汽車業的許多頂尖業務員針對清單上的顧客或潛在顧客，每年會寄發新的介紹手冊四到八次。幾乎所有大型企業都會經常設計讓業務員郵寄的印刷品。如果你把任何業務團隊分為低績效、中績效、高績效的業務員，再去研究他們如何處理這樣的印刷品，你會發現只有高績效的業務員會真正寄給顧客。其他業務員會在把印刷品帶到郵局前就沒油了。這些不忙碌的人，有太多瑣碎的事情要處理。

我曾經訓練過一位頂尖保險業務員，他每個月都會寄出一份業務通訊，而且是自己寫的，內容就是幫顧客介紹一些保險的基本知識，以及許多他從自己持續研究當中整理出來的新稅務觀念與稅務優惠（他是專家，因此他確信自己所提供的服務，懂得比顧客多）。他還會在業務通訊中告訴顧客有什麼新的保險退休計畫。如果你做他這行，一定知道保險退休計畫對業務員來說有多重要。他一直都有老顧客固定幫他介紹潛在顧客，或是老顧客再找他買別的產品，但他還是用這份業務通訊，持續讓自己的名字出現在那些目前尚未打算要改變保單內容，或是為退休做規劃的顧客面前。

除了每月一次的業務通訊外，他每半年會致電一次，每年也會當面拜訪一次顧客。他一直維持這樣的方式，等到他嗅出對方有意買新產品，他會馬上採取行動。他的顧客都很忠誠，而且人數增長得很快。這就是保持接觸的威力。如果沒有那份業務通訊，他可能必須打更多的電話、拜訪久無動靜的顧客，而這得花上龐大的時間成本，時間就是金錢。

你只有三種方法可以和顧客保持接觸：寄東西給他們、打電話給他們、去找他們。這三種方法各占多少比例最好，得看你的狀況而定；但只要結合這三種方式，幾乎都有助於銷售成績。

你們公司可能會提供你四色印刷、嶄新而花俏的介紹手冊，每年一到數次。坊間有些公司會提供印好的業務通訊或雜誌，讓你加印名字上去，再幫你寄出。但這類預先準備好的印刷品，內容通常都比較虛一點，制式感太重、太不親切，也太籠統，不宜單獨使用。你需要的郵寄方式，應該要能夠把專門針對自己顧客的資訊定期寄給他們，又能夠符合你負責區域的機會、挑戰等特性。可以在公司為達成某些目的而設計的印刷品之外，再加上你自己撰寫的業務通訊，以補上兩者之間的落差。或者，也可以每隔九十天就寫封信介紹技術面的新進展，並針對顧客清單上的每位做個人化的動作。

不過，也不要把它當成另一件「如果不做，好像很不好」的事，因為你可能沒有時間也沒有技能自行製作郵寄廣告。但不要忽視這種狀況，還是要解決它。如果公司裡有一些同事，和你是在共同的地理區域經營業務，也有部分共通客層的話，彼此可以組成小組，共同設計一份大家都能使用的業務通訊，這樣大家可以分享好處，也可以分擔費用。你所花費的成本，和你無法有效運用郵寄物所造成的收入損失相比，簡直不算什麼。很多官方單位、專家及網站，都提供免費文章供人轉印（我的也有）。只要研究一下你們產業的東西，你就會驚訝於能找到的資源之多。大多狀況下，你只需要致電或寫電子郵件聯絡文章原創者，請求他們准許你重印他們的東西就行。他們大多會希望你印出原作者姓名，並在文末把他們的聯絡資訊放上去，以換得他們的授權使用。

如果你的顧客有電子郵件帳號，也可以考慮直接寄資訊過去，包括業務通訊在內。要鼓勵他們透過可以個人化的電子郵件，和你保持暢通的對話。

所有這些郵寄方式，只要花很少的努力，就能有很大的回報。不過，它們仍無法取代以電話與當面拜訪的方式與顧客保持接觸。郵件是用來維持他們對你的印象；電話與當面拜訪是用來取得維繫生意關係所需要的重要意見回饋。

希望你能夠感受到，我有多想告訴你開發顧客的重要性，因為它是銷售工作的血脈。你的業務團隊中，或許有人從來沒有自行開發出任何銷售機會過。或許有人不願拿起電話開發顧客。或許有人不願走出辦公室開發顧客，除非有人先來電，否則他們就是死不離開原地。他們希望公司會設法幫他們做這件事。

如果你做銷售工作，你必須看成是在為自己經營事業。唯有如此，你才會採取必要的主動，把成功的職涯建立在滿意的顧客與服務電話等上，以及最重要的一點，建立在你完美地完成了自己對顧客的職責後，贏得了源源不絕由顧客轉介而來的客源及隨之而來的成功之上。

要建立你個人的地位，與其仰賴公司，還不如靠自己比較實際。在下一章，我要介紹一些開發顧客的策略，帶領你實現你夢想中的成功水準。

## 第八章

# 如何發掘非轉介的潛在顧客

非轉介的潛在顧客，就是並非由既有顧客介紹而來的銷售機會。這群人尚未經過篩選，因此可能只有百分之十能夠成交。你不但必須學會如何找到新的銷售機會，還必須學會如何預先篩選。請注意，對稱之為銷售機會的對象預先篩選，指的是：**當你確知某人對於你的產品或服務所能提供的效益，有情感上也有邏輯上的需求時，就算是完成了預先篩選。**

銷售靠的是有邏輯在後面支持的情感。情感先出現，邏輯才跟上，反之並不成立。預先篩選就是要得知，對方身上是否存在著完成交易所需要的情感，或是能否創造出它來。此外，也必須得知對方的情感背後是否存在著支持的邏輯，或是能否創造出它來。

在與潛在顧客交談時，你可以試用以下四種方式篩選：一、職業。二、婚姻狀況。三、子女人數。四、目前擁有的產品或服務。許多種類的服務與產品都適用。

只要你知道他們目前手邊有什麼，大多狀況下，就代表著你知道他們日後會想要什麼。若為「企業對企業」的銷售，你可能得知道該公司成立多久、負責的採購專員或代表在位多久、該公司是否仍在成長，以及他們之所以願意和你見面的理由。

每一種產品或服務，都有它特有的重要篩選項目。你可能已經知道許多重要項目，可以用來挑選最可能向你購買的人。如果你並不清楚誰會來買你賣的東西，那麼你最優先要做的一件事，應該是先研究這個問題。只要仔細查閱你們公司的已成交紀錄，你應該很快就能找到在這方面你必須知道的所有資訊。

## 第一招：心癢週期

這是開發顧客時很刺激的一種技巧，預先篩選銷售機會時，它會是個好方法。

若為不動產，顧客的平均換購週期是三到五年。這意思是，一般家庭每三到五年就會搬家。因此，我們可以說，一般人每五年就會心癢想搬家。若為汽車，一般人平均每三十個月就會心癢想買新車。若為辦公設備，顧客每三年就是換機週期。這些時刻對大多數人而言都是癢到最高點的時候。但會不會有人癢得更快呢？

當然會。這也是為什麼銷售高手要和過去的顧客保持聯絡的原因了。這些顧客是少數已經篩選過的人。銷售高手知道，自己和對方之間有一種特別的關係存在，因此他必須確保當這些特別的人開始發癢時，自己能夠幫忙抓癢。

你該在什麼時候開始讓既有的顧客心癢，想要再買一次？在癢到最高點的六十天前，開始向既有顧客展開介紹新產品的動作。如果你賣的是房子，或是其他換購週期在五年的東西，就在四年十個月的時候採取行動；如果你賣的是車子，就在兩年四個月的時候刺激他們發癢；如果你賣的是任何一種辦公設備，就在三十四個月的時候實際動手。

對於心癢週期較長的東西還有另一個選擇，就是試著在舊產品的心癢週期已經過了百分之九十五的時候，刺激他們的欲望。心癢週期愈長，變數就愈大。這意味著，較長的心癢週期必須預留較長的安全時間，以確保在他們另找他人之前，你已經先卡好位。

當然，還有一點，銷售高手不會在這段期間內，都不和對方保持接觸。你可以當面拜訪、打電話、寫信、約吃午餐，銷售高手會用這些方法和顧客間保持聯繫。如果不保持聯繫，你的客群就會不見。

雖然我說心癢週期較長的產品，可以等到百分之九十五的時間過去再行動，但那只是一個起始點。還是有最適切的時機，適於把新提案提供給舊顧客。你的提案內容、你的業務區域，以及對方的個性最適合的時機是多久，可以用嘗試錯誤的方式發掘。

如果你賣的東西，得花上幾週到幾個月的時間才能完成設計、客製化、雇人或是做什麼，你會想要多預留一點時間；如果你的提案內容是隨時可以取得的架上物品，那麼愈靠近心癢時刻再出手，會最有效果。

要注意的是，產品的心癢週期與服務的心癢週期並不相同。而且，同樣一件東西，不同地方的顧客，心癢週期也會不同。很多因素都會影響到心癢週期的長短：季節性因素、外在經濟狀況、對方的所得水準，以及最重要的一項：對方的個性。不過，只要你的方法對，要克服這些複雜因素並不難。以下就是流程：

第一，要判斷你的產品對於你業務區域內的顧客，基本的心癢週期是多長。等一下我會教你怎麼做，目前就先假設你已經得知心癢週期是多長。

第二，要考慮到特殊日期的影響。有些交易會受到徵稅日期的左右：年底、報稅截止日、當地徵收存貨稅的日期等。大多產品或服務的銷售，都會受到季節的影響，只是受影響程度的高低之別而已。只要看看有沒有特殊日期的因素存在，有的話再據以調整行動即可。

假設你賣的東西心癢週期是三十個月，但如果你在二十八個月的時候著手刺激某一群顧客的心癢感，會碰上假期季節。但你賣的卻又不是聖誕禮物，你就要做選擇了，看是要在九月、十月，差不多二十六個月的時候就聯絡快要發癢的顧客，還是要等到一月。你會怎麼做？答案很簡單。如果你一直等到一月，有些既有顧客可能已找別人買了。要確保在顧客發癢時，自己已經在他身邊準備抓癢，即提早聯絡，然後在一月時再聯絡一次。

第三，每當完成一筆交易後，要從對方的個性判斷，他的基本心癢週期是多長。個性較不耐煩的人及那些在工作上升官較快的人，發癢得會比一般人早；低調類型的人及那些在比較固定的路線上發展職涯的人，通常發癢得比一般人慢。在結束第一次交易時，你要先判斷他的個性是比較等不及、一般水準，或是較保守（所有無法判斷的，都算在「一般」那一組裡面）。用這種想法分類後，你會發現，大約百分之十到二十的顧客行事較急，這些人就要早點聯絡。大約也有相當人數的顧客，行事較為穩紮穩打，這種人就晚點聯絡。剩下的百分之六十到八十的顧客，就是你應該安排在基本心癢週期只剩兩個月時接觸的顧客。

你或許會覺得，這聽起來很棒，但我該如何才能找出我的產品的心癢週期是多長？

## 如何判斷產品或服務的心癢週期

你得花上一整天做這件事，但是在你判斷產品或服務的心癢週期時，也等於是在發掘一些高度篩選下的銷售機會。

現在假設我剛進入冠軍船隻公司服務，我賣的是船。我會想要先做的事情之一是，從我即將服務的這家公司的顧客身上，問出他們的心癢週期。你可以照著我的方式，應用到你的產品或服務上。

首先，拿出公司顧客資料，坐下來，開始打電話。我會舉一個例子教你怎麼問。如果你願意照我下面講的，花一天打電話，而且能打多少就打多少，你不但可以找出產品的心癢週期，也可以問到一些我將會提到的有趣資訊。所以，現在就跟著我一起來看看，冠軍船隻公司的既有顧客資料吧！

第一個顧客資料看起來很有趣。上面紀錄的是一位叫做麥斯．波克的先生，他在十八個月前買了一艘叫「速滑」的滑水艇。我沒有浪費時間，直接打給他。

我：「早安，波克先生。我叫湯姆．霍普金斯，我是冠軍船隻公司的人。在距今大約十八個月前，您曾經取得一艘我們的『速滑』，我致電給您是想確認一下您對它是不是滿意。」

波克先生：「嘿，那艘『速滑』是我們家賞過最棒的一艘滑水艇了。」

我（親切地說）：「很高興得知此事。目前我正在為明年的計畫做一點市場調查，您是否願意協助我回答幾個問題呢？」

波克先生：「可以啊，你問吧！」

我：「在購買『速滑』之前，您買過其他船嗎？」

波克先生：「有啊，我買過『快水十六號』。」

我：「噢，真的嗎？那您這麼熱愛駕船有多久了？」

波克先生：「唔，霍普金斯先生，打從我們十五年前左右搬到這裡開始吧。」

我：「那您在過去十五年裡擁有過幾艘船呢，波克先生？」

波克先生：「我想想，唔，我猜大概五艘吧，包括『速滑』。」

我：「大概五艘。我還想請教您，是不是知道『速滑』的新款產品？」

波克先生：「你們公司已經出新款了嗎？我買的舊款有什麼問題嗎？我覺得已經具備人人都會想要的一切了啊。」

我：「在我們看到『速滑二代』前，也是那樣子以為的。它是同一個設計與工程小組做的，那些人不會因為過去的成果就志得意滿。」

波克先生：「你的意思是他們調整了一些設計？」

我：「現在船體外型的選擇確實變多了，但最重要的變更之處不是那麼容易看出來，像是把船體線條設計得更細膩，在不佳的海況中高速行駛時，會更順暢、更安全。事實上，他們還升級了一些技術，只有像您這種真正熟知舊款『速滑』的人，才能百分之百體會到它的好。還有一些先前沒有過的新選擇。我是不是可以寄一份介紹手冊給您？」

波克先生：「好呀，你寄沒關係。我想看看新款長什麼樣子。」

我：「好的。對了，您還住思拉倫街嗎？」

波克先生：「沒錯，一二一八號。」

我：「我這裡也是這麼寫的，和飛橋路相交的思拉倫街一二一八號對嗎？」

波克先生：「沒錯。」

我：「今天下午我要去飛橋路，經過你們那一帶時，我可以把簡介拿給您，占用您一分鐘打個招呼好嗎？今天起您就是我負責的顧客了。」

波克先生：「好呀。但你要快一點，我準備要外出。不過我想要看看新款產品的介紹。」

我：「太好了。我大概兩點左右會到，或者三點對您來說比較方便？」

波克先生：「四點前都可以。」

我：「我很期待見到您，波克先生。也謝謝您協調我做調查。」

波克先生：「不客氣，霍普金斯先生。我也很期待看到你。」

他的心癢週期是多長呢？

只要把他擁有產品的期間長短（以波克先生的例子來說，就是十五年）除以他購買那種產品的次數（五次），就行了。算出來的答案，以年來計的話，就是波克先生對於那種產品的心癢週期。

你要找資訊和銷售高手要找的是一樣的，即在一組可定義的人心眼中，對於特定產品的平均心癢週期。等下我就解釋何謂可定義的人，但是現在先討論一下，在計算平均心癢週期時，哪些人要算進去，哪些人不要算進去。

假設前三個人告訴你，「速滑」是他們買過的第一艘船，他們也不知道什麼時候會再買另一艘（或者也可能不會再買），你要怎麼把他們算到平均裡？你得排除他們。在你用來算出心癢週期的那一天裡，你應該和至少二十人交談，他們都會給你不同的答案。你要像銷售高手那樣，把所有無參考價值的答案都排除掉，只鎖定那些曾有心癢現象、有軌跡可循的買家。

一天下來，你會得知對顧客來說什麼因素比較重要，也可能會算出一個以上的心癢週期。例如，或許「速滑」的買家可以粗略分為兩大類：積極賽艇者（參與賽艇與滑水活動），以及不參賽者。會參賽的買家可能每兩年就會換船，甚或每一季就換船，但不參賽的可能會用上三年。既然你已經用不同心癢週期把顧客分為可定義的兩個組別，你應該就知道該把心思集中在哪一邊了，對吧？

波克先生就是心癢週期發揮了作用的絕佳例子。他自己已經證實，在很長一段時間裡，他都是不出三年就心癢起來，產生一股想要購買更新、更炫滑水艇的衝動。

你是否注意到我用來問出這個重要資訊的步驟？首先我告訴他，我知道他擁有促使我打電話的這件產品或服務已經多久了。其次我告訴他，我致電是為了確認他還滿意那個產品或服務。在這些開場白後，我著手確認在目前的產品前，他還買過什麼產品及他在一段期間內擁有過幾件。

現在你知道該怎麼為自己的產品或服務算出心癢週期了吧。但在你著手去做之前，先來看看下一個技巧。

## 第二招：收養孤兒

在你懷疑這個標題是不是和另一本書混在一起之前，請容我向你保證，如果你願意而且有能力運用的話，它會是個有如金礦般的技巧。每家公司的業務團隊都會有流動率。每當業務員離開一家組織，他們留下了什麼？就是他們的顧客。

很多人業務做不好，是因為他們沒跟催。但在你們公司沒做好的業務員，確實還是做了一些生意，而他們離去後捨棄的顧客，也可以成為你的金礦。你可以在需要有人服務的顧客資料中，挖掘到許多機會。請先和你的經理確認公司是否有一套系統，可以重新把這些孤兒分派出來。如果你們公司確實有這樣的系統，那就提出請求。如果公司沒有一套處理孤兒的方式，那就提議請公司讓你在顧客資料中找出孤兒來接手。

我曾經收過來自全國、寫著如下內容的信：「湯姆，我一開始處理離職的業務員留下來的顧客資料後，收入就變多了。我打給這些遭人遺忘的顧客，重新建立起密切關係，把這些已經篩選過的銷售機會收為己用，而且有很高比例成交了。」

為何這些是已經篩選過的銷售機會？因為你要賣的產品或服務，是他們已經開開心心使用過的，而你手中握有的顧客資料全是相關的細節。就算有什麼小問題存在，或是要給他們維修方面的建議，你也站在絕佳位置上，你有一百個完美的理由可以聯絡他們。

不過，你具體的聯絡方式很重要。如果你賣的是任何金額龐大的東西或是大規模的交易，你要面對的會是異常忙碌的人士。每天你都在和一些對時間的運用並不輕忽的企業高階主管、專業工作者，或是獨當一面的生意人交談。

如果忙碌的企業主管、醫生、工程師或投資家收到一封信，而內容只是一個他們過去曾經交易過的公司的新業務代表想要自我介紹的話，他們會怎麼做？丟進垃圾桶裡。當收信人察覺到這是一封什麼樣的信之後，有百分之九十九點九的機會那張紙就註定要被他們捨棄。

因此你應該當面拜訪，和這些屬於前業務員的前顧客接觸。不同於你可能接觸到的其他潛在顧客，這些忙碌人士早已證明過他們需要、想要你的東西，曾經從中得到過效益，也負擔得起。只要你挑選已經在心癢週期中來到正確階段的對象，你可以確信，他們大多都已開始心癢，準備要再來一次了。因此，就當面去見這些孤兒吧！

必要的話，可以打給對方的祕書安排會面，但請確認你已經準備好夠堅定的答案，來回答祕書必定會問的問題：「你找他有什麼事？」如果你說「我只是想要自我介紹」，一定會不得其門而入，而且祕書也不可能讓你找他的老闆問一些市場調查的問題。

所以銷售高手會自己去找對方。你可能會很訝異，有很高比例的人只要你前往他們所在的地方，能夠見到面的機會會比透過正常程序排隊約時間要來得大。不過，你還是得先篩選顧客資料。

現在假設你們公司在這方面和多數公司差不多，你已經算出心癢週期是三年；你在顧客資料中找出許多孤兒；你可以直接從對方購買你們產品或服務的日期找出他們來。不但如此，資料還豐富到讓你困擾，也就是有許多顧客已經長達十年沒有聯絡了。那要從哪裡著手？忘了他們吧，他們已經不是孤兒了。如果你們公司的東西真的有三年的心癢週期，這些人老早就去找你們公司的競爭對手建立關係、滿足需求，把你們公司的產品或服務換掉了。

要先從剛開始發癢、購買正好三年的人來處理，一直到出現在兩年又十個月之前購買的顧客為止。這時，你才可以回頭去處理購買超過三年的人。先從三十七個月之前購買的人開始往回找，一直到所得到的成果已經不值得你這麼做為止。

為加速與兩年又十個月前購買、滿意你們公司的產品或服務，也正心癢著要重新購買的孤兒們碰面的流程，要以審慎的態度致電給對方服務的公司，確認他們是否仍在其位。若為個人交易，那通常就不會有下文了。但若為商業性與工業性的交易，這可能只意味著目前是由新女士取代以前的舊女士，做的都是同樣的決策。如果舊女士向你們公司買的影印機開始吱嘎作響，要是她還在這個位置上，也一樣會在這個時候買新機型，因此新女士也會受到相同心癢週期的支配，想要換購。

或許你會感到好奇：「如果他們不發癢呢？」銷售高手相信，他們職責就是要協助顧客察覺到自己已經癢得厲害。他們會去拜訪對方，打電話給對方，並且做出任何可以引發對方的興趣的事，以讓對方體認到為何應該將產品或服務舊換新，以治好那種癢的感覺。

你要找出一些理由，證明你現在要推的產品或服務，比三年前的最佳選擇要好得多。只要你肯用心，就找得出理由。三年前，顧客買了當時最棒的產品，但最新的才是如今最棒的。你希望顧客擁有最棒的，不是嗎？那就做好你的工作，讓那些已經在三年前以購買行動證明他相信你們公司的人看見，最尖端的新產品可以為他們帶來高過於舊機型的好處。這樣的事，你總做得到吧？

這是一定的，因為你是個專業的業務員。下次走進辦公室時，直接去翻顧客資料，開始找尋曾經和已經離開你們公司的業務員交易的顧客。收養這些人，讓他們成為你的顧客，讓他們希望自己老早就找你買，也讓他們成為滿意的顧客，再次享受到你們公司的產品所帶來的效益。

## 第三招：技術進步

在你和那些已經走完心癢週期的顧客洽談時，以技術進步作為引誘是理所當然的。但這一招要講的是，技術進步本身就是一種用於開發顧客的技巧。

許多產品很快就會過時，很少能夠撐很久，也很少一直用到嚴重耗損、無法維修的地步。常見的狀況是，擁有它們的人習慣用最棒的產品，只要產品開始需要頻繁地維修，或是有更好的產品問世，他們就會將之捨棄。那些買得起你們公司上次推出最棒產品的人，現在一樣買得起最棒的產品。

在這個國家（事實上是在整個自由世界），我們都想要最好的、最先進的、最炫的、最新的、最快的、性能最棒的產品與服務。在你們公司推出新產品時，或是推出舊產品的新款式，或帶有新功能的舊產品時，要打給每位已買過你們產品的人。當然，要稍微變化一下。假設以前你都是以一包十二個的方式賣，現在是以一打裝成一包的方式賣，那就別打給他們說你們的產品有多大的不同。

還有，神經要敏銳一點。在和顧客洽談時，要花幾分鐘略為了解他們的興趣與價值觀，把這資訊記起來。等到明年產品出現時，你就可以翻著顧客資料打給他們說：「我知道三個星期後您會有新東西可買，請帶著期待的心，等著刺激的新產品正式發表的那天到來。」

當然，你要先打給自己原本的顧客，再坐下來想想要怎麼聯絡你從未交談過的人，告訴他們這美妙的創新。但如果你等到創新的產品來到你們展示室時，才開始想到要怎麼運用它，那就太遲了。如果你服務的公司經常都有新東西上市，現在就趕快先整理好一份名單，等到有大幅突破以往的產品要出來時，就可以和他們分享了。

## 第四招：本地報紙

銷售高手著重的，不是塞滿頭版的那些司法案件判決、災難或令人失去信心的那種新聞。他們會拿著筆，閱讀本地報紙發掘生意機會，因為無論早報、晚報等各種版本的報紙，都在幫很多人傳遞一項重要訊息：「我需要幫助。」當然，報上不會真的寫出這幾個字來。

我來舉個例子好了。如果一個人剛獲得升遷，報紙會報導與他有關的許多小訊息，因為這是報紙建立自己顧客的方式之一。瀏覽這類報導，然後寄送一封簡短的恭賀訊息給剛獲升遷的人。你覺得他們會感激嗎？他們不但會感激你的恭賀，還可能會在你確認他們收到信後的隔天、拿起電話打給他們詢問有什麼可以幫忙時，對你抱持高度接受的態度。

對觸角靈敏的業務員而言，擁有最多銷售機會的出版品往往是本地的小型刊物，像是本地商業通訊。業務高手在瀏覽這些報紙時，他們會看的是在自己業務區域內的消息：誰的工作異動到這裡，誰升官了，誰獲頒了什麼獎，或是誰又展開了什麼新案子。這才是銷售高手想知道的。如果你賣的對象是一般消費者，那還有另一個要看的區塊，就是個人公告。舉凡訂婚、結婚、生子、死亡，全都會產生對於新產品與服務的需求。

請看看那些放在你家門前台階上，被你看也不看就順手丟棄的地方小報。有些這類報紙充滿了本地消息。此外，也要看看報導特定產業或特定區域的專屬商業報紙，它們會是銷售機會的大好來源。如果你賣的是遊艇，想當然你已經在閱讀本地的遊艇報導了；但如果你賣的是保險、精緻家具、藝術品、高級汽車呢？能夠買得起遊艇的人，不會到二手店買衣服；在本地贏得每場遊艇賽的牙醫師，在生活中的其他層面肯定也是大手筆的消費者。他很可能需要你的產品或服務，也就是說如果你寫封短信恭賀他在最近的比賽小獲勝，他會很開心。

每天在你的區域，都有高過你消化能力的銷售機會印在刊物上。最佳的資訊來源，或許正是那些你過去從沒想過要看的刊物。如果你賣的是任何一種以個人為對象的產品，要擴大你的思維，發掘印刷在刊物上的新銷售機會。

## 第五招：先占先贏

先占先贏這一招要講的，就是先讓別人認識你，摸熟門路，並與你精挑細選下覺得感覺不錯的組織打熟，在那裡結識已經從所得與興趣的角度篩選過、符合你產品條件的人。這是我碰過最好用的技巧之一，因為你可以在自己處理得來的範圍內，愛占多少就占多少。每一塊你占到的土地，都可能會是一座讓你接觸潛在顧客、在精心篩選後取得銷售機會的金礦。沒錯，你想把多少家組織占為自己的地盤都沒有限制，但是可別像舊時騎著驢子、帶著尖鋤在峽谷間晃蕩的淘金者一樣，占了超出自己開挖能力的地盤，結果全都挖不到東西。

請記得，在使用這一招時通常得花一些時間，才能開始把金礦開採出來。請每週花幾個小時實施這套方式，投資足夠的時間拜訪你所挑選出來的球團或組織，以提高你的存在感與影響力。但要注意，這只是中期計畫，不要因為它，而忽視了那些不久就可望向你購買的潛在顧客。

你該搶占幾家組織？又該如何運作？在你決定答案之前，可以盡可能多看幾個單位。繼續找下去，直到你找到既鼓勵你這麼做，也真的有機會可以這麼做的單位為止。如果只鼓勵而無機會或是有機會但不鼓勵，都沒有用。找到這樣的單位後，你自然而然就知道怎麼做最好。要盡可能積極些，若為鄉村或社交俱樂部，就加入它，並自願參與委員會事務，這是創造自己存在感的最好方式。若為你無法或不想加入的組織，就找那些活躍於其中的成員吃午餐、寫些感謝小卡、幫些忙、代為跑些腿，展現你的用處。如果那個團體適合你，你會知道在那兒該怎麼做；如果不適合，那就再找下一個吧。同一個組織可能會存在多過於你能夠處理的接觸對象，或者你也可以選擇多找幾個組織參與活動，以獲取好處。如果你選擇先占先贏的方式是和這些組織的人事主管建立熟識關係，你可能會發現，自己可以有效處理好二十到三十個組織沒有問題。到底要挑幾個組織攻占，唯一的判斷規則是，只要對你來說最為有效，也就行了。

什麼樣的組織最適於先占先贏？這得看你的產品、你的偏好及你的個性而定。可以滲入的組織型態幾乎沒有限制，包括私人企業、商業公會、慈善機構、教會團體、鄉村與社交俱樂部、業務與職業運動團體、特殊利益團體、某種服務社、政黨、同好會及文化協會等。要決定哪個單位最適合你時，可以把花在建立關係上的時間、金錢及心力，拿來和你所能期待得到的好處（包括接觸對象人數、銷售機會）相比較。你的分析將可推導出正確答案。

## 第六招：交換聚會或銷售機會俱樂部

你知不知道，只要成立自己的交換聚會或是銷售機會俱樂部，就能輕鬆取得一些很不錯的銷售機會？規模不用太大，只要一點心力，幾乎不花成本。精心挑選出與你在無競爭關係的領域服務的業務員後，大家定期碰面，交換銷售機會。四到六個人最理想，再多的話就不易控制了。

想想看，有哪些產品或服務和你的東西可以互補。例如，如果你賣的是不動產，你會想要合作的對象就包括保險業務員、房貸經紀人、景觀設計師、居家維修服務業者等，這樣你懂了吧。在每個領域挑一位出色的業務員加入交換聚會，大家共同決定碰面的時間和地點，就這麼簡單。

## 挑選實力堅強的業務員參與交換聚會

以下就是挑選能夠合得來、從中獲益的人選參與交換聚會時的技巧。假設我大多顧客都是基本上只開高級車的高階主管（但我賣的並不是高級車），我就可以假定，這些高階主管中，會有不少人因為稅務等其他因素，而採取租車而非買車的方式。所以，我想要找來參加交換聚會的成員當中，就會有一位是高級車出租市場裡的頂尖業務員。為什麼？因為我可以協助他，而只要我能協助他，我知道他也能協助我。

打給租車公司的業務經理，直到你找到人為止。很有可能你只打一通就成功了。告訴這位業務經理你的計畫，並問他公司裡有沒有合適人選可以參加你的交換聚會。這位業務經理就會把你介紹給他認為可以在你的交換聚會中獲得銷售機會的人選。這意味著，即將會有頂尖業務員加入你。

我的建議是，直接找對方高層參加。如果你找到一個真正有本事的業務經理，他會對於你想要舉辦交換聚會的創意想法感到興奮，也會希望他自己的公司能夠因為擁有頂尖業務員而獲得好處。

以下是交換聚會運作的方式：

- 每星期碰面。一定要這樣做，否則不可能養成習慣。
- 在相同的時間地點碰面。否則，花在安排時間地點上的精力會毀了一切。
- 一大早就碰面。除了這樣的時間外，不可能有任何時間可以讓大家都聚在一起。任何起不來的人就別讓他加入，你的交換聚會是給真的想做到生意的人參加的。
- 在地點居中的咖啡店共進早餐是最符合需求的方式。別讓任何人請客，大家都各付各的。

- 別講無謂的事。交換聚會的內容一定要簡短、明快而有用，否則慢慢會開不起來。
- 每個與會者都要答應，每次聚會都要提供兩個優質銷售機會出來。但有時沒辦法有兩個，還是歡迎他們無妨，提供一個機會總比什麼都沒提供要好。下次聚會時，那人應該要提供三個機會作為補償。
- 聚會時，大家交換銷售機會。在團體裡，應該要確認，誰能夠最快提供協助，給提出來的銷售機會，並交給這個人先去處理。同一個銷售機會可能會有多人適用，不過最先接觸對方的人必須負責篩選，以確定對方會先需要的其他服務是什麼。
- 所有人必須堅定承諾，任何在此取得的銷售機會，自己都會馬上且徹底做好跟催的動作。除非成員們都從中獲得具體好處，否則交換聚會將無法持久。
- 如果交換聚會分成提供了機會卻拿不到機會的人，以及拿了機會卻沒有提供機會的人，將會很快玩完。要說服大家改變作法，不從者就踢出團體。
- 別把負面情緒帶到交換聚會來，否則它活不久。不要容許會中出現悲觀想法或口出惡言。要讓大家知道，交換聚會是用來協助你更有效率做好銷售工作、賺取收入的跳板，因此並不歡迎任何忘記把熱情帶來的人參加。

以前我曾以業務員身分參加過交換聚會，也知道自己是另外一個交換聚會上的銷售機會之一。當然，我很久以後才知道這件事。因此無論從業務員的角度或潛在顧客的角度，我都確知這套方法是管用的。

## 第七招：為維修部門服務

如果賣的是任何一種機械或電子產品，你們公司應該會有維修部門。這意味著你們產品的用戶會在舊機種開始發出怪聲時打給服務部門。那麼，如果一台機器的維修成本變貴的話呢？其生產力就變低了，擁有它的人也會開始心癢想買新的。

向維修部門查詢，找出有哪些顧客來電希望維修既有設備。這類來電就是你該處理的絕佳機會了，你可以協助這些人開開心心擁有新機種，讓他們在全無停機的狀況下把工作做得更好。

對機敏的業務員來說，維修部門是發掘生意的一大來源。如果你們公司有維修部門，那就每天幫他們的忙，這樣子他們也會幫你銀行帳戶的忙。

## 第八招：社群參與

如果你做不動產或是其他銷售工作，而讓你想要與居住在特定地理區域的人接觸的話，請考慮參與當地社群活動。這可以讓你有機會一面做好事，一面又與別人接觸。這麼做是很聰明的，原因之一在於你會覺得幫助別人很棒。另一個原因是，你可以碰到一些原本可能很難碰得到的人。第三個原因在於，大家會知道你是個關懷別人的人。

可以的話，請考慮看看能否做到以下幾件事：

- 到當地圖書館、銀髮族中心或醫院當志工。
- 協助辦理食物捐贈活動及為體育團體、學校及教會舉辦的善款勸募活動。

- 參與市政會議。你可以在得知未來這個社群會有什麼新發展後，告訴那些你想要服務的人。讓自己變成他們取得最新資訊（但不是八卦）的可靠來源，把你當成專家。

等他們覺得，需要你提供的服務型態時，這些你參與過社群活動的社群成員，就會想到你，而來找你取得服務，並把你介紹給別人。

以上的八招，只要你肯用，一定管用。你可以挑選自己最覺得有趣的一招開始實施。等到你能夠穩定取得優質的銷售機會後，再來考慮採用第二種招式。不要八招同時使用，否則你可能會淹沒在多到處理不完的銷售機會中，或是無法把招式用得淋漓盡致，也就無法像集中運用其中一招時一樣，取得美好的回報了。

第九章

# 發掘轉介的潛在顧客

轉介來的銷售機會，是最容易成交的。事實上，你會有一半時間花在銷售給轉介而來、已篩選過的銷售機會，另一半時間才用在銷售給公司告知的、未經篩選的銷售機會。對於轉介而來的潛在顧客，銷售高手的成交速度會比非轉介而來的潛在顧客多出兩倍。

更刺激的是另一個事實：對於已篩選過的轉介顧客，銷售高手的成交率可達四至六成。如果和非轉介顧客的成交率相比的話，轉介顧客是非轉介顧客成交率的百分之四百到六百。在這樣的狀況下，你還會對「銷售高手就是取得轉介顧客的高手」這句話感到懷疑嗎？

言歸正傳，現在來看看該如何打造為數眾多的搖錢樹。你是否曾在成交後，向顧客詢問：「您有沒有什麼朋友可能對這個（他們剛買下的產品）有興趣」之類的問題？

我確定你一定會問，但有多少顧客回答「有」？不太多，對嗎？大多數的顧客可能都會給你類似這樣的模糊答案：「我現在想不起來有這樣的人。」

他們講的百分之百是事實，但如果你相信那句老話「物以類聚」，你就會覺得他們一定知道有誰和他們有相同的需求，只是「現在想不起來」而已。

為何他們想不起來？因為你要他們在整個世界裡去找答案，也難怪他們不會回答：「噢，有，查克和我講過他想要」。大多數的人，在剛購買什麼東西沒多久後，心思都還在別的事情上，他們的興奮感會蓋過於任何他們記得查克想要什麼東西的可能性。等你問到第五個人向你說「沒有」的時候，你會下個結論「這方法不管用，」因此沒多久你就不問了。

我要讓你看看，銷售高手是怎麼做的。以下是他們的顧客開發手法的基本架構。精通這一招後，你將會在每一筆生意成交後，得到已經完成篩選的轉介銷售機會。

取得轉介顧客的流程，也就是我喜歡用的「提供優質介紹」的流程，其開始於你見到別人的那一刻。第一次見到潛在顧客時，你會努力建立他們的信任。如果一個人不信任你，就不會向你買東西。在一開始建立密切關係時，你一定要像偵探一樣，在交談中找尋有關他們認識的一些小團體的線索。這時，你也擁有一開始就請人家幫你介紹的權利。你可能可以說，「約翰，瑪麗，二位沒有在電視上看到很多我們公司的廣告，對吧？（這件事必須是事實，才可以拿出來問他們）我們公司之所以不花幾百萬美元打廣告，原因在於我們選擇以口碑推薦的方式建立事業。我想請問，如果我們公司提供的產品幫助您完成了工作、滿足了您的需求，而您也對我們公司的成果感到滿意，您是否介意幫我們介紹幾位朋友，好讓我們能夠提供服務呢？」

如果你是因為另一位滿意的顧客介紹才和這些人見面，也要提出來：「我之所以能認識你們二位好人，也是出於二位的朋友吉兒與韋恩的介紹。」只要你以溫暖而親切的口吻這樣講，他們會同意的。這還是雙方建立關係的初期，他們人都會很好，因為目前還沒有人要他們買任何東西。

等到生意成交後，他們正為產品即將提供的美好效益感到興奮時，就是你提醒他們這件事的時候了。「約翰，瑪麗，二位是否記得我們第一次談話時，我曾經問過如果二位對我們公司的東西感到滿意，是否介紹且跟我說幾位朋友的名字，好讓我提供服務？現在既然你們已決定要享受我們的產品提供的美好效益，我也看得出來你們很感興奮，是不是方便請你們想想，有沒有朋友可能在我提供這個機會給他們時，感到開心？」

## 小卡轉介系統

只要準備一些三吋乘五吋的小卡就行了，辦公用品店或大多雜貨店都買得到。這些小卡可用來取得建立顧客資料時需要的所有資料。我會先教你步驟，後面再教你怎麼操作。

一、幫忙把範圍縮小到他們可以想像出長相的地步。提及一些他們知道的小團體，比如說他們可能講過自己會打保齡球、高爾夫，或從事的任何一種運動。他們可能會參加俱樂部、社群活動、教會或與孩子一起參加學校活動等。

二、他們提到人名時，要問出全名。如果是較少見的名字，拼法也要問清楚。

三、要問一些篩選性問題，像是「約翰，是不是提姆曾經做過或說過什麼，你現在才會想到他？」盡可能多問些資訊。

四、詢問聯絡方式。「怎樣和提姆取得聯繫最好？」如果他們沒有地址或電話，要盡可能多問一點資訊，再自已去查出來，或者可以請他們拿出電話簿，你們一起找。

五、請他們幫你打。如果要介紹的對象是他們的家人或很熟的朋友，他們通常會願意這麼做。如果只是同事或一般朋友，就不會幫你打，但這沒關係。

六、如果他們顯現出緊張不安的樣子或拒絕幫你打，就請他們准許你在打給那人時提到他們的名字。他們答應後，你要說：「約翰，瑪麗，我保證會照你們的要求，在聯絡這些人之後，在能力範圍內提供他們最高品質的服務。」這句話是用來緩和他們可能存在的任何不安，因為他們不知道你會拿他們的名字在別人那裡做什麼。

等一下的情境劇會告訴你這套方式怎麼運作。情境是，約翰．哈里森與瑪麗．哈里森剛從我這裡買了一輛新車，夫婦倆正為新車感到興奮。他們當然和我議了價，而且他們都很精明，還好我很熟產品也知道該怎麼成交，最後順利搞定。哈里森夫婦買到了他們想要的顏色及配備；我觸動了他們的情感，也協助他們把購買行為合理化，所以他們很開心。

原則上，剛完成交易時，是你可以請對方介紹潛在顧客的第一個時機。很多時候，這也是最佳時機。不過，有些銷售高手賣的東西需要比較長的時間設計、安裝或提供服務，這時他們會比較喜歡在那段期間內再請對方介紹。不同銷售高手會挑選不同時機詢問。由於這是你擴大事業成就的關鍵因素，因此重點是，在銷售過程中，要利用一些事件刺激你自己想要請對方介紹潛在顧客的衝動。千萬別忘記，每一個擁有你產品或服務的人一定都知道還有誰適合也擁有它。你只要請對方介紹就對了。

請閱讀以下的情境劇，你就知道怎麼做了。

在完成新車的交易時，我拿著三乘五大小的小卡和原子筆，哈里森夫婦則坐在桌子的對面。

我：「約翰，瑪麗，我真為你們開心。我實在看得出你們對新車相當興奮。約翰，你提過你打壘球對嗎？我想請問，上星期你去打球時，有沒有哪個球友提到過他想要買新車，就像你這輛新車這樣？或者，你有沒有覺得，誰要是買新車可能會像你和瑪麗這麼興奮？」

約翰：「唔，我知道有個人可能需要新車。」

我：「噢，真的嗎？」

約翰：「嗯，喬治・查克可能會有興趣。」

我：「喬治・查克。他是不是講了什麼才會讓你想到他？」

約翰：「他的車子最近才剛又修一次。過去三個月來，他的車已經壞三次了。我想目前他的車恐怕維修起來都很貴。」

我：「聽起來他如果開一輛更牢靠的車子會更好。（接著我從他太太那裡請求介紹）瑪麗，你會參加女兒的女童軍團活動對嗎？」

瑪麗：「對，沒錯。」

我：「嗯，你上次參加時，是不是有哪個女孩或她們的爸媽提到，或是講過什麼而讓你覺得他們如果買到像妳這輛新車的話，會很開心？」

瑪麗：「一個叫卡麗的女生，她媽媽要載她去時，車子出了問題，所以遲到了。她媽媽名叫蘿娜。」

我：「你知道她們姓什麼嗎？」

約翰：「姓卡伯特。」

我：「蘿娜・卡伯特。（以下是個不帶威脅性的問題，它是用來協助我了解哈里森先生對於喬治・查克有多了解，又可以問到許多查克的事。）現在先回到喬治的事一下。約翰，喬治有幾個小孩呢？」

約翰：「三個。二男一女，都還滿小的。」
我：「那他現在應該是開中型車，是嗎？」
約翰：「對，他可能至少得開那麼大的車，或許下一輛該換箱型車吧。」
我：「你覺得他最小的孩子多大？」
約翰：「噢，我猜大概七歲吧。」
我：「那他可能會喜歡大台一點的。你知道他在哪裡工作嗎？」
約翰：「他是個土壤工程師，在費姆·洛伊斯公司服務。」
我：「太好了。瑪麗，妳可以多談一下卡伯特太太嗎？妳對她們家知道得多嗎？她們有幾個小孩？」
瑪麗：「一個就是卡麗，還有一個即將出生。」
我：「哦，快生了。那他們會想要一輛適於幼兒坐的車子，對吧？我可以確定她會喜歡。約翰，有件事想麻煩你可以嗎？你手邊有沒有查克的地址呢？」
約翰：「他們住在梅恩賽爾大樓，但我不知道電話。」
我：「梅恩賽爾，是這樣寫嗎？太好了。那蘿娜住哪裡呢？」
瑪麗：「她們住在羅斯福高中旁的瑪格拉夫大樓上面。」
我：「嗯，你們要喝汽水，還是現泡的咖啡？要黑咖啡，還是要加奶精和糖？」
約翰：「給我們黑咖啡吧！」
瑪麗：「真是太好了。」

我：「嗯，這樣好不好？（我伸手去拿電話簿）我想請你們幫個忙，在我幫大家泡咖啡時，你們是不是可以幫我找找他們的住址？方便嗎？」

瑪麗：「沒問題。」

我：「可以寫在這張小卡上。（我把它交給哈里森太太）我會把這種資訊寫在小卡上，很方便使用。這邊還有一張。（我把它交給哈里森先生）現在我來泡咖啡，等一下就回來。」

一陣子過後。

我：「好了，咖啡來了。噢，你們已經查到地址了。太好了，太好了。每次我請對新車感到滿意的顧客打電話向親友講這件事時，對方常常會要我也展示車子給他們看。二位介意幫我打個電話嗎？」

約翰：「好。」

如果你的新顧客幫你打了這電話，對方答應了你可以和他們聯絡，你就避免了一個可能發生的問題，也就是對方是「謝絕來電推銷」登錄名單中的一人。所以，重要的是，你至少該試著請求看看。

我：「太棒了。那張書桌上有個電話。方便請你簡短打給喬治一下嗎？這段時間我陪瑪麗聊一下。等一下再請瑪麗打給蘿娜。真的很感謝你們。」

接下來我要換個情境，因為你不可能每次一問都能夠有這樣的好消息。現在假設哈里森夫婦沒有像前面那樣同意幫你打電話，而是面面相覷、開始退縮的話，那就是他們不想幫你打。現在回過頭從我請求幫我打電話的地方開始。

我：「能否幫我簡短打給喬治，讓他知道我會打給他？」

約翰：「唔，呃，有一點不方便。」

我：「我完全了解。（請注意我迅速轉移話題，在他們透露出不情願的樣子時，就沒有再逼迫他們。迅速接受對方的拒絕，很容易退而求其次徵得對方另一種允諾。實際講話時，在「我完全了解」及接下來要講的話之間，沒有任何停頓。）那這樣子可以嗎？是否介意我提到你們的名字？」

約翰：「可以的。」

我：「你不介意嗎？那太好了。我保證會和他聯絡。瑪麗，我也向妳保證不會忘了找蘿娜。我會讓她知道，我向妳保證過會和她聯絡，並在我能力範圍內提供最優質的服務。這樣可以嗎？」

瑪麗：「當然可以。」

我：「太好了。再次感謝二位，也希望你們有了新車之後，可以開開心心的生活。」

請注意，你必須六個步驟都做到，才能成功運用小卡轉介系統。而且，唯有顧客對你的產品或服務滿意到某種程度以上，才會管用。當然，用在充滿興奮感的顧客身上成效會最好，只是有些人不會出現興奮的反應。或許他們還是很滿意，或者對於擁有你的產品感到很開心，因此只要你提出像這樣的轉介要求，他們還是會答應。只要他們信任你，只要你的產品或服務是他們想要的，那麼你在銷售現場認識的人就會願意提供更甚於此的幫助，但你得讓他們有機會這麼做。

你是否害怕照著我在情境劇中的方式去做？在銷售現場我已做過這種事好幾百次了，但我還記得最初幾次的情形，因為那時我也很怕使用這套作法。對於你沒做過的事，會害怕是很正常的，但如果你因而裹足不前，可就不聰明了。把情境劇的內容大聲讀出來，直到你記住整個架構，也能夠以別人無法拒絕的方式，自信且自在地運用出來為止。

只要徹底做好事前的準備，這套系統的成功機率之高，將會大幅增加你的銷售額與收入。重要的是，你必須清楚自己在這次的會談中想要達成的目的是什麼，以及你該如何達成。請注意，只要一有機會我都會講個小笑話或是稍稍離題一下，以避免氣氛緊張。請注意，我的態度從頭到尾不帶威脅性，卻還是保持掌控權。在這種情境中，直線並非前往目的地的最短距離，中間還有笑話與岔開的話題，但決不會偏離我原本想走的路徑太遠。

把情境劇裡的感覺記在你的腦海裡，然後為你自己的產品或服務寫一套用於請別人介紹潛在顧客時的腳本。先決定你要講什麼，再想像顧客會有什麼反應，接著再寫下你可以回覆的有效答案，以便帶著他們往你希望能夠收集到優質轉介顧客的目標而去。

請容我再講一次：徹底為會談的內容做好事前的準備。看起來不難，但可別因而自滿與鬆懈。在你熟悉這套技巧後，請預留足夠的時間，能問到多少個轉介顧客就問多少個。

在研究情境劇時，請注意我已經貼心地幫哈里森夫婦的腦子縮小了搜尋範圍，他們可以輕輕鬆鬆講出要介紹的親友名字。約翰在壘球球友中找出合適人選，必須花多久時間？瑪麗參與的女童軍團活動中，女生的人數又能多到哪裡去？相對於約翰與瑪麗認識的所有人，我給他們的兩個範圍，人數算是很少的了。

現在假設你銷售的對象是企業主管。你覺得，剛向你買了一套新電腦系統的主管，會和其他公司的高階主管共進午餐嗎？

當然會。那麼，在他剛買完電腦後，和別人用餐時，他會做什麼？

他會稍微炫耀一下。

「今天早上我批准買電腦了，花了我們二十五萬美元，不過未來會對我們很有幫助。」

「你們買哪一款？」

「拜特巴佛二五〇〇，有一些滿不錯的功能。」

「唔，我們公司好像也該買套新電腦系統了。」

我們在交朋友時，會找那些和自己地位相當、喜好相似、需求相同的人。當我們喜歡某種產品或服務時，我們就可能會炫耀一下。朋友們也會覺得有興趣，因為他們感興趣的東西和我們相同。再者，也沒有人有那麼多時間在每件事上都成為專家，因此我們必須仰賴自己認識的人，提供許多能夠幫助我們做出購買決策的資訊。

這種關於顧客特質的知識，很容易就能用來協助我們請求別人介紹潛在顧客。

- 如果你的銷售流程在完成交易後還會再拜訪顧客（交貨或是提供訓練等），可以問問顧客，他是不是和哪個朋友或同事提過自己買了東西這件事。
- 如果你的銷售流程不需要在交易後再拜訪顧客，那就問顧客他會不會想把買東西這件事告訴哪個朋友或同事（其實就是會不會向哪個朋友或同事「炫耀」的意思，但你當然不會對顧客講出「炫耀」兩個字來）。

無論是哪種情形，重點都在於，請顧客想想在他們的朋友、親人或商業夥伴中，有誰是擁有這種產品或服務的最佳人選。等他們想起這些人的臉，你會發現，要從他們身上挖到這些人的資訊，以確保他們介紹的潛在顧客確實優質，並不困難。

那麼，可以期待這套小卡轉介系統幫忙實現什麼成果呢？

答案得看你對自己的業績水準渴望到何種地步，以及你用來規劃、練習與實施的意願有多強，這是最重要的。把小卡轉介的技巧用得很好，只表示你很有希望在銷售工作中成功而已。如果你每次交易平均問到一個潛在顧客，你就已經贏一半的業務員了；如果你每次交易平均問到兩個潛在顧客，你就是排名在前百分之二十的業務員了；如果你每次交易平均問到三個潛在顧客，你就是前百分之十；如果你每次交易平均問到四個潛在顧客，你就進入最吸引人、收入最好的那百分之五的小圈圈裡；如果你每次交易平均問到五個以上的潛在顧客，那你就是少數幾個銷售大師之一了。

你我都同意，顧客介紹而來的顧客是最棒的一種類型，他們等於是已經接受了你。此時你必須做的是，讓他們接受你的產品或服務，而你知道他們需要，也負擔得起。

第十章

# 如何用電話贏得金錢與幸福

電話是你第二重要的銷售工具（第一重要的是你的嘴）。不過，基於一些因素（但並沒有發生在我身上），很少業務員真的研究過電話的使用技巧，只有那些企圖心最為高昂的業務員（那些可望成為銷售高手的人）會這麼做。反倒是最需要更好的電話技巧的一般業務員，無意研究這麼基本的東西。他們需要的還不只是技巧方面的知識而已，要想把電話的效用發揮到最大，還必須充分了解它的限制。關於電話，一般業務員最糟糕的誤解在於，他們以為，一通電話就能取代與潛在顧客面對面洽談。在電話銷售之類的的銷售工作中，或許可以如此，但在大多類型的銷售工作中，就不是這樣了。銷售高手深信，透過電話傳到對方耳裡的陌生聲音，永遠無法比活生生的人出現在對方面前有效。以下是我要特別提出來、好讓你能夠記住的幾個想法之一：**任何符合篩選條件而感興趣的人打電話來，我一定要與對方相約面談。**任何人要是打來表示他們對你的產品感興趣，也顯示出他們符合篩選條件的話，你和對方交談時，就應該以相約面談為目標。

## 打進來的電話

企業大量投資於各種計畫上，希望能讓顧客多打電話進來。這些計畫包括大眾媒體、分類廣告、文宣品、標語、直效郵件、商展或其他促銷手法。但這些錢全浪費掉了，而所有力求讓電話鈴聲響起的廣告，也都徒勞無功。就算電話真的響了，你也接了，你還是沒有和對方約時間碰面。

有愈來愈多的廣告是用來刺激別人打進來索取更多資訊、踏出購買的第一步。如果你懂得如何運用電話，打進來的電話可以簡簡單單就變成你的業績。

現在從最早的步驟看起。

**一、何時是接電話的正確時機？**這問題可能會讓你笑出來，但接電話真的有正確時機存在。如果你在第一聲都還沒響完就接起來，某些人會被你嚇到，某些人會覺得你太急躁。如果你讓電話響個六到十六聲才接，他們會認為你沒來上班。接起電話的最佳時機，也是最專業的時機，在第三響的時候。這可以帶給對方正確的印象。

**二、你的聲音創造出何種印象？**如果你接電話所用的語調與態度讓人家覺得你好像得了絕症一樣，或是讓人家覺得你認為他們很煩，他們就不會和你見面。這也是為什麼銷售高手要以帶有一些興奮與愉悅的聲音及一些熱情接電話的原因了。無論你在那一刻遭逢何種災難，只要你在辦公室一拿起電話，你可能就是在和任何一個希望你的產品或服務能提供他協助的人交談。如果你夠成熟、夠自制、夠有能耐，應該要暫時把自己當下的感受放一邊，興高采烈地與來電者交談。

而那也是為什麼你要等第三響才接起來的原因之一。第一響的時候，停下你正在做的事，清理你的思緒，提振自己的精神。這是很容易做到的把戲，只要稍微練習、具備些許知識就行。在心中選擇讓你感到愉悅的印象，它可以是快樂的希望、特別的目標、你引以為傲的紮實成就，甚至只是任何一種你能夠清清楚楚回想起來的美好感覺都行。選好之後，在你聽到電話鈴響時，就放下你手邊正在做的事，腦子馬上切換到那種心靈印象去。用它轉換心情後，你就能以清新與機敏的語調讓來電者知道，你提供的是最棒的產品或服務，你也很樂於和任何感興趣的人碰面。

**三、確認對方的興趣。**由來電者自己告訴你他們來電的原因。他們可能是看了某則廣告，或是想詢問某件產品。你可以像這樣回答：「好的，先生，許多人都來電詢問我們新產品的事，我們真的十分興奮。」接著就可以進入下一步。

**四、請對方稍等，以便你為他們取得資訊。**比如說，「我可以請您稍等一下，以便我為您查詢資訊嗎？」但唯有在你能夠不露痕跡做到時，才可以這麼做。專業的業務員都會找機會讓對方等一下，以便自己能夠整理想法，好像在自言自語一樣，「好了，現在有個潛在顧客在線上，此刻，我的最佳策略是什麼？」

可以的話，在開始交談後盡早請對方稍等。但一定要小心這點：千萬別讓對方等超過十七秒。

如果你讓對方等上一分鐘以上呢？等到你回到線上時，可能已經不是原本打來那個人了。就算對方還在線上，聽起來也可能變了一個人。你會聽到帶有怒氣的聲音，而非歌頌銷售成就的美妙交響樂的序曲。要人家久候，就是不要這筆生意的意思。

**五、問出名字。**銷售高手會盡全力問出來電者的名字，原因之一是，如果你能叫他們的名字，對於建立關係會很有幫助。要問出名字的方法很簡單，具體的用字也很重要，以下就教你。

等到請他稍等的時間結束後，你重新接起電話時，先說：「感謝您的等候。」永遠要以禮貌對待他們的禮貌，接著說「我叫某某某，」講出你的名字（當然，如果他們第一次來電就指名找你，那就沒辦法用這一招）。「我可以請教您大名嗎？」

如果他們真的在考慮要找你和你們公司買東西，而且你以真誠的態度詢問的話，這種方式幾乎都能問到對方的名字。

**六、以問題回覆對方的大多問題，引導他們同意與你相約面談。**這是許多平庸業務員沒能把電話講好的地方。他們的行為與談話內容，都好像光用電話就想成交一樣。除非你做的是電話銷售，否則幾乎不可能成功。你接起電話的目標是要和對方約碰面，而不是為了成交。如果你賣的是個人用品或家庭用品，你可能需要拜訪對方家裡；這也可能意味著他們會到展示室或展覽區來，看看你們公司廣告過的東西；如果是企業對企業，你也可能必須到來電者的公司去。你們甚至可能在公共場所碰面。無論是哪種狀況，你都一定要朝約成碰面努力。好了，以問題回覆問題，代表著要用哪一種技巧？即豪豬技巧。

例如，假設有人來電問道：「你們那台影印機，現在還有沒有特價？還有沒有得買？」銷售高手不會回答有或沒有，他們會說：「那款影印機是您希望找到的機型嗎？」

「對，沒錯。」

「太好了。我今天或明天可以再和您詳談。您是想要到敝公司來，還是我可以去找您？」

這就是豪豬技巧，但它也是個複選問題，不是嗎？這樣可以產生雙重的威力。

**七、相約面談時，要再度確認所有細節。**我得提醒你一些事：多項研究已證明，如果別人只下過一次指令，只有很小一部分的人能夠照著做到。你同意嗎？在你和別人約碰面時，曾經多次發生過什麼樣的狀況？對方不是完全忘記這件事，就是想不起來地點到底在哪裡。他們可能會忘記約會的時間，可能會記不得你的名字。這也是為什麼專業的業務員要再度確認每件事的原因。記得請他們把相關細節都寫下來。

以下是銷售高手會講的：「您手邊有筆嗎？是不是請您把相關細節寫下來？」

你猜，哪些算是相關細節？包括你的名字、公司地點、地址、時間及來電者都必須知道，才能再和你聯絡任何事情。

**八、銷售高手會在訂好時間地點並確認後，另留後路。**如果你必須在展示室等他們來，或是要前往雙方都方便的咖啡店，這個最後一步尤其重要。有百分之十的人會因為知道你會在他們沒有現身時打給他們，而因此遵守約會。當然，永遠都可能有一些事會讓你無法遵守約會。因此，在確認完所有細節後，你可以說：「萬一發生了極不尋常的事，導致我必須請您改變碰面時間的話，我該打哪個號碼通知您？」

## 打出去的電話

無論你賣的是產品或服務，至少有一半的狀況下，你必須打電話取得銷售機會。事實上，真正的銷售高手不論賣什麼，都知道電話能夠大大提升自己的業績。因此，只要他們擠出時間，就會打給新對象。所以，現在來談談這種電話。

電話響起時，幾乎人人會接。即便是害怕打出去開發顧客的業務員，也會接打進來的電話。事實上，他們實在很可憐，總是希望有人能夠自己打進來。

為何業務員會害怕用電話開發顧客，卻又希望有機會能夠接到同樣的人打電話進來，而不是自己打過去？畢竟，這些業務員是來賺錢的，他們知道找到更多顧客可以賺錢，也知道打電話可以找到更多顧客。開發顧客不過就是拿起電話，打給潛在顧客，直到你找到一些值得當面洽談的對象為止。接著就和這些人見面，讓他們付錢給你們公司，換取你們的產品或服務提供的效益，而那筆錢會有一部分進入你的口袋。銷售工作基本上就是這樣，一切都開始於開發顧客。

但卻有業務員不想開發顧客。他們是從小和電話一起長大的，不可能怕電話，而且眼前就有另一台電話在他們桌面上伸手可及之處。今天，大多數的人甚至於在口袋或皮包裡都還帶著電話，早已習慣電話。不過，很多人覺得打電話出去很困難。如果你也這麼覺得，沒有關係，不必假裝它很簡單。首先，你在打電話時是侵略者，而非被侵略者。你可能會覺得這就是你不想用電話開發顧客的原因，但沒這回事，真的，只是因為你開始用電話開發顧客時，會隱約覺得不習慣而已。它是一種爬上坡的辛苦工作，不是滑下坡的輕鬆工作；是往外的擴張行動，不是往內的退縮行動。

不要用「我缺乏以電話開發顧客的企圖心」來解釋自己為什麼不打。那不是你缺少的，而且真的不需要多大的勇氣與企圖心，就能出色有效率地以電話開發顧客。你需要的是知識。如果你害怕開發顧客，是因為你不懂得怎麼做。

第一件要記住的是：你永遠可以告訴對方「抱歉打擾到您，再見。」講完這句話後，在你心裡這件事就結束了。畢竟你只是打給人家而已，又不是毀掉人家的一生。

第二件要記住的是：以電話開發顧客時，永遠要把「打成功幾通」當成目標，而非把「打完幾通」當成目標。我來解釋一下，如果你寫下來的目標是，「明天早上九點起，我要打十五通開發顧客的電話」，那麼你可能打完十五通後一無所獲。

要設定的是成功目標：「明天早上九點起，我會開始打電話開發顧客，我會一直打下去，直到與三位我認為他們買得起、也應該買我們產品的人敲定碰面，獲得展示產品給他們看的機會為止」。設定好合理的成功目標後，就去做吧！吃飯時暫停，晚上回家，但要持續開發，直到達成目標。

第三件要記住的是：在你開始打電話前，一定要先設定一套有效的內容，以及夠好的名單和電話號碼。你準備的內容及名單有多好，成功的機率就有多高。如果你在打完十通後沒有得到鼓勵，就先停下來檢視一下名單與內容，看看要不要調整一下。這裡的鼓勵是指，和別人敲定碰面或前往拜訪、對方要你稍後再打，或是給了你一些或許會有興趣的人名去聯絡。不要因為少數幾通沒打成就沮喪。我的意思是，別為了幾個陌生人（你根本不會想認識的壞脾氣的人）就失去成功的方向。你確實會碰到幾個人不樂意聽你講，那沒關係。在開發顧客時要專業，這代表著你必須（a）根據自己的專業知識適切地介紹產品或服務；（b）只打給不在「謝絕來電推銷」登錄名單中的人；（c）在合理的時段打；（d）從頭到尾保持禮貌；（e）只要對方不想聽，就有禮貌而迅速地結束通話；（f）沒有談出成效的對話，就在腦中抹除，馬上再打另外一通。

最後這一點很重要。在打電話開發顧客的過程中，要注意趕快把沒打成的事情忘掉，別讓它們有時間澆熄你的熱情。結束一通失敗的電話後，與其讓自己難過一段時間，不如快速敲一下自己的頭，馬上再打另一個潛在顧客的號碼。這樣子你就會覺得，自己打得很輕鬆、很有效率，而且很快就能打完。

## 電話市調

現在有個真的很刺激的小挑戰要提供給你，你必須自己設計市場調查的問題。別害怕，我不會讓你孤獨，會給你一些初步的資訊與指導。如果你和兩、三個志同道合的同事合作，一起設計一套用於開發顧客用的市調問題，或許可以弄得更快更好。開始先照著以下我講的基本格式，再視你的產品或服務、業務區域、公司的強項與銷售方式等因素修改。在設計問題時，要仔細想好你要問的順序。在第三步之後，或許會有其他作法會比我講的更適用於你要賣的東西。

**一、盡速叫對方的名字。**這一點很重要。盡早叫、經常叫，可以讓他們把你的訊息聽得更清楚。「早安，請問漢默．史密斯先生在嗎？」

**二、介紹自己與公司。**確定找對人後，以溫暖友善的語調報上身分。「我是冠軍無限公司的湯姆．霍普金斯。」接著，馬上切入你的市調。

**三、講清來意，問出第一個問題。**在講來意與問題之間，不要停頓。要使用能誘使對方回答的親切語調，第一個問題應該先問對方是否對你所賣的東西有興趣。「我正在做市調，只要占用您一點時間就好。您是否介意告訴我，目前您是否擁有船隻？」

**四、如果他們說「不」，對許多產品與服務而言，如果對方的「不」是指「我沒有這樣產品」，那是很棒的，但如果對方的「不」是指「我對這東西沒興趣」，這表示你應該心滿意足結束這通電話，再打下一通。**如果你想要的是前者那種「不」，請在事前仔細演練好你要採用的手法、設計好你接下來的問題，以引誘對方在回覆你的對話中透露出重要訊息，以及協助彼此建立關係。

「未來您是否考慮擁有船？如果是的話，您比較喜歡動力船或帆船？」

如果對方以很友善的態度和你交談，但對於你的產品沒有產生太多情感或理性反應的話，請他們幫你介紹。如果你拿來打的名單夠好，他們很可能會有一兩個朋友，剛好就是你要找的那種潛在顧客。可以利用小卡轉介系統的原則，協助對方從較小範圍中的幾張臉孔去找，而非他們所認識的所有親友。例如，如果你拿來打的是一份某俱樂部會員的名單，就問問對方，在那個俱樂部裡是否有什麼朋友，對於你在賣的東西，可能會有興趣收到介紹手冊。

**五、如果他們說「是」，即「是，我有船。」**「噢，很好。我可以請教它是哪種船、哪一家出的嗎？」完成這一步後，你這通電話有多種可能的發展方向，但那個部分不是現在要關心的。在此重要的是，先概略設想你可能得到的答案，再演練你該如何回應對方的每一種答案。你的回應要經過設計，好讓你能夠和對方約成時間碰面、讓他們答應你可以寄介紹手冊過去，或是讓你意識到他們不是適切的顧客候補人選、你應該真誠地向對方說再見。

**六、問他們擁有（使用）多久了。**問出他們在心癢週期中的哪個階段，這一步十分重要。

**七、找出他們對現有產品的滿意之處。**如果對方已經擁有類似於你們的產品或服務，以下是一些可以問他們的問題：

「請問您對貴公司目前使用的薪資計算服務的精確性與即時性，感到滿意嗎？」

「請問貴公司的電話系統已經提供所有你們想要擁有的功能了嗎？」

「請問您對於目前擁有的倒角機，最滿意它的哪裡？」

要問出對方對於目前所擁有的東西有什麼感受，包括喜歡哪裡、希望哪裡可以改變等。知道這些資訊後，你就知道自己公司的最新產品能夠滿足對方需求、使對方高興的機會有多大。你也會因而了解該如何切入，因為你已經知道他們重視的是什麼。不過，「……最滿意它的哪裡？」這個問題，請以正面的描述發問，這是很重要的。

為什麼用正面描述很重要呢？有三個原因：（a）當你問他們「滿意什麼」，而非「不滿意什麼」時，比較不會對他們造成威脅感；（b）如果你不直接問他們喜歡什麼，他們比較會講不喜歡什麼；（c）你必須十分小心，別隨便刺激他們的品牌忠誠度，除非你賣的品牌就是他們展現忠誠的品牌，這不在話下。後面會再多談這部分。

你要發掘的是，有哪些品質與標準是你的產品或服務勝過他們目前擁有的。如果他們重視速度，而你手邊的最新型號比他們擁有的舊型號速度快，你就幫他們找到願意購買的強烈情感衝動了。只要在開發顧客的電話中找到任何一種這樣的衝動，就要努力和他們約時間，展示給他們看。別和他們提到「買」這件事，你要說請他們「體驗一下速度」，或是任何讓他們產生衝動的項目。此時此刻你希望的是讓他們觀看、感受、觸摸及操作這東西。要等到他們聞到座椅的皮革味、聽到引擎的顫動聲後，再提到「擁有」這件事，才會比較安全。

**八、小心找出他們的負面感受。**除非他們對目前使用的品牌有負面感受存在，否則他們的品牌忠誠度就大到必須小心處理。千萬別批評他們目前擁有的產品或服務，那等於在質疑他們的判斷力一樣。如果你想搞砸成交機會，最快的方式就是讓潛在顧客認為，你覺得他們擁有那件產品、使用那種服務，或是投資在那些東西上，是很蠢的。要以正面的方式，詢問他們對於既有產品與服務是否存在任何負面看法，才不會讓潛在顧客防衛起自己先前做過的決策。

「您希望看到貴公司的健康保險計畫有什麼改變呢？」

「您目前的輸送帶系統，是否缺少任何可能對您有幫助的功能？」

「您目前使用的機器，如果要操作得更有效率，再加上什麼樣的改善會更好？」

市調是要用來找尋未滿足的需求，你是要試著找出你的東西能夠比對方目前的產品或服務做得更好的地方。你能夠給更多的地方，必須是他們想要更多的地方，這是當然的。

如果你的東西能提供更多對方想要的，就表示你的東西是（a）在他們購買目前產品後，又加了某些東西上去或改良過的成果，或是（b）你的東西有著比他們目前的產品更為出色之處。他們只是不知道這些因素，或是在向你的競爭者購買時，還沒有那麼重視這些因素。

若為第一種情形，也就是你的產品或服務增加了某些東西或改良過，那你就幫他們帶來好消息了。你的東西可以幫他們解決現有產品所無法解決的問題。你可以稱讚他們的產品在當時是最棒的選擇，只是已經過時了。

若為第二種情形，也就是你的產品或服務比對方擁有的好，那你就必須克服一種狀況，講好聽是必須細膩處理，講難聽是容易搞砸。此時絕對不要吹捧自己的東西或是大刺刺評論起來。每年都有過度自信的業務員，親手把這種情形搞砸幾千次，因為他們只顧著自己的邏輯，卻忘了對方的情感，於是他們就成交不了了。他們通常不懂為什麼，但原因很簡單：潛在顧客無法接受去承認自己做過錯誤決定後的那種難受感覺。每個人對這件事都可能極其敏感，而且同樣執著。很多時候，唯一一種把競爭者的產品或服務取代掉的方式，是用這樣的方式說服，即你覺得潛在顧客在投資現有產品或服務時，做出了睿智的決定。在當時所有的狀況下，那是明智之舉；只是在目前多變的狀況下，明智之舉應該是升級為使用你的產品或服務。

令人訝異的是，許多業務員寧願丟掉生意，也不願幫潛在顧客保住顏面。隱而不說並贏得生意，樂趣會更大。

**九、把你賣的東西的強項介紹給他們。**如果我們的產品或服務有任何競爭優勢存在的話，都要拿來當賣點。只是，有些產品或服務比競爭者出色的地方，並不容易描述出來。這種情形最富挑戰性，但回報也最大。如果確有競爭優勢存在，可以在市調中以這樣的方式告知潛在顧客：「你們的送貨卡車是不是每加崙能跑三十五哩？」「你們目前的供應商是否提供隔日清晨到貨的服務？」

**十、爭取與對方有當面洽談的機會。**在結束與潛在顧客的電話時，要感謝他們的協助，並詢問：「是否方便讓我寄一份介紹最新型號的手冊給您？」如果他們同意，而你沒有對方住址的話，他們勢必得告訴你住址；如果你有對方住址，要確認目前是否仍然相同。你都已經在市調中做了那麼久的條件篩選了，可不能因為東西寄丟，而失去了接觸的大好機會。請用快遞寄出介紹手冊，這可是你和潛在顧客碰面的入場券。

「史密斯先生，與您一席話後，我覺得您很想對新功能有多一點的了解。如果您同意，我是不是今天下午把介紹手冊送過去給您一睹為快，不要用寄的？我知道您的時間寶貴，如果您有任何問題，我也可以馬上回答您。兩點您比較方便，還是三點？」

碰面時，你或許就能直接進入標準的簡報或展示過程，引導他們的情感往成交而去。

## 找尋好名單

潛在顧客的好名單何處尋？我來列一些來源：

**一、逆向電話簿。**又稱為路名排序或交叉電話簿，這種出版品是依路名與門牌號碼條列，再提供姓名與電話號碼。可用於在開發顧客時鎖定你覺得會最有成果的特定區域。

**二、俱樂部與公司名冊。**最棒的名單有時是最難取得的。只要一點毅力與巧思，你還是可以自豪自己弄得到這種名單。許多這類組織都會出售名單供一次使用。有些則不公開，或者只提供給會員瀏覽。如果你賣這產品得到的收入夠好，或許值得你投資加入俱樂部，以聯絡上其他會員，又能合乎道德規範。當然，你自己也要做好心理準備，因為你也會變成別人的接觸對象。

**三、圖書館。**美洲各國目前出版的電話目錄多得驚人，涵蓋各重要產業與活動項目。找家商務出版品特別豐富的公共圖書館，那些在本地電話簿中沒有列出來的人士，經常會出現在其所屬專業工作的全國性目錄中。由於大多都按照州名與市名排列，在圖書館花一個晚上就能查閱不少。

**四、郵寄名單業者或網路。**有好幾百家公司在賣郵寄名單。如果在已出版的目錄中找不到想要的名單，在圖書館查查直效郵件業。有些業者可以提供特殊名單給你，但這一招最好非不得已才用，因為你可能還是必須自己查電話號碼。

上線查查名單供應商，但是在取用任何名單前，要先檢核一下其可信性。如果你想要用電子郵件開發顧客，應該用主動申請才加入的那種名單。這意味著名單上的人除了最初登錄的名單以外，也答應其他公司可以聯絡他們。如果你要打給潛在顧客，還是要先查查電話號碼在不在「全國謝絕來電推銷」的登錄名冊中。

## 這樣打才得分

以下要教你幾個拿電話賺錢而非惹麻煩的基本技巧：

**一、永遠要謙恭有禮。**無論你感受如何，為了你的名聲與自尊、為了你的公司，你都要保持謙恭有禮。也為了我們所有從事銷售工作的人，我們彼此都要注意不要打壞這一行的名聲。

如果你讓別人對你生氣，他也是在對你所屬的組織生氣。你的老闆不但有權要你對公司忠誠，也有權要求你提升公司形象，而非傷害公司形象。要待客以尊，這也是待己以尊的重要方式。永遠別讓脾氣失控，只有輸家才會這樣。銷售高手拒絕任由別人操控自己的脾氣。

**二、要千方百計約碰面。**有些人打進來，卻不願給你任何資訊；他們只想要答案。這些人可能很堅持如此，但如果你在電話中給了他所有答案，他哪有必要和你碰面？但如果你不和對方碰面，就沒法賣給他，就這麼簡單。但你知道嗎？那些抵死不想和你碰面的人往往就是最容易成交的人。就是因為這樣，你才應該把目標放在當面與來電者洽談。

**三、要即刻處理所有銷售機會或顧客來電。**與銷售機會或顧客接觸時的任何延遲，都會給他們重新省思、改變心意或找競爭者購買的時間。別冒這個險，你可能會因而打消他們想知道更多資訊或做出購買決策的衝動。千萬別冒這個險！

## 第十一章

# 購買不像體育活動只要觀賞就好

有些業務員高速動著自己的嘴巴，完成了令人驚艷的簡報。他們左彈一下控制桿，右搥一下按鈕，迅速移動著畫面上的東西。緊接著，在展示用的機器上，就出現了大批完美的數據、資料、圖案等。但這些業務員的簡報做得這麼出色，卻沒有因而賣出多少產品。為什麼呢？

因為他們未能讓聽的人融入其中，反應很冷淡。購買是一種行動，得要有人做出購買的決策，它才會發生。而決策需要的是呈現開啟狀態的思維。如果只有看而沒有做，思維是關閉的。潛在顧客的思維關閉愈久，在你結束簡報後，想拿文件給他們簽時，就愈難讓他們再次開啟思維。

銷售高手會避開這種因為顧客長期關閉思維所導致的低業績。他們在簡報時，會鼓勵顧客自己輸入資料、穿針引線，或是親手把組裝用的零件放進機器。當然，顧客在做這些事時，不會做得比練習過的業務員要好，但如果他們親自做的而不是用看的，他們就會想著你的產品，而非任由思緒飄到一百萬項其他事情上。事實上，他們還不只是想著你的產品而已，還是在體驗它。這意味著他們的情感涉入了你的產品。

無論這樣的情感涉入是大是小，總比你讓潛在顧客只是坐在那裡看你唱獨角戲，要好得多。擁有某樣東西是一種很親密的情感涉入，同意嗎？所以囉，除非先有情感的涉入，否則潛在顧客就不會為了想要擁有產品而產生購買需求，不是嗎？

如果你認同以上的說法，你就會盡可能想找到更多適切與正面的方式，讓潛在顧客的情感涉入到產品上。如果你已經因為「我是大明星」的表演式簡報，關閉了潛在顧客的思維，你可能必須把簡報內容整個換掉，才能成功讓它改頭換面，也讓你自己改頭換面，把簡報變成由顧客參與的模式。你會發現放棄「我是大明星」的作法，就像戒菸般，除非你真的想戒，才戒得掉。請認清你自己，我們多半都很喜歡掌聲、很喜歡受到別人肯定、很喜歡成為眾所矚目的焦點。這沒什麼不好，但如果你會因而選擇錯誤的策略，那可就不好了。

真相是，一旦你精通了顧客參與式的展示技巧，你會有雙重的明星魅力。第一是，你的潛在顧客可以開開心心地沉浸在展示與產品當中；第二是，你會帶著顧客簽上名字的訂購單離開現場。

差別不大，卻很關鍵。潛在顧客同樣會發出驚嘆聲，但是現在你是向潛在顧客展示你的產品如何做出神奇的事，而非自己做神奇的事給他們看。你讓他們拿著你的東西自己清除鐵鏽、克服挑戰或把水煮沸，好把他們的興趣煽動成足以把內心對銷售的抗拒心融化掉的一把烈火。這對他們來說，往往會比只是看著你表演要有趣得多。只要產品夠好，操作後增加的熟悉感可以帶來信心、驅除恐懼。

以下是把顧客參與的展示技巧發展為好用銷售工具的方法：

一、列出應該讓未曾接觸產品者經歷哪些步驟，才能使他們知道自己有多麼需要你的東西所具備的性能。接著，設計用於展現產品性能的體驗，愈簡單愈好。每種體驗都要有特色，而且要取個好記的名稱。

二、列出你在展示過程中可能碰到顧客所提出的問題與異議。

三、把產品性能的展示與對問題（或異議）的回覆融合起來，成為一套能夠順暢完成的流程。

四、盡可能找人練習新技巧，每句話都要再三檢驗，不管用的就丟棄，管用的就補進去。要想讓顧客參與形態的展示活動成功，就必須把每個步驟都設計得很簡單，又可以順暢地引導顧客進入下一個步驟，同時讓潛在顧客覺得不斷有新的挑戰存在且愈來愈刺激。步調要快，不重要的細節就過濾掉，而且要鼓勵、鼓勵，再鼓勵。

「太棒了，你理解的速度這麼快，相當少見。」

「您真是個操作這台機器的奇才，羅培茲太太。」

「它只是機種比較新，所以看起來困難而已。只要您知道該怎麼操作，就會對它的操作容易感到開心。」

「您學得很快，艾利森小姐，如果是我，一定得要嘗試個九次，才能做到像你那樣。」

「等等，在打開開關前，我希望你能夠答應我，操作時多犯一點錯，否則我會覺得我自己很蠢，因為當我第一次坐下來操作這台機器時，我真的搞得一團亂。」

只要在給顧客的體驗中，去掉挫折與壓力，加入樂趣與輕鬆感，顧客參與式的展示活動就能成功。如果你對新學到的這套技術很有自信，就趕快出去讓更多人（比過去的人數多兩倍、三倍或四倍都有可能）開心地沉浸在想要擁有你產品的情感中。只要你這麼做，還會自動產生兩種效益：

- 每筆生意成交的時間。因為潛在顧客面對的問題，在參與過程中，可能已獲得解決。
- 你會得到更多轉介顧客。因為你和顧客間的關係會更深。

但如果你沒有產品可以展示呢？或許你賣的東西是接單後才生產，或是一種服務。這樣你還能用這種進階的展示技巧嗎？它還能夠增加銷售嗎？

你還是可以用，而且一樣有助於銷售。事實上，你的提案愈是看不見、摸不著，就愈需要讓顧客主動參與，以了解其中的效益何在；你也愈需要利用想像力實現這件事。

對於那些產品看不見、摸不著的業務員來說，這是個大好機會，是一個值回票價的挑戰。只要能克服這挑戰，你就能得到只有贏得競爭的人才能得到的報酬。

現在假設你要賣保險給自由工作者。拜訪潛在顧客時，你可以坐在那兒以稅務與保險的專有名詞轟炸他，直到他眼神呆滯，急著把你趕走為止；你可以翻著、指著或操作著堆滿他們辦公桌的圖表及協助銷售的視覺輔助器材，給坐在那裡的他看；你可以用筆記型電腦播放精彩的短片，給他看看滿意的老顧客鮮活的說明與見證。看你是要用以上這些方式，還是要教潛在顧客自己計算你的產品所能帶來的效益。他在計算的過程中，等於是主動在了解自己為何該接受你的規劃、買你的保單。在他應該自己用一疊空白紙計算的時候，你卻用講的，反倒會失去控制（如果你在處理的是一筆大交易，要為每位顧客準備保單說明書，講清楚所有公式，並簡化所有問題）。如果每次銷售時要算的東西都一樣，就預先準備一些表格，設計得簡單些，多留一倍空白，邊界也留寬一些。

別因為講得太細而拖慢了過程。你可以在結案時或成交後，再問他個人基本資料之類的資訊，此刻先把基本項目算好就好。可以請他算概略值、取整數即可。

在潛在顧客計算產品的效益時，自己也準備一份，以便一步步引導他該怎麼算。那麼，最後要在哪裡結束？在成交。這時，潛在顧客已經準備好要做出你所期望的決策了，因為他已了解到如果花錢能得到什麼，也會很感謝你讓他覺得自己很聰明。

在本章前面的地方，我提到有些業務員試圖以炫目的展示內容征服潛在顧客，卻反而讓他們感到無趣。但你可能就不必擔心這件事，反而會因為相反的狀況而感困擾，即你的潛在顧客沒有因為你的示範而驚嘆，反倒是太積極，而非太消極。他們會用手肘把你擠開，搶著使用機器；會連珠砲地問你問題，而且要你馬上回答（這讓你想起一群為了搶魚吃而爭吵的海鷗）。只要你能維持住某種掌控感，要做成足夠的生意不是問題。

如果你平常的展示情形已經差不多是這樣了，那你要感到開心，你還差幾個簡單的小地方，就能建立起一套完美而成功的展示方式了。你只要設計好步驟、控制住場面，讓他們帶走你要賣的產品就行了。下一節，我會教你怎麼做。

## 銷售洽談的三種形態

銷售是一種雙向溝通，不是發報機傳訊給收報機，不是牧師在告誡罪人，也不是政治家在演說爭取支持。銷售就像網球比賽一樣，其中一位選手（業務員）是要把球打向另一個選手（顧客），而非打到別的地方去。在以下提到的三種銷售洽談形態中，第一種形態缺少這樣的觀點。在討論這幾種形態時，請記住，我所講的產品展式方式幾乎都同樣適用於展示服務。

**獨白型。**這種方式是以連珠砲似的發言掌控住場面。如果回到旅行業務員那個年代，也就是油嘴滑舌的城市佬坐著火車在鄉鎮間移動、推銷產品的時代，這種自顧自講個沒完的方式還滿管用的，只是現在已經沒有用了。

**臨機應變型。**一般也稱為「靠耳朵行事」。真的講起來，就是沒準備的意思。業務員只帶著豎起來的耳朵與臉上燦爛的微笑，就拜訪對方。到場後的第一件事，就是清楚展現出你對這次的洽談還沒有特別的想法，把主控權交給潛在顧客。只要他講什麼，你就跟著聊什麼。他如果談到昨晚他在電視上看到一隻會跳舞的熊，你也跟著談你看過的會跳舞的熊。

如果顧客很慢才發現自己才是帶動這次洽談進行下去的主角，那麼就讓他知道你沒有時間取得公司在五週前發表的最新型錄、價目表，也沒空了解公司最新的銷售政策。當然，許多仰賴這種洽談方式的業務員，對產品或服務都相當熟悉，只可惜他們對顧客不夠熟悉，因此無法帶領對方找到應該購買的具體項目。這意思是，雖然他們擁有產品知識，但因為開發顧客與篩選顧客的技巧扯後腿，使得他們無法每次都把產品知識運用出來，也無法每次都用得很有效，進而導致他們無法賺取高額收入。

由於這種洽談方式不需要事前的規劃與準備，也不需要思考，很受到那些只想維持平庸水準的業務員愛用。這種方式只能賣給原本已經決定好要買的顧客，對其他人則無效。因此，它會把你經營業務區域的潛能降到最低、所提出的產品或服務減到最少，也讓你的能力變到最差，即使此法確實很輕鬆。現在，一起來看看另一種真正需要規劃、準備及思考，也因而十分出色的洽談方式。

**精心策劃型。**一開始先這麼說：「為了善用您今天早上為我空出來的這段時間，我已經針對最常有人問我的、關於這台機器的問題，整理好答案，不著痕跡地放進了展示的過程中。如果有什麼您有興趣但我沒有解答到的，我等一下很可能就會講到了。」

「我發現，如果我先大略介紹過一次，再回頭解答細部疑問，可以幫許多顧客節省寶貴時間。可以嗎？好的，馬札諾先生，現在請您幫個忙，像我一樣在這裡再加個空白。」

要一直讓他們參與其中。先給他們看怎麼做，再要他們做看看。因為顧客並不熟悉你的機器，操作時可能會有些笨拙，有些不確定自己有沒有做對，因此你在示範時要貼心一點、謙恭一點。你還記得自己第一次駕駛某款新型號的車子時，必須集中精神的那種感覺嗎？開自己的車子時，自自然然就能做到的事，變成必須要思考才行，而且你可能一開始開得並不順。但如果你是同樣這台新款車子裡的乘客，你可能會一屁股坐進椅子裡，在駕駛人做著他該做的事、好讓車子移動時，還想著其他的事。因此在展示的過程中，必須由潛在顧客來駕駛，而非把他們變成純粹的乘客。

你的開場白傳達出來的想法是，你知道自己在做什麼，不會浪費到潛在顧客的寶貴時間。講完開場白後，馬上就讓他打開機器操作，只要是必要且有助於他熟悉產品的動作，都好。

現在你已經有效掌控了銷售的過程，平順地引導潛在顧客走過你事前規劃好的路徑，而不是一切都由你自己來操作。掌控場面的方式並不難，只要用參與式展示，把銷售用詞與原本要問顧客的問題取代掉，就行了。潛在顧客差不多可以從頭忙到尾，先是忙著操作產品，接著是忙著把它帶回家。

當然，要仔細地觀察交由潛在顧客在機器上完成的任務，是否已經開始重覆，導致他們呈現出覺得無聊的樣子；或是做出購買決策的人，是否比到時候實際操作機器的人高好幾個層級。在展示的過程中，要一面讓顧客實際操作，一面讓顧客隨時都處於思考狀態中，不能讓他們的腦子停下來。運用你的巧思，為不同個性與不同職位的顧客，設計出適於他個人的參與方式。

例如，現在你要向一家小型的代客除鏽公司的老闆兼實際操作員，展示一套革命性的新型噴砂系統。你的方式是讓他自己操作設備，完成他店裡一些待完成的工作。不過，如果你是要把同樣一套噴砂除鏽系統，展示給一家規模較大的公司的高階主管看，在規劃時，就要把二者間的差異考慮在內。準備一只碼表給對方拿著，由他測量他們廠房裡的噴砂工人得花多少時間作業，再測量你們公司的噴砂系統可以比他們目前的方式快上多少。我舉的這個例子比較極端，你要賣的產品或許只需要較細微的調整即可，但它依然很重要。在任何狀況下，讓潛在顧客參與的最佳策略，得看對方對產品抱持的態度及所處的狀況不同而定。

在為精心策劃的參與式洽談做準備時，第一步是要把目前的展示流程中，所有可以適度交由顧客操作又不妨礙到展示進度的項目列出來。請記住，對方參與操作的人數愈多、操作的項目愈多，對他們的認知造成的影響就愈大，你的產品也就愈可能在不久的將來，出現在他們公司裡。

第二步，列出你平常在銷售洽談時會問的問題。

第三步，列出產品所有突出的效益。

第四步，坐下來看看以上三份列好的清單，構思出大概的展示流程，不著痕跡地把每一點都整合到展示流程從頭到尾適切的地方。

第五步，一面參閱我這本書，一面跑一次概要的流程，盡可能把書中提到的銷售技巧都用進去。做這個動作時要記得，在展示時，自己一定要保持謙恭而有彈性的態度。也要先想好：在碰到性急的顧客時，要如何加快速度；在碰到注重細節的顧客時，要如何放慢速度；在碰到緊張的顧客時，要如何因應，同時又不會讓銷售流程失控，或是無法讓自己保持正面態度。

第六步，排演新設計好的銷售流程，直到熟悉到不可能出錯為止。

第七步，出動，好好用它賺大錢。

## 第十二章

# 在簡報與展示中展現高手銷售力

研究指出，大多業務員把八到九成的時間花在簡報與展示上，只留下一至兩成的時間做其他事。相對的，銷售高手只會花四成時間簡報與展示，而且花在開發顧客上的時間不會超過一成（有些銷售高手甚至不必花時間開發顧客，因為轉介來的顧客已經讓他們忙不過來了）；他們有五成時間會花在篩選與規劃這兩大重要工作上。以上的比例指的是淨銷售時間；也就是說，已經在工作總時數當中，扣掉了參與商展及公司會議、處理日常文書，以及服務舊顧客的時間。

銷售高手花在展示或簡報上的時間，是平庸業務員的一半；但銷售高手卻還是有對方兩倍的產值。事實上，大多銷售高手的成果都遠勝於此：他們做成的生意是平庸業務員的四到十倍。我們不時會看到單單一個銷售高手所做成的生意，就已經比整個業務團隊排名後半的成員加起來還多，而且每個月都如此，每年都如此。這簡直讓業務經理們瘋狂。要是他們能夠讓排名後半的那些人，全都進步到有銷售高手的三分之一，那麼全團隊的總產值可能就會破表了。

很明顯，銷售高手完成簡報後的成交比例，遠遠高過於非銷售高手在簡報後的成交比例。

這樣的落差，頂多只有四分之一來自於銷售高手在簡報或展示方面的技能與自信高過別人。目前看來，落差最主要來自於銷售高手對規劃銷售、挑選與篩選正確對象、處理異議、結案及爭取轉介顧客等事項的用心。

本書的其他章節會介紹如何在這些層面變得更有效率。它們全都重要，因為你必須在銷售工作的所有層面都有出色的能力，才能將潛能完全發揮出來、成為銷售高手。因此看著我在本章介紹的簡報與展示的技巧時，請各位謹記，雖然這個階段在銷售工作中很重要（而且是極為重要），但如果因為你的篩選做得不好而選錯對象，那就白費力氣；如果你選對對象，卻因為你沒有做好準備而讓他們的異議打倒了你，那就白費力氣；但如果你缺乏結案能力，你也是白費力氣；如果你無法結案，你原本能夠也應該做成的生意，將會落入接著出現的競爭者的手中，因為你已經幫忙打好了成交的基礎，卻無法搶在別人之前成交。在討論銷售高手如何簡報或展示前，先容我舉例說明這個基本概念。假設你要做三十分鐘的演講，你應該只寫十分鐘的稿子就好了。原因在於，如果你想讓聽眾聽懂你的論點，就必須遵循以下三個步驟：

一、**告訴聽眾你準備要向他們講什麼**。這是簡介的部分。

二、**告訴聽眾你要講的東西**。這是簡報的部分。

三、**告訴聽眾你剛才向他們講了什麼**。這是摘要的部分。

這就是所有成功的演講、簡報及展示活動的架構。換句話說，是採用重複的方式。當然，這意思不是我們要把同樣的東西講三次。在第一個十分鐘裡，要介紹我們的新想法。在第二個十分鐘裡，要深入談及我們的觀點，並且連結到聽眾的興趣與需求上。在最後的十分鐘裡，要根據我們的觀點講述結論、指出事情應該往什麼方向發展。

但平庸業務員不愛重複。首先，同樣的素材他們已用過太多次，自己都感到了無新意。很多時候，他們會開始覺得，要是在他們第一次講某件事時，有任何人聽不懂他們在講什麼，那一定就是失敗的內容。非銷售高手的簡報往往做得比了無新意還不如，於是覺得還不如不要簡報。

相對的，銷售高手從不厭倦把管用的句子、能賣的策略，以及對顧客有意義、能幫自己賺到錢的點子，都拿來重複使用。銷售高手會把簡報中不再管用的元素丟棄，但不會在還管用時就丟棄。他們也從不會忘記，自己面對的是一群專業知識沒有自己充足的人。雖然自己在一小塊專業領域上擁有出色知識，他們一向都還是保持謙恭的態度。因此，就算有些句子他們已經講過一萬次，他們還是會開開心心使用。他們永遠都會變化用詞、更換時機，以加強有效性。他們深信一項事實：自己對於簡報要用的內容已相當熟悉，可以不必再花心思去想，因此可以把所有心力放在顧客身上，以及放在此時此刻、自己身處的獨特狀況上。銷售高手的簡報或展示技巧比人出色，關鍵之一就在於他們有能力與意願，有效地運用「重複」來增強每一個論點。銷售高手不會在意重複使用相同的賣點，因為它能夠一再引導同一種類型的顧客購買。所以，要以一講、再講、三講的方式去思考。

在你為簡報或展示活動做準備時，有個最重要的概念，你一定要謹記在心。我建議你把它畫為重點：**簡報（展示）不折不扣就是在為結案做準備**。

簡報做得再有力，展示做得再精熟，都不該是你的目的，因為你在那兒不是為了贏得奧斯卡金像獎，你是要去談成生意的。簡報或展示活動的唯一目的，就是要讓潛在顧客做好答應購買的準備。除了訓練潛在顧客的價值外，簡報做得再棒都毫無意義，除非能促成生意。

簡報與展示基本上並無不同，二者都是你用來證明產品具備潛在顧客所需要的效益。簡報靠的是圖表、數字與文字；展示靠的是測試、樣品及成果。二者應該都要有一樣的結果，即讓潛在顧客相信你是提供他們所需效益的最佳來源。

現在來介紹用於簡報與展示的策略或方法論：

**一、要不斷丟問題掌控場面。**這些技巧已在第三章詳細探討過。

**二、不因異議丟掉生意，要藉由處理異議贏得生意。**幾乎對於任何產品或服務，夠積極的業務員都能在進入公司的第一個月，就發現大部分固定會出現的異議型態，也就是未來幾乎每位顧客都會提出的異議。做這行幾個月後，業務員會說：「我總是敗在那種異議手上。」

如果你也有這種感覺，為何不講「我太幸運了，因為我事前就得知潛在顧客會向我提出何種異議，並據以在著手做簡報前就做好因應的準備。」

我教過的其中一位銷售高手和我講了一個故事，剛好是說明我觀點的絕佳例子。他要賣的產品是傳真機，而且做得很棒。它的價格訂得很有競爭力，也很暢銷，暢銷到我學生的公司必須努力維持充足的大量存貨，以滿足需求。想買的人必須等上一陣子才拿得到貨。不過有個很大的風險存在，想要早一點買到傳真機的人可能會去找競爭者購買。不過，銷售高手不會因為這種「早知道一定會有」的異議而丟掉生意，反倒是在簡報的過程中，早早就拿這件事出來吹噓用。他可能會說類似這樣的話：「傑克森先生，等等你看到這台機器的功能與選購配備可以為貴單位帶來的效益時，我肯定你決不會介意等上幾天。」

當顧客露出狐疑的表情時，他會繼續說道：「請看，這台機器是我們最受歡迎的一款。事實上，我們賣得太快了，目前倉庫已處於缺貨狀態，我們也已經大量訂購，在下一批出貨中，就能幫您預留一台。如果您很趕著要用傳真機，可以找我們的競爭者洽談。他們沒有賣得像我們這麼好，我想應該有存貨可以滿足您的基本需求。但過去我們服務過的對象，都願意稍候一段時間，以取得更能符合需求的傳真機。您也是這麼想的嗎？」

有沒有看到，如果傑克森先生真的急著要用，這位業務員還幫他找好暫時的代用品，以抒解等待之苦。不過，一旦得知其他人也都急著要買這款傳真機，顧客也就不再掙扎是否要等下去了。

市面上任何產品或服務，都一定有某種原本就存在的缺點及至少幾項美中不足之處。大聲講出來沒關係，你會發現這麼做不會比潛在顧客自己發現來得糟糕。我並不是要你請潛在顧客坐下後，以送葬者般的口氣告訴他：「我們的產品在這方面會惹出大紕漏。」只要欣然指出美中不足處，展現出「不是太大的問題」，再證明產品帶來的好處遠遠超過可能的缺點就行。一般而言，只要你在潛在顧客提出重大異議前，老早就想好自己要如何先提出來，很快就可以處理掉。

**三、要以他們想聽到的字眼講出來。**每個人天生都備有過濾機制，我們都有能力把不想聽到的聲音過濾掉。這樣的配備不可或缺，有了它，我們的內心才能在聽到外人傳來腦波不感興趣的聲音時，仍舊平靜思考下去。

每一位你曾試著銷售過的對象，都具備這樣的過濾機制，而且會在瞬間開啟。你必須學會如何防止對方打開它，否則你在銷售時所講的所有出色論點，對方全都會充耳不聞，更別說是觸及他對外關閉的內心了。這主要的問題在於，大多業務員講的東西聽起來都非常像，都是同樣的論調，甚至還一字不差。這些東西已經教人厭倦、過度使用，也很無趣。

就像銷售工作的其他層面一樣，銷售高手在這方面一樣有不同作法。每天天亮，他們都會對世界有新的觀點，也會以充滿生氣的字詞，把自己新誕生的想法表達出來。他們理解也尊重文字的價值，對文字有深刻的體會，也很感興趣。他們永遠都在嘗試新詞組、新隱喻及新字彙，以擴大自己的有效文字範圍。他們樂於在講話時帶點風趣，在表達時審慎選字。

## 迷人的字眼

銷售高手會把自己當成藝術家，他們會避免使用過時的字眼、司空見慣的措辭及沉悶的描述語句，以免像平庸業務員的簡報一樣，變得平淡無奇與千篇一律。銷售高手會以迷人的字眼增添生氣，藉以在潛在顧客心中勾起令人興奮的新想像，抓住對方的注意力，讓對方忍不住要聽他講話。

永遠別忘了，大多數的人都能夠表面看著你、在正確時機點頭，但腦中又能夠飛到四十哩以外。他們可能在思考一個完全和你無關的問題，或是一些在你離開後必須處理的事。如果你愈講愈起勁，只會讓他們愈來愈不想買，一反你原本的用意。你很快就會空著手離開，而且永遠回不來。

要找出一些人人都能理解，又不常有人使用的正面字眼。銷售高手想要說服對方的時候，都會盡可能發揮力量，讓潛在顧客與一般顧客不但親身參與簡報或展示的過程，在情感上也涉入其中。

在這一次的狀況中聽來迷人的字眼，下一次未必就適用。要多找一些吸引人、有說服力、如畫般、刺激、有創意的字眼。要以出乎別人預料的新方式運用常見字眼，在自己要講的內容中增添活力。以下就是參與我課程的學員想出來的一些好字：**活力十足的、獨一無二的、出類拔萃的、創新的、走在時代尖端的、刺激的。**

請試著在簡報中加一些這樣的形容詞，感受一下會有什麼不同的效果。

## 該換掉的字眼

現在起，每當你必須聆聽內容令人厭倦的人講話時，仔細聽聽究竟是哪些用詞、片語及講話態度，才讓他的內容變成這樣。每找到一個，就記起來，別讓它進入你的詞庫。請注意，你必須找另一個更有趣的字取代它。你可能必須稍微想一想才能找到一個。如果你從沒像這樣刻意設計自己的用字過，一開始會覺得很難。但是等你習慣之後，就不會了。而且還有一種技巧，可以讓你覺得不那麼困難。只要拿張紙列出你想要避用的字眼，每天看一次就行了。這可以讓你的心智專注在改善用詞上，你也會發現自己在閱讀、聽別人講話或看電視時，會找到一些想要用來為發言內容增添活力的字眼。

俚語一開始很新鮮有趣，但通常也很快讓人膩。大多數的人俚語都用得太多。行話也可能很新鮮有趣，但外人往往無法理解。我們應該多重視那些正統語文、雖然簡短但有力的字彙。請在簡報內容中大量使用簡短有力的字；這樣的字用得愈多，再增加一些較不常用的長字彙進去，就會愈有對比的效果。

選擇語言時，要大膽一點；選擇用字時，要冒險一點；要講一些能夠抓住聽者注意力的突出內容。有時你會必須換一種方式講述同一個概念，但只要潛在顧客發問，就表示他們有在聽。只要他們有在聽，你就有勝算；只要他們沒在聽，你就沒勝算。

## 多學幾種不同的專業術語

你知道出色的銷售高手都會講多種不同語言嗎？銷售高手會對水管工講水管工的語言，對醫生講醫生的語言。不必參加什麼了不起的訓練課程，就能辦到。目的不在於讓水管工覺得你是個工程承包商，也不在於讓醫生覺得你是個內科醫師；目的在於，讓他們都覺得你了解他們面對的挑戰、他們的觀點，以及他們能夠運用的機會。每種工作與嗜好都有它獨特的專業術語，都有它自己的特殊語言。

銷售高手會學習如何講多種語言，因為這是與不同群體的人建立關係的最有效方式。我們都會把那些與我們共享相同事物的人當成同路人；我們會本能地覺得不那麼害怕這些人、較能相信這些人。你無法配合每位顧客改變自己讀過的學校，或是你出生的區域別，但你可以學會理解或使用他們的專業術語（就算不是他們這份工作的專業術語，至少是他們所屬產業的專業術語）。如果你懂得一點工程專業術語，那麼你和木匠、蓋屋頂的師傅及技工等諸多從事專業工作的人談話時，就會更有說服力；如果你懂得生產線工人的用詞，你和任何一位工廠工人談話時，就會更有說服力。

基於這樣的原因，業務員中的贏家，時常會鎖定特定群體的人，只集中努力經營那一塊，就算他們賣的是保險這種更廣大的群體也會購買的產品。由於他們選擇的群體會因為他們能講相同於自己的特殊術語，而喜歡與信任他們，要賣什麼往往就很容易了。

許多業績從未達到平均之上的業務員，一天會花一個小時的時間接觸體育消息，還理直氣壯地主張自己是因為需要一些話題與潛在顧客交談，才這麼做。除非他們賣的項目直接與運動有關，否則這方式就是錯的。與潛在顧客討論任何無關於眼前生意的話題，都是時間的浪費；就算是要建立關係，也可以不必浪費時間，只要在簡報時使用對方的語言就能達成。只要不去看體育消息的網頁，把時間省下來，便足以學到這些特殊語言。但是，該怎麼學呢？

專業刊物是學習專業語言的最佳來源之一。這年頭，幾乎所有你想像得到的專業項目，都一定會有專業刊物存在。可以多留意評論文章及給編者的信之類的內容，因為你可以從中吸收到特殊領域人士的獨到觀點。閱讀這類的貿易雜誌時可以準備紙筆，把任何你無法理解的新字與新觀點都記下來，再拿去請教在該領域活躍的人士，請他們解釋給你聽。

學習任何語言的最佳方式，和小朋友所用的學習方式一樣，藉由嘗試錯誤及經常使用。只要把握每個機會這麼做，你關於專業語言的知識就會大幅擴大。在吃午餐時，在等待車子維修時，在任何你能夠和別人交談時，可以留意一下他們的工作內容、找出他們使用的特殊詞彙與抱持的觀點。業務員做的是人的生意，因此一有機會就要多學習和別人有關的事。

## 讓顧客的身心都參與其中

如何做到？多問一些參與式問題，讓他們想像在擁有你的產品後，要如何運用。要留意他們的回答，同樣的問題問兩次，最容易毀掉關係。

安排一些簡單的事給他們做，讓他們計算一些東西，或是操作你正在展示的機器。要讓顧客從你手中接下東西，但是別問「可以請你拿一下嗎」，因為顧客可能會說他們不想拿。只要講「麻煩您」就行了，他們會反射性地接下任何你遞出的東西，就參與進來了。

對於他們的反射有信心後，你會發現用這種方式掌控場面是很有趣的事。當然，不要過度使用，否則他們可能會感到不愉快，而在最糟的時機下停止動作。如果你在說「麻煩您」的時候露出溫暖的微笑，他們願意接過手的東西，絕對教你訝異。比如說，訂購單。我曾經抓準時機露出溫暖的微笑，並在遞出訂購單時說「麻煩您」，結果對方接了過去，也填寫了訂購單。

在潛在顧客接過你用來展示機器的搖控器、你用來提案的書面資料、使用者操作手冊，或是任何對你最有幫助的東西的那刻起，他們的身心就開始參與在簡報或展示活動中了。

## 遇到外力打斷時，要冷靜處理

你的簡報或展示安排得再好，肯定會在中間遭到外力打斷。可能是電話響起，可能是發生必須由高階主管（或父母）出面處理的緊急事件；可能是門無預警開了，你不認得的面孔探了進來；也可能是狗吠了、警笛聲呼嘯而過，或是小朋友哭了。

坐下，保持耐性，直到事情結束。無論你被打斷幾次，都不要展現任何不耐。利用這段時間回顧一下你講過的地方及你準備要講的地方，並確認一下自己剛才問過的問題所得到的答案中，有沒有漏掉任何有助於成交的線索。

如果中斷了好一段時間，要重新把剛才已向潛在顧客講過的部分摘要一下重點。這件事很緊急，因為任何中斷都會導致某種程度的情感抽離。也就是說，如果有別人走進房間來，如果潛在顧客走出房間，或是去接電話，他們的情感就變了。就算他們沒有變得滿臉通紅或是向誰咆哮也一樣，只要有中斷，人的情感就會變。因此，在進行下去之前，一定要把他們帶回到中斷出現前的情感與心智狀態。

## 簡報從頭到尾要在十七分鐘內完成

你可能會笑著否定此事的可能性，但請先聽我說完。假設你要賣飛機給企業高階主管，對方來到停機坪就花了一小時的時間。假設你事前都小心地安排好了，從他抵達到你們請求塔台准許移動飛機，只花了五分鐘時間；飛到空中，又只花了五分鐘時間好了。這些過程都無助於賣成飛機，因為潛在顧客實在太興奮了，這段時間一晃眼就過了。

等到兩小時後，你們回到他的辦公室，你開始向他做簡報，好讓他擁有那架美麗的飛機時，一定要在十七分鐘內完成簡報，否則他敏銳的決策能力將會變得遲鈍。

無論你的產品或服務是什麼，一旦來到關鍵階段，一定要在時限內趕快通過。如果你嚴厲地把不必要的細節去掉、裁剪你要講的內容、刪除任何你不確定是否有助於成交的內容，就一定做得到。

想當銷售高手就必須精進自己的表現。要對著時鐘先排演過，直到你能夠在十七分鐘的時間內，有效率地完成簡報或展示為止，因為那是顧客的心神能夠維持集中的最大極限。這可能是很嚴苛的挑戰，但只要能夠克服，你的成交能力會有如神助。

## 銷售高手每次簡報都會先在紙上規劃好

你現在想打退堂鼓了，對嗎？你想說：「怎麼可能每次簡報都在紙上規劃好？湯姆一定在開玩笑。沒人會這麼做，我根本也不知道從何著手起。」

別擔心，我等一下就教你怎麼規劃簡報的每個步驟，以及預測簡報時會碰到的每項挑戰。當然，這得花些時間，一開始時花的時間比較多，因為你還在學習技巧。等到成為你的第二本能後，你用在規劃簡報的時間，會比平庸業務員與潛在顧客見面前，無謂地打發掉的時間，還來得短。從今而後，你就能夠在展開任何簡報或展示活動前，就具體知道哪些內容對方會聽進去、哪些問題他們會給肯定的答案、哪些論點他們會認同，以及他們會需要什麼。

## 如何為簡報預做紙上規劃

首先，先談談你該從哪裡取得為簡報預做紙上規劃的必要資訊。

一、**商業與工業性銷售。**企業分類目錄的出版品，會是你取得大量資訊的來源。有些目錄只有訂閱者才能取得，但很多都可以在公共圖書館的參考室找到，或是上網查到。一般而言，你可以在較偏商業性的社區或是較富裕的社區，找到最能夠滿足你需求的圖書館。在你排除能夠在圖書館找得到之前，還是先去那裡查查為宜；有些圖書館存放著珍貴到教人驚訝的資訊。以下只是一部分在較出色的公共圖書館中能夠找到的企業目錄。

- 鄧白氏（Dun & Bradstreet）是一家提供商業資訊與企業側寫的全球性供應商，涵蓋全球七千五百萬家公司行號。可以上網（www.dnb.com）看看。
- 湯瑪斯美國製造業目錄（Thomas Register of American Manufacturers）出版的目錄中，列出了由美國與加拿大多個產業的企業所提供的工業產品與服務。網址是 www.thomasregister.com。

- 標準普爾（Standard & Poor）是全球最重要的提供信用評等、股票指數、風險評估、投資研究、資料及評鑑等資訊的獨立供應商。網址是www.standardandpoors.com。
- 如果你想查閱某家公司或某項產品的最新消息，請上「Google News」（http://news.google.com）。那裡會列出新聞標題，也有可以查到不少重要新聞刊物內容的搜尋引擎。

運用這些資源最有效的方法，往往是先在其中一種目錄中收集資訊，再據以在另一種目錄中搜尋更多資訊。例如，你想收集資訊，以便把服務賣給一家滾珠軸承的製造商。你先到湯瑪斯目錄，找出幾家位於你業務區域的這類公司。然後，你再到標準普爾找出公司高階主管的姓名及每位的一些細部資訊。把手邊這些資訊結合起來，就足以擬定銷售計畫了。

如果你經營的是已經做起來的區域，或是從離職業務員處承接孤兒，你們公司裡的銷售紀錄，應該就有詳細而有價值的資訊了。鄧白氏的東西其實很有用，但很少業務員真的拿來做有效的運用。雖然鄧白氏的目錄只提供簡要資訊及信用評等，但是在該單位所提供的每家企業的完整信用報告中，就能看到關於高階團隊成員、經營狀況及歷史的詳細資訊。如果你想得知不同企業的這些報告，必須一家一家分別購買。

**二、政府銷售。**為商業與工業用途設計的產品與服務，往往有很多也適用於政府需求。有為數眾多的企業都特別安排業務專員負責政府銷售，以表重視。其他一些企業會把這塊市場交給當地的代表單位與業務經理處理。企業最容易忽視掉的政府單位，是那些稱為「特區」的單位。這些局處負責防洪、除蚊、管理橋樑，以及許多我們大多很少會想到的工作。這些單位都有辦公室、都有工作要做，也因此都有產品與服務需求。你該到哪去找這些特區？請到你業務區域所屬那行政區的資訊部門洽詢。如果你是新手，可以看看你的財產稅單，很多州的稅單上面都能找到當地特區的列表。

**三、教育銷售。**各級學校與學院，都會投資大量資金購置設備、用品與服務。州學區與郡學區都會出版學校目錄，一些宗教與私人機構也會。如果你不熟悉學校市場，但覺得自己在那方面有發展的機會，就找幾家學校，打電話問問他們名列於哪一份目錄中。也問問他們參加的是哪個聯合會（通常會舉辦教育展）。教育單位這個領域相當有組織，也很容易接觸到。

**四、個人與家庭銷售。**如果你正在洽談的是既有顧客介紹的銷售機會，要盡可能從幫忙介紹的顧客那裡取得資訊。如果你接手別人的孤兒顧客，你們公司的銷售紀錄中，可能也找得到有價值的資料。如果對方的成就似乎很高，可能會列於名人錄之類的出版品中。個人銷售的大多潛在顧客，最好的資訊來源就是與之有關的人。在約好碰面的時間地點後，可以用「為了節省我們當面洽談時的時間，也為了未來能提供您更好的服務，我是不是可以請教……」的說法，藉機問幾個問題。

問過幾個問題後，再補一句「請不要覺得我很囉唆，如果我能先得知您大概的狀況，真的可以幫雙方都節省時間」，會很有幫助。

## 事前規劃用的表格

其中一種表格適於在以個人或家庭為零售對象時使用。第二種表格則可以幫你做好準備，成功地與各類組織（工商企業、政府單位，以及滿足宗教、教育和文化需求的團體）的決策者洽談。

有些業務員只經營個人與家庭的這一塊，就攀上了業務員職涯的最高峰。有些業務員則是因為認為和組織做生意太困難，才會只做個人與家庭的部分，或是只和小型的自營商家交易。不過顧客是大是小，基本上沒有差別，交易對象一樣都是人。

這兩種表格中，都要記下你的資訊是從哪裡取得的。知道來源有助於你判斷其可信度，也有助於你捨棄不可靠的來源。表格中的大部分內容，你一看就會知道該怎麼填。從對方目前擁有什麼，以及已擁有多久，可以得知他們正處於心癢週期的哪個階段。從對方上次的選購項目，可以得知不少資訊，了解他們下次的選購項目會是什麼。

在寫出家庭成員的姓名後，別忘了在你認為會是決策者的人名後面打個星號。他就是你必須說服與結案又不至於引起其他家庭成員反對的對象。

要設法找出先生和太太在哪工作及其職業。如果你知道這些事實，對他們就能有更廣泛的了解，不是嗎？你是否同意向一個拿著打地機鑽水泥地的人做簡報，以及向一個開藥治療病患的人做簡報，內容應該要不同？

取得這些資訊的用意在於，讓他們更加覺得你的東西貼近他們的需求，也是他們負擔得起的。

**介紹人接受過的效益。**這一點很重要。你經常會發現，自己與潛在顧客洽談時，事前從未從他們口中聽到，他們真正感興趣的效益是什麼。如果你在安排碰面時能夠先取得這類資訊，那很好。但千萬別忘了，很多人並不會老實說出自己真正想要什麼，因為他們的內心存在著衝突。他們可能會因為家人、因為邏輯，或是因為「別人的想法」，而買了自己不想要的東西。換句話說，他們想要與需要的東西，無法一致。如果在他們還沒解決這種衝突前，你就和他們聯絡，他們的問題就變成你的問題，但也成為你的機會。只要把問題解決，產品就賣掉了；只要問題解決不了，你就失去

## 個人銷售預先規劃單

姓名／家庭名__________

| 已知資訊 | 資訊來源 |
| --- | --- |
| **相關人名：（在主要決策者名字後面打上＊號）** | |
| 若單為個人：__________ | |
| 若為家庭：__________ | |
| 父親__________ | |
| 母親__________ | |
| 小孩__________ | |
| __________ | |
| 收入與金錢來源，其概略狀況： | |
| 男主人服務於__________ | |
| 職位__________ | |
| 推估收入__________ | |
| 女主人服務於__________ | |
| 職位__________ | |
| 推估收入__________ | |
| 其他__________ | |
| 目前擁有的可相比較的產品或服務： | |
| __________ | |
| __________ | |
| 擁有多久？__________ | |
| 介紹人接受過的效益__________ | |
| __________ | |
| __________ | |
| 他們可能接受的其他效益__________ | |
| __________ | |
| __________ | |
| 其他資訊：房子、家具、車子、嗜好、參加的團體等__________ | |
| __________ | |
| __________ | |
| __________ | |

## 流程計畫表

用於致電約訪的效益________________________________________

________________________________________

準備放在資格篩選問題中的效益________________________________________

________________________________________

________________________________________

預計要用來簡報與展示的效益________________________________________

________________________________________

________________________________________

________________________________________

________________________________________

預計主要異議點________________________________________

________________________________________

為去除主要異議點而安排的相對性問題________________________________________

________________________________________

________________________________________

要用於展示與簡報的設備與素材________________________________________

________________________________________

________________________________________

要提出的情境類似的故事________________________________________

________________________________________

________________________________________

要讓對方實際參與的項目________________________________________

________________________________________

________________________________________

競爭者相關資訊：比對目前的市場定位，以突顯潛在顧客的需求或欲望

________________________________________

________________________________________

________________________________________

這些顧客。這類機會經常會出現，無論是正透過電話開發的顧客，或是不請自來的顧客。

你可以問問亞文，他在找哪種車。他會說：「我需要一輛只有基本配備、只要加一次油就能跑很遠的小型旅行車。」但是當亞文看向展示室裡只有基本配備的小型旅行車時，卻是咕噥嘟嚷了一陣子，沒有買就走掉了。最後，亞文步履蹣跚地走進阿榮服務的地點。聽了亞文講到，他已經看了好多輛只有基本配備的小型旅行車、卻還沒買下任何一輛後，阿榮從字裡行間解讀出亞文沒有講出來的弦外之音。他帶著亞文去看最新款的車子：低車身、引擎的動力充沛，而且可選購的配備豐富。亞文的臉色蒼白起來，開始提出他不買這輛車的異議，但是卻沒有走掉。阿榮建議他到外面試開、繞一繞再回來，他們開著車經過幾個急轉彎，五個檔都用到了。接著阿榮向亞文解釋，趁著自己年紀還算輕，買這輛車才是理性的選擇，並告知對方什麼樣的條件可以把車子帶回家。結果，亞文就開著它回家了。

假如阿榮受到亞文所講的「實用的小型旅行車」所引導，他可能也和其他業務員一樣，未能把車子賣給亞文。到底要不要相信潛在顧客講的話？這得要小心研判。

對許多經由朋友介紹而來的潛在顧客而言，他們的朋友已經認同，而且已經花錢買到的產品效益是較為難以撼動的事實；它們並不是那種可能只代表時尚與否的邏輯，而是有實際購買行動在後面支持著的真實感受。每個人都會大大受到朋友的影響，在某些對你來說很重要的層面上，潛在顧客會和他們的朋友很相像。基於這些因素，在評估潛在顧客想要什麼時，介紹他們前來的人曾經購買過的產品，經常會是重要的指引。如果有任何方式可以從介紹者那裡取得這樣的資訊（而且往往都問得到），一定要在做簡報前先問到。

**用於致電約訪的效益。**你打算在電話中告訴他們什麼，好讓他們產生願意和你碰面的感受？

請記住，你在這個時點要達成的目標是，和他約定一個時間與地點碰面。如果你把所有可以講的效益都用在約對方碰面上了，那麼等到你們真的碰面時，可能會掃興收場。因此，在約對方碰面時先用最輕型的槍支即可，把火力最強的大砲留到結案時再用。

**準備在資格篩選問題中提及的效益。**第十四章的篩選步驟中會用到。

**預計要用來簡報與展示的效益。**把所有你認為他們會認為有價值而接受的效益，全都列在這裡。這裡就是你該把好料拿出來的地方了，但千萬別忘了一種可能性：某些買家極為重視的效益，在其他人眼中可能感受不大。還有，千萬別假設你自己認為最有價值的功能，就是潛在顧客認為最有價值的功能。

如果你只忙著把所有時間，用來幫潛在顧客製作由四種顏色構成的施工圖，卻沒花任何時間預測他們關心的重點，你可能會因而失去許多原本可能做成的生意。配合他們的狀況修改服務、展示如何使用機器發出咻咻的聲音送出成品來，或是解說輪齒與軌道如何咬合，在邏輯面都是需要的。潛在顧客的異議確實也有來自邏輯面的部分，但主要還是情感導致；這意味著情感對於採購決策的影響，高於你的簡報所呈現出來的邏輯面的部分。請確保自己預留了足夠的時間與精力預估對方的異議，並想好該如何回應。以下就是其中一種方式：

**為去除主要異議點而安排的相對性問題。**相對性問題可以把潛在顧客的注意力引導到次要議題上，藉以化解主要異議點。我所使用的所有相對性問題，一開始都會先說：「有件事你也同意是事實吧！」以下我舉個賣保險的例子，來說明相對性問題這種概念：

假設現在我預期主要異議點會出現在金額上（即保費的高低）。等到對方提出此一異議，我就說：「有件事你也同意是事實吧！只要能夠提早做好投資於孩子教育的準備，就算在孩子正要上大學時，碰到了什麼無法事前預知的情形，也不必擔心。這點不是比保費的高低還來得重要嗎？」

他們會怎麼說？一般人最覺得重要的事情之一，就是孩子的教育與幸福。

對他們而言，改以長遠觀點考量後，過去大多數的人會在大多數的銷售洽談中提出來的主要異議項目，就變得不那麼重要了。我們業務員的工作就是要把主要異議點放到適切的觀點中，以正面情感去除其負面情感。

**要用於展示與簡報的設備與素材。**等你寫好相對性問題後，把展示與簡報時可能會最有效率的工具列出來。大多銷售高手都不會把所有東西帶到每位潛在顧客那裡，能夠帶去的，大概就是他們那一大袋工具的一部分而已。而且，也必須實際考慮到時間與空間。我再講一次，速度很重要，你必須在十七分鐘內完成基本簡報，接著就切入結案流程。你可能必須提供詳細的說明資料給潛在顧客，然後把自己的發言集中在解說重點上。

**要提出類似情境的故事。**這部分我會在第十七章詳細介紹。準備好類似情境的故事，講給潛在顧客聽，是很有效的簡報技巧；把這個故事寫下來且放進簡報資料夾中，是更有效的簡報技巧；把其他感到滿意的顧客的感想，錄成聲音檔或影像檔，是最有效的簡報技巧。

個人銷售程序計畫表上的最後兩項，就不太需要解釋了。你能夠讓他們拿著計算機計算效益，或是讓他們操作你在展示的機器，好讓他們實際參與嗎？每次的簡報或展示裡，都要設計一些有參與空間的地方。

每位業務員都知道，要安排一些彼此有共同興趣的事項，以創造出雙方意見一致的感覺。只是有些業務員還是用臨場反應來處理這件事（即沒有在走進對方辦公室前，就事前想好）。但如果你不認識這個人，又怎麼可能知道要準備什麼雙方有共同興趣的事和他聊？

如果是別人介紹來的，介紹人通常知道潛在顧客的興趣是什麼。若潛在顧客為企業高階主管或董事，他們很可能會名列在標準普爾的名人錄中。如果沒有，那就在和對方確認碰面時間時，問問他們的興趣是什麼。

## 企業銷售預先規劃單

看看這張表格的底部（如下頁），你會發現和個人銷售的那張單子有所不同。這裡問的是，潛在顧客的公司在競爭中所處的地位。以下是使用此一資訊的方式：

現在假設你剛為產品或服務找到新市場，準備首度把這種產品賣給空調工程承包商。你的潛在顧客聲稱，他們公司是市內最大的業者。可別問他誰是第二名，以免惹他心煩。你應該回到辦公室，拿起黃頁電話簿，把空調工程承包廣告打得最大的幾家業者記下來。接著，到鄧白氏目錄查一查，迅速依規模排名次，結果你發現新顧客在市內真的是最大的一家。

接著開始打給其他空調工程承包商。第七名會想要爬到第六名，第六名會想要爬到第五名，依此類推。他們的終極目標大都是想成為第一名。在任何一家公司裡，都有一隻老鷹在盤旋，等著看公司經營得如何。他同時也會注意競爭狀況，因為他最不希望發生的事就是公司排名下滑一、兩名。你可以大膽打賭他們一定都很想知道，第一名的業者做了些什麼（像是使用你們公司的產品或

## 企業銷售預先規劃單

公司名稱____________________

個人姓名與職稱____________________

此人是決策者嗎？____________________

如果不是，列出決策者姓名與職稱____________________

公司類型____________________

產品或服務____________________

營收概略值____________________

| 已知資訊 | 資訊來源 |
|---|---|
| 牽涉到的人（要列職稱）____________________ | |
| 最大問題何在？為什麼？____________________ | |
| 鄧白氏或其他單位對該企業的財務狀況之判斷____________________ | |
| 介紹該企業給我們的顧客在產品或服務中得到的效益____________________ | |
| 可能接受的其他效益____________________ | |
| 其他資訊：競爭者、目前市場定位、隸屬於哪些組織等____________________ | |

服務）。他們都很好奇：「是不是因為你提供給他們的東西，才讓他們這麼有競爭優勢？」只要有一丁點這樣的可能性，他們就會想和你談談。就是因為這樣，銷售高手才會想要得知，每位潛在顧客的相對競爭地位。

## 何時規劃才好？

碰面前一天最好。但是要在確認完碰面時間後，馬上填好表格正面的部分，這樣的話，等到碰面前一晚，你坐下來複習表格、寫出問題、規劃銷售流程時，就不會忘記許多重要的細節了。順便告訴你，業務高手就有這樣的習慣。

我所認識的所有銷售高手，都會在與潛在顧客碰面的前一晚，規劃好每一件準備要做的事。而且他們會寫出來，這樣才能確定已經規劃好，才能加深印象，才能在走進碰面地點前，再快速複習一下。如果你全無計畫就到場，簡報或展示活動的有效性會變得支離破碎，有效性會掉到最低。

隨著你愈來愈熟悉事前在紙上規劃，隨著你感受到這套方法的力量創造出來的刺激感，你會發現自己對於每次簡報中等著你踩進去的陷阱，以及等著你掌握的機會，會看得更加清楚。你會發現自己很想要準備得更加仔細，好讓自己能夠以更強烈的自信做好每次的簡報，並提高自己的成功比率。

## 視覺輔助工具

如果你服務於一家大企業，公司很可能（a）提供你多種成本不低、格式豐富的彩色視覺輔助工具，但是（b）你不常使用它們。

在此，我們再次發現最常運用公司所提供的視覺輔助工具的，是那些頂尖業務員；最少使用它們的，是那些表現最差、從未達成業績目標且頻繁換工作的業務員。

如果你屬於不使用視覺輔助工具的人，又不是業務團隊中最優秀的三分之一成員，也不要覺得有罪惡感，因為這是很常見的缺點。我訓練過的銷售高手，都體認到一項基本事實：一般人就是沒辦法一整天坐在那裡看著你的臉、聽你講話。這也是為什麼頂尖業務員總是在找尋新方法、改良舊方法，好讓潛在顧客在簡報中，不要只有「耳到」而已。

大多銷售高手只有兩招很簡單的祕密武器：一是他們把時間運用得很有效率，二是他們會專注於必須完成的事，忽略掉不必要的事。

靠臨場反應是很沒有效率的。沒錯，靠臨場反應可以為你花了一小時前往、一小時簡報、一小時回公司的拜訪行程，省下一小時的準備時間。但是不使用視覺輔助工具，也不做好充分準備，幾乎都會失敗。如果你浪費三小時做一件沒有成果的事，當然就沒有效率。

我還發現另一項事實：視覺輔助工具可節省準備時間。

還有一件事：如果你在規劃每次簡報時，都考慮到未來要怎麼運用，幾個月下來，你花在準備上的時間會漸漸減少，而且還會準備得更好。

有兩個最好的例子：一個是說明書型式的簡報資料夾，另一個是以「PowerPoint」做簡報，二者都是由你幫顧客把大量的事實整理好。第一次整理時，會覺得要整理的東西好多。但如果過程中，你用心設計成以後可以重覆使用的格式，第二次你的說明書（或簡報）內容所花費的準備時間，就只要不到第一次的一半而已，而且會一次比一次快。

內容頁面可能根本連換都不用換。你會發現很多頁都是多場簡報中可以通用的。要像銷售高手那樣思考，要讓每件能夠標準化的東西都標準化，然後再把精力集中在準備那些不同簡報特有的資訊上。如果你是多次銷售同一種產品或服務，那就更好了。你可以仰賴視覺輔助工具與整理好的簡報內容，運用可重覆使用的素材，發展出高度的簡報技巧。

## 你只有十七分鐘而已

超過十七分鐘，聽者會開始失去興趣，開始厭倦。他們會想起自己能夠或應該做的事，不再聚精會神聽你講話。一旦他們開始失去注意力，你完成交易的機會也會開始降低。

解決方式是，在這十七分鐘之內，盡量用力多打幾拳，因為這是你最有機會擊倒對方的時候。該怎麼做？不是加快講話速度，而是把簡報做得更好，這表示你該使用視覺輔助工具。

為何視覺輔助工具這麼重要，卻又有這麼多人忽略它，而失去藉此賺大錢的機會？我想可能和自尊有關。我們都愛講話，也愛覺得自己很有說服力。因此，我們催眠自己相信只要走進房裡臨場應變（畢竟我們已經很熟知自己的東西了嘛），他們就會乖乖坐著，聽我們把產品或服務的完整故事告訴他們。我們只想接受自己的想法，卻不想使用別人做好的東西。無法成為銷售高手的人就會有這樣的想法。銷售高手才不在意視覺輔助工具是誰做出來的，只要能夠正當地拿來賺錢，他們照用。銷售高手會對完成交易感到自豪，而不是對自己因為有充足的知識、能夠靠臨場反應就完成簡報感到自豪。既然你們公司找了各種人才設計出這些視覺輔助工具給你用，那就用吧！發揮你的創意，找出有沒有什麼新方法或更有效的方法，可以運用公司提供的視覺輔助工具完成交易。

## 如何成功運用視覺輔助工具？

視覺輔助工具有助於控制簡報內容與速度。一旦內容缺乏控制，就維持不了速度；一旦速度走樣，就無法控制內容。如果你講得太快，固然可以放慢速度或重覆前面的部分；但如果你講得太慢，潛在顧客已經開始失去了耐性，就沒有方法可以把速度加快到能夠吸引住他們了。

如果你控制不了內容，就成交不了，而只有少數早已決定無論如何都要買的人，才會給你訂單。很多業務員都在與潛在顧客碰面的第一刻起，就已無力控制；從那時起，他們已喪失了機會。他們是怎麼失去控制的？因為坐錯位置。

假設你和潛在顧客約好要拜訪他們家，向他們做簡報或展示。每次只要你一在客廳的座位坐下，那次銷售必敗無疑。你的身子必須一下轉向這個潛在顧客，一下轉向另一位，還得一面講話，一面努力記東西。這樣的過程慢得教人痛苦，沒多久這對夫妻就會開始交換他們在婚後培養起來的不必開口也能傳達心意的眼神，他們不必講出來，就已經彼此同意要盡快擺脫掉這個業務員。

視覺輔助工具可以讓你在更少的時間內傳達出更多資訊，但更大的價值在於它讓你可以坐在桌子的另一邊，和他們面對面。這為什麼那麼重要？因為它讓你處於散發出權威感的位置。權威感會在以下情形下出現：

- 你只要調整一下視線，就能夠保持與他們之間的眼神接觸。這很重要，因為很快就能完成。
- 你可以同時看到他們兩人。

- 他們在看視覺輔助工具時，你可以記東西。這是必要的，因為如果你在寫東西時讓他們等，他們的注意力會跑掉。
- 你可以在十七分鐘內就迅速完成簡報。

你一定要完全熟知視覺輔助工具的每頁內容，但即便你心裡知道內容是什麼，還是必須看著它才行。為什麼？因為人人會有一種常見的反應，就是在我看著你的時候，你也會回看我。如果你看著視覺輔助工具，他們也會如此。

視覺輔助工具的安排要有技巧，別讓他們在應該看向資料時感覺到你的視線，否則他們可能會停止閱讀視覺輔助工具、看向你，或是因為感受到威脅而無法集中心神在任何事情上。

有個方式可以避免這樣的問題，就是把簡報內容設計成你看著視覺輔助工具，解釋一兩個項目後，抬起目光重新和他們的目光交接一下。只要你重覆這樣的過程，在講完一項後暫停一下，傳達出你準備要看向他們的訊息，他們就會在無意識中進入一種舒適而帶安心感的節奏當中，再次把視線從視覺輔助工具上轉向你，再轉回去。

或許你很好奇：「如果我沒辦法記得所有內容怎麼辦？」

那就用鉛筆在視覺輔助工具的背面寫下提示。簡報架或活頁式的視覺輔助工具，有助於你以最有效的次序做簡報。一開始先講（a），穩健而流暢地講完（b）和（c）；以此類推下去。看看次序要如何安排才能最順暢，把每個重點都講到。

若以「PowerPoint」做簡報，你手邊應該要列印一份手稿，在上面寫幾個字，提醒自己在每一頁該講什麼。可以放在筆記型電腦後方，隨時瞄一下自己有沒有偏離主題。

但我要提醒你：有些業務員會拿著同樣一個每次簡報時都用且用到爛的活頁資料夾。在簡報時他們並沒有講得很順暢，而是把一半的時間花在跳過一些頁面，同時還喃喃自語著這樣的話：

- 「這個你們不會有興趣。」

- 「這一款我們已經沒出了，因為不易維修。」

- 「去他的，我怎麼找不到要拿給你們看的側視圖？」

這時，潛在顧客會愈來愈焦躁，而且會很快失去對你和你們公司的信心。你那麼快跳過的那幾頁到底有什麼？是不是他們應該知道卻可能打消他們購買念頭的資訊？幸運一點的話，他們會覺得你做事沒組織、沒效率；不幸一點的話，他們會覺得你好像詐騙集團。

你可能會說：「但我手上這麼多產品，我必須用同一個活頁資料夾來做所有簡報。」這是胡扯。如果你是在銷售，而非只是帶著型錄接訂單，你可以好好整理資料，不要在資料夾裡放進任何用不著的頁面，把簡報做得俐落一點。你可以去看看任何一個業務團隊中銷售速度較慢的那一半成員，他們手中的銷貨簿或簡報資料夾，總是塞滿過時、翻爛的頁面，資料夾裡的內容完全無法吸引別人想要擁有產品。之所以留著這麼糟的東西，是因為它們所屬的業務員在停下來喝杯根本不必喝的咖啡時，寧願瀏覽體育網頁也不願整理資料夾。

我曾經訓練過一位業績好幾百萬美元的頂尖保險業務員，他會幫定期保險準備一種視覺輔助工具，幫人壽保險另外準備一種，再幫所得保險準備第三種，幫退休年金保險也準備一種，應有盡有。如果要講的是任何一種人壽保險，他用視覺輔助工具做簡報時，會涵蓋該主題的所有層面，沒有跳頁，也不會咕噥著找不到哪一頁。

只要你思考與規劃得夠多，你所賣的任何主要產品線或產品，都會有視覺輔助工具可以運用。你還可以設計一套格式，專門用來為每次的潛在顧客，發展出專門針對他們，也最能吸引他們的詳細內容。在某些銷售型態中，為求帶給對方最大的衝擊感，你必須在和對方碰面前，就發展出專用的詳細內容；但在某些銷售型態中，你必須運用在簡報的過程中取得的資訊，才能發展詳細內容。無論是哪種，最基本的還是要以高度規劃過，又能迅速做簡報的方式，把潛在顧客在做決策前必須知道的每個事項，都囊括在內。

精良的視覺輔助工具會運用一些心理技巧，在情感與邏輯層面說服潛在顧客，他們應該找你買、找你們公司買。視覺輔助工具會在三個重要層面發揮這項功能：

- 視覺輔助工具可告知對方你的身分及你們公司是做什麼的。很多人都覺得每家公司好像都差不多。視覺輔助工具如果做得夠好，既可以宣傳你們公司，又不會給人像在吹噓的感覺。你應該為自己的公司很出色而自豪，現在就是你使用視覺輔助工具證明的時候了。
- 視覺輔助工具可告知對方你過去的成果。人們為未來做決策時，往往會根據過去發生過的事，因為這樣比較方便。如果身為業務員的你過去還沒有太多成績，就多講講你們公司過去的成果。

- 視覺輔助工具可告知對方未來將為他們做什麼。它能具體以圖像顯示出對方在擁有產品或服務後，將獲得何種效益。想造成情感上的衝擊時，一張圖片更勝千言萬語。

## 見證信

你服務過而感到滿意的顧客若能來信感謝，會是在潛在顧客心中建立信任的有力方式。這些信得要相當努力才能取得。首先，你必須提供絕佳服務，讓顧客把給你一些回報幾乎當成是義務一樣。接著，你必須克服一項事實，即願意坐下來寫封信給你的人，並不是那麼多。他們會在電話中告訴你，他們有多感謝你的努力、他們因為你的專業而賺了多少錢，但是在繁忙的日常工作中，他們沒有辦法寫那封充滿熱誠的信。

卡爾・斯蘭（Carl Slane）是個高科技設備的業務員，也是我教過的銷售高手之一。卡爾剛開始有傑出業務表現時，他意識到見證信對自己會是很大的幫助，但許多顧客雖然都說，很開心能擁有他的產品與服務，他收到的信卻不多。他的顧客們都太忙了。於是卡爾採用了一種很簡單的方式，來取得顧客的見證信，結果在很短的時間內，就取得為數不少的見證信。以下就是他的作法：

與滿意的顧客在電話上交談時，卡爾會記下對話內容。一講完電話，他會草擬一封以顧客的口吻寫信給自己的草稿，內容是顧客剛講過的話。他在擬的時候很小心，不會把顧客沒給過的評論或讚美寫進去，也會同樣小心在信中去掉任何打擊競爭對手之詞，因為在信中呈現那種東西並不聰明。他會把這封草稿打好，再和顧客約一場午餐會。

在和顧客出去用午餐前，卡爾會把草稿拿給對方看，並詢問：「後來我把您在電話中好心告訴我們的話，都打成信了。如果您依然有同樣感受，是否願意在我們共進午餐的期間，請您的祕書在信中用印？這對我會是很大的幫助。」他們往往會答應。顧客們都很樂於協助提供了不錯的服務給自己的業務員。

## 如何使用印刷品

請以運用視覺輔助工具一樣的方式，運用介紹手冊與型錄。手裡拿著介紹手冊，在發言時看著它，並且不時抬起頭來看著潛在顧客，以重建眼神交流。把你要講的重點在介紹手冊上圈起來，講完後留給他們，他們會再閱讀一次介紹手冊，並記住你講的。

## 模型

模型是很實用的視覺輔助工具，尤其是有可動部位、要留給潛在顧客也不會花費太多成本的那種模型。有一些我們教過的銷售高手賣的是昂貴的工業設備，他們就發現對模型愛不釋手的潛在顧客，幾乎都會買實品。潛在顧客會把模型帶回家給太太與小孩看看設備是怎麼運作的。他愈做這樣的事，就愈沉浸在設備的設計理念中，也等於是從情感面說服自己，公司應該擁有等身大的設備。

## 影片設備

運用得宜的話，以影片或影像做簡報，會非常有效率。但請記得，它們仍屬視覺輔助工具，因此也適用於相同的規則。要架螢幕練習控制，若為無聲影片，要小心別在一旁喋喋不休。若為有聲影片，在播放時保持安靜更為重要。業務員講的話如果蓋過了顧客原本覺得更有趣、更能提供資訊的影片旁白，會是一種打擾。如果你有什麼要講的，先暫停影片，但是在每次簡報時不要暫停超過一、兩次。影片可能是設計成以某種井然有序的方式傳達某些觀點，中斷播放可能會造成觀賞者思緒的混亂，反而無法造成衝擊。

與其講話，不如找個能夠以不突兀的方式，觀察潛在顧客反應的地方坐下來。從他們臉上的表情及動作，你就知道哪些部分引起他們的興趣，哪些部分沒有。在重點片段，先生或太太會用手肘輕推他的另一半；委員會的某個成員會悄聲表示贊同或不贊同；每個人都會以點頭、搖頭、記東西或扮鬼臉等雖小但顯而易見的身體語言，表達出他們的意見。請把這些情感標記都記在腦中，作為引導你走向成交的指引。

盡可能不要暫停影片，除非對方對某個畫面顯現出莫大的興趣，而你手中又有可以補充或指出的詳細資料。要懂得怎麼重新播放可能讓潛在顧客較感驚嘆的那些片段。

以下是一些以影片做簡報時，簡單但重要的小技巧：

- 記得帶夠長的延長線，好把設備安裝在最佳的簡報地點，而非設備的電線插到插座的地方。如果你要用筆記型電腦放影片，要在簡報前確認電源已充飽。
- 記得帶厚墊子去。別突然把設備放在人家漂亮的咖啡桌上或光亮的書桌上，要用軟墊或桌布隔開保護。
- 安裝設備前要記得取得同意。如果你已攜帶護墊前往，對方會更樂於同意。

- 對方想幫忙的話，就接受。銷售高手告訴我們，幫忙安裝東西的潛在顧客，在觀看的時候會更興味盎然。很多男業務員都會在此犯錯，但女業務員比較不會。男生通常會堅持自己布置場地，把潛在顧客丟在那裡坐立不安。女生會樂於接受幫助，也更快展開簡報，而且對方會因為幫忙插插座而處於已經涉入其中的狀態。
- 永遠別在你完成簡報、試著展開所有結案流程前，就把視覺輔助工具移開。

最後一點很重要。如果你已經開始收螢幕、捲延長線，潛在顧客會覺得「好啦，現在聽完了，該做別的事了。我想想，現在要打給誰？」你根本無法先把東西收好，再重新坐下來進入結案流程。整個氛圍在那時已經變了，先前的衝擊感都煙消雲散了。即便潛在顧客接電話，你也要等。你把東西收起來不是在節省那五分鐘，而是在讓銷售過程走到這裡所花的所有時間，都化為烏有。

還有最後一點：要照顧好你的設備與素材。要用乾淨且看起來全新的視覺輔助工具、介紹手冊及型錄。如果視覺輔助工具已經用到壞、用得很髒、用到發皺，或是有痕跡在上頭，顧客會怎麼想？他們會覺得既然你對自己的東西這麼隨便，你所提供的東西及提供的方式，也會很隨便。請把你的車子內部整理好，以保護好簡報素材與視覺輔助工具。每個月請全面檢查一次，確認所有東西都還很乾淨、很清爽，隨時可用。

第十三章

# 搞定第一次碰面

每個上班日，在這個國家的每家商店與每個展示室裡，都會一再上演這樣的場景數千次，也就是一對已婚夫婦走進商品展示處，馬上就有業務員離開他的棲息地飛撲過來，像隻看到兔子就變得兇猛起來的禿鷹一樣。

「嗨二位，我叫鮑伯，聽候差遣。感謝你們前來，我要開心地告訴你們，來這裡真的是來對了。我們的價格比城裡的來得低，而且還有你們絕對不會相信的特別商品與折扣。」

「我們只是看看而已。」太太說道。

「那就對了，我知道您要看什麼，您要看有沒有什麼好交易。嗯，那您就找對地方，也找對人了。我可以打包票，二位會得到很好的對待。」

「我們走吧。」先生說道，於是他們就走了。鮑伯這位老兄只是聳聳肩，嘴裡喃喃自語著類似這樣的話：「有些人就是不想得到能幫他們省錢的好服務。唔，算了，海裡還有更多大魚可以捕。」

發生了什麼事？為何鮑伯站在那兒氣呼呼的？他並沒有忽視來客，他上前微笑，還自我介紹；他感謝對方前來，還表示可提供協助。他人這麼好，但對方就跑掉了。為什麼？因為他就像是在大叫：「我準備要賣東西給你們！」

此舉在鮑伯與潛在顧客間，驟然樹立起一道巨大的心理之牆。他們很清楚，無論自己如何反應，鮑伯都一定會在他們耳邊推銷東西，而引發一股「有人一直試圖在賣東西給自己」的焦躁感，但他們並不喜歡有人推銷。可是他們確實有想買的東西，否則也不會走進店裡來了。這家店根本完全沒有機會讓顧客留下，因為他們一走進店裡十秒鐘，鮑伯這老兄就會把人家嚇走了。

你給潛在顧客的第一印象，可能為你帶來服務他們的機會，也可能破壞你在今天及在未來幾年內服務他們的機會。因此，我要在本章清楚告訴你，在首次碰到任何類型的潛在顧客時，你該如何做好第一類接觸。

接近潛在新顧客的第一項原則是，要待之以柔，他們才能夠放鬆下來，以想要擁有你產品的情感，掩蓋掉他們害怕被你推銷或被你說服的恐懼情感。你希望達成的是，讓他們覺得自己想要這東西，而非覺得「我該小心一點，這傢伙已經打算要向我推銷了」。因此他們才會說：「我們只是看看。」如果你迫使他們用這句話自我防衛，你幾乎就註定會迫使他們空手而去，讓他們講的這句話成真。

到潛在顧客家中或辦公室碰面時，也會發生這樣的事。唯一的差別在於，當你像禿鷹般衝進他們的勢力範圍時，你會喚醒他們的敵意，而非迫使他們離去。無論是家裡還是辦公室，他們都會做出最容易做的動作，即露出禮貌的微笑，打發你離開，送你送到門口。所以，我們該如何避免迫使對方開戰或逃跑？要先理解以下概念並照著去做：**在第一次與人碰面時，我們的主要目標在於去除他們的恐懼，讓他們放鬆。**

如果他們的心中是由恐懼的心情在主導，害怕你會逼迫、會向他們推銷的話，他們根本不可能做出你想要的那種正面決策。在他們為恐懼所控制時，就算你採取任何試探能否結案的行動，他們甚至不會有任何回應。因此，面對新顧客時的首要目標，在於讓他能夠對你與對環境感到自在。

有時候，我因為一些行程而必須頻繁搭飛機，害我覺得自己好像住在飛機上一樣。站在講台上只是我工作的一小部分，我還有很多事情要做，因此我經常必須在飛機上工作。我喜歡人群，當然，我也喜歡在有空時與人交換故事與看法。但如果有任何一位坐在我身邊的人，在我必須工作時試圖找我閒聊，我會讓他們講。沒多久他們就會問：「你是做什麼的？」

我會笑笑答道：「我以銷售維生，我十分感謝你坐在我身邊。」

你猜接下來怎麼啦？他們就找藉口上廁所去了，而且不再回來。

大多數的人都養成了一種害怕被推銷的恐懼感。過程可能起源於過去的不好經驗，或是因為父母或其他自己信任的人要他們別相信業務員。這就是為什麼第一類接觸時要先建立信任，而非引發恐懼的原因了。

現在來分析一下，在和潛在顧客碰面時，有哪些該做的正確事項：

**一、微笑。**有些人已經忘了要怎麼微笑了，因為他們不常這麼做。業務員應該要練習微笑，每次你上洗手間時，要練習一下微笑用的肌肉，因為條件都已齊全：有鏡子，有隱私，也有你的臉。我是說真的。銷售高手會想盡一切辦法發展技巧，露出美好微笑的能力，自然也是重要的銷售技巧之一，無論你喜歡與否。

微笑可散發出親切感，但是要同時運用嘴與眼。當然，這在有些狀況下可能會太過，但美好而親切的微笑，幾乎都是做成生意所必要的第一步。

**二、看著對方的眼睛。**許多業務員與新朋友碰面時，會因為避免與對方眼神接觸，而毀掉任何做成生意的機會。他們的眼神不是往下看，就是跳過對方。這兩種習慣都會令人不安，因為你如果不看著我的眼睛，我哪裡能相信你？

**三、適度問候。**花點心思，想想要怎麼問候。如果你只有一種問候方式，很可能只適用於某些類型的潛在顧客。別因為你的問候無法讓他們產生共鳴，而使得他們排斥你；要練習至少三種問候方式。如果你是新手，你可能需要一種正式而帶敬意的問候、一種友善的問候、一種開心自在的問候。日後，你可能會想再開發出更多種變化。稍微研究一下每個對象，再選擇你認為最適於其個性的問候方式。這個方法可以讓你著眼於對方的獨特性、為對方設計出專屬於他的最佳服務方式。

**四、要不要握手，會是個問題。**許多平庸業務員都等不及要衝上前，握握每個人的手。在他們的潛意識中深信只要自己與對方握到手，就能做成生意。對這些人而言，這幾乎算是迷思。它的謬誤點在於，這些業務員只想到自己的感受，卻沒想到潛在顧客的感受（即很多人都不喜歡陌生人觸碰自己）。那麼，平庸業務員會有什麼下場呢？因為急於和不想握手的潛在顧客握手，他們經常遭到拒絕。把接不接受提案與握不握手連結在一起是有礙交易的，但平庸業務員根本沒意識到這點。遭拒的業務員會變得更急於和潛在顧客握手，結果把自己搞得愈來愈緊張，也可能變得愈來愈大動作握手。潛在顧客會感受到這種多餘的緊張，因而更不願意和過於焦急而冒出汗來的業務員握手。

我這邊有一種很直截了當的解決方式，就是如果你要問候的，並非介紹而來的潛在顧客（通常是自己走進你們公司、你們店裡、你們展示室裡的人），別期待和對方握手。當然，如果對方伸出他的手，你可以握，但這種事很少會發生。如果是再次和你聯繫的老顧客，或是別人介紹來的銷售機會，你可能可以握到手，也可能握不到，就讓對方決定吧！重點在於，要捨棄「一定要觸碰到對方」的想法。

千萬別讓「你伸出手，對方卻沒伸」的窘況發生。等他們意識到你想握手而伸出手時，你的手又已經收回去了。這樣實在太蠢，也太不專業了。與新潛在顧客接觸時，抬起你的右手到還剩一半距離就能握到對方之處。這樣的話，如果對方伸出手，你已經做好準備。如果對方沒伸手，你也可以自己放下。把手放在那個位置並不奇怪。

接著，來仔細探討一下兩種基本的碰面狀況。

## 轉介來的銷售機會

現在假設我要和兩位我已經知道姓名的夫妻首度碰面。雙方已約好在我辦公室見面的時間，我也看到他們進來了。在我走向他們且手在一旁自然擺動時，我微笑起來，因為我是真的很期待和他們碰面。

我準備要做自我介紹。這點是有意義的，因為他們沒見過我，而我也希望讓他們知道，他們在對的時間來到了對的地方，與對的人交談，好讓他們能夠放鬆下來。因此我說：「午安，梅斯納先生，梅斯納太太。我是冠軍無限公司的湯姆．霍普金斯。」就在我說梅斯納先生時，我看著他的眼睛；接著我在講到梅斯納太太的名字時，看著她的眼睛；在自我介紹時，又看回梅斯納先生的眼睛。但如果我是個女的，我可能會在報上姓名時，看著女方的眼睛。

有一件事很重要，就是我並沒有低頭去看他們的手有沒有伸向我。原因在於，我們都有幸具備一種叫做「眼角餘光」的能力。這表示我們可以看到自己的眼睛並未正對著的東西。請運用你的眼角餘光留意對方的肩膀或手的動作，以在對方有意與你握手時掌握住狀況。

請說服自己，沒有必要去觸碰潛在顧客。這樣的話，你就不會再把右手手掌拿來亂抹了，因為你不會再冒汗了。你會真的放鬆下來，因為你已經從眼前的情境中去除了緊張感；也會有更多人喜歡你、信任你，因為你散發出親切感與自信，而非緊張。

在走向梅斯納夫婦時，你會自在地微笑，右手也會在身體的一旁自然擺動。如果梅斯納先生有了動作，伸出右手，你就自在地握住，用力握手，然後迅速放開，並在略為轉向梅斯納太太時，讓手擺到低點。如果你和先生已經握了手，太太也和你握手的機率會更高。看向她的眼睛時，要注意她是否有任何想握手的跡象。如果沒有，你略為轉向她的動作，以及手往下擺的動作，都可以自然轉為淺淺地鞠躬，或是向她點頭致意。

## 非轉介而來的潛在顧客

一對男女走進你的店裡或展示區，你不知道他們的姓名。這時，連問對方問題，都是壓迫。操之過急的業務員要是伸出手、自我介紹，或是問對方姓名，就算原本有再多機會帶給對方放鬆的感覺，往往都會搞砸。潛在顧客並未預期會受到這樣的關注，因此他們會嚇到、會不知所措。

以下的方法，可以避免這樣的事發生。一對男女走了進來，你不知道他們姓名，也沒有理由認為他們想要和你熟識。在你走向他們時，在距離幾呎處停下來，以避免侵入他們的空間。接著請用類似下面這樣的方式問候：

- 「嗨，歡迎二位。請把這裡當自己家，隨意逛逛。如果有任何問題，請找我。」
- 「午安，歡迎光臨〔店名〕。希望二位都喜歡我們的展示。有任何問題，我樂於解答。」
- 「歡迎光臨〔店名〕。二位有什麼需要嗎？」
- 「早安，感謝前來。我叫湯姆，若有任何問題或需要我的協助，我人都在，請儘管問我。」

在講出你自己設計好的這種問候後，轉身準備走掉。

沒錯，走掉。當然，不必急轉身跑掉，慢慢離去即可。如果他們叫住你問問題，你當場就能協助。如果他們表達感謝，你就移動到店裡的其他地方去，但只是稍微再遠離他們一點而已，還是要讓他們能夠看到你在哪裡。只要你待在該待的地方，他們有問題時，就能輕鬆找到你。

你可能不知道，許多人會因為你的催促而奪門而出，卻會因為你謙恭地與他們交談後馬上轉身離開，而向你洽詢他們來此找尋的產品或服務。只要向對方展現出你尊重他們的隱私，就等於在對他們保證向你洽詢想要的東西，是很安全的一件事。

他們通常不會講太多，在商品昂貴的地方尤其如此。離開吧，能做的你都做了，除非對方再有後續動作。

有不少人都會在展示室裡穿梭，沒有在任何一個地方停留超過幾秒，就走了。這些人大部分都只是在殺時間，商品並不在他們負擔得起的範圍內，或者他們真的只是先來看看而已，等到真正有需要或有意願購買時再說。如果是這樣，任由他們瀏覽過後就離去，已經讓你獲益良多了。只要他們首度前來時沒有受到什麼樣的逼迫，等到真的想買的時候，他們會更樂於回來找你。再說，任由他們離去，你的精力與熱情就不會在尚未通過條件篩選，或尚未準備好做決定的人身上，燃燒殆盡了。

如果他們沒問問題，或是就這樣離開了，他們自然會去做你希望他們做的那些事。

**五、讓他們自己決定。**如果你在問候過後，就任他們自行其是，而他們真的有一絲興趣，也有能力購買你的產品或服務的話，他們會自己找到那件東西。你只要讓他們自己決定就行了。

如果你的產品是電器，而你們電器行經銷好幾種產品，包括電視機的話，可以關注，但不要直盯著人家看。只要運用眼角餘光，就能在假裝看著洗碗機展示區的同時，看到他們停留在某一組電視前面了。如果他們在那裡待了一分鐘以上，那就是他們決定了。這時就是你該漫步過去，不經意地進入下一個步驟的時候了。

**六、提出參與式問題作為開場。**當然，參與式問題就是任何對方會在擁有產品後詢問的關於其效益的問題。此時你肯定還不知道他們的姓名，要問這種問題還太早。

上前向對方說：「二位是想要換掉舊電視，還是要在家裡多擺一台電視呢？」

你可以稍微改變用詞，把這句話調整成適用於幾乎所有產品與服務。一旦你讓潛在顧客講出他們想要買這東西的原因，你就知道該怎麼做條件篩選、該怎麼試探性結案、該怎麼引導他們走到開心購買的階段。

## 第十四章

# 篩選是衝業績的關鍵

我們曾評鑑過逾二十萬名業務員的銷售技巧，結果發現高收入的那一群與收入差強人意的其他人之間，最大的差異在於，雙方在篩選能力上的高低。既然篩選可以學、可以輕鬆做到，也可以做得很專業，為何沒有更多業務員養成這方面的能力？主因在於，他們根本沒意識到自己因而蒙受了多大的損失。

經常有人說，銷售工作絕大部分都與「有效運用時間」有關。出於某些原因，許多平庸業務員覺得唯一重要的，應該是大量運用華美的詞彙與花招，把產品展示出來，或是把服務簡報出來。他們以為只要這麼做，只要把一切都講給潛在顧客聽，對方就會說「好呀，我們買了」。

銷售高手則更有見地。他們知道，篩選才是高產值的關鍵。由於他們了解篩選的需求與方法，因此也很重視在開發顧客的策略中，運用一些用於預先篩選的技巧，尤其是轉介系統、交換聚會、銷售機會俱樂部，以及收養孤兒。

如果你用了這些技巧，那麼在你與銷售機會碰面前，就已經預先篩選好了。你可以確信，對方有需求且有能力擁有你要賣的東西，這其中有五成可以成交。每失敗一個，你就能成交一個。但如果是未經篩選的對象，得要失敗九個才能成交一個。基本上，與十個未經篩選的銷售機會碰面所花的時間，相同於和十個篩選過後的銷售機會碰面所花的時間。最大的差異在於，與篩選過後的銷售機會接觸，成交率會變成未篩選時的五倍。如果你目前並未有效做好篩選工作，這數字應該會讓你三思。任何一種能夠把你的業績變成五倍的系統，都有權強烈要求你的注意，不是嗎？

你是否經常花上一個小時或半天的時間與人碰面、完成展示，甚至連下次碰面時間都約好了，最後才發現他們買不起、做不了購買決策，或是用不了它的功能？業務員手中最有價值的東西就是時間，如果把浪費在向非顧客展示的時間省下來，或許就能用來向買家展示，而且還結案了，或者至少這些時間可以用來開發顧客。

我稱此為「ＮＥＡＤＳ的篩選用問題組」。只要你能記住ＮＥＡＤＳ這個字，就能記住這套策略，有效地應用在工作中。首先，對方有沒有「需求」，是你在篩選時真正要發掘的。你必須先知道潛在顧客的需求，才能得知如何進行下去。

## 篩選程序

### 一、問出對方目前擁有什麼。NEADS的N代表「現在（now）」。

我提供的效益所針對的需求，對方目前是如何滿足的？只要知道這點，就能得知對方過去是什麼樣的人；得知對方過去是什麼樣的人，就能推估他們未來想要成為什麼樣的人；一旦知道他們想往哪裡去，就能知道該賣什麼給對方，以協助他們前往。有時，人們會很想要告訴你，自己目前擁有的東西，但對除此之外的產品與服務，他們可能就比較不想提供你資訊。在這種狀況下，你就必須以間接的方式發問，發掘出你需要的事實。

**二、問出他們對目前擁有的產品或服務，最喜歡它什麼地方。NEADS的E代表「享受（enjoy）」。**

只要知道對方對於目前擁有的東西有何感受，等於直接得知如何做成生意，或至少有另一同樣重要的功能，即提醒你不要浪費時間向他們推銷。如果你打算提供的東西，與他們先前享受的產品或服務相去甚遠，那你就是在浪費更多時間。如果你的產品或服務更勝於他們先前享受過的，那麼找這些顧客就找對了。

接下來我們先回到冠軍船隻公司的例子，來說明一下這點。現在我正與艾比先生講電話，他正心癢著要換掉他擁有達三年的那艘訂製船。

「湯姆，你要不要過來我這裡一趟，幫我看看我這艘船在二手市場可以賣多少？」

「我很樂意，艾比先生。我想請問，您最喜歡這艘船什麼地方？」

「噢，我想應該是它的適航能力吧，如果我要在風雨中出航，搭它我就不怕了。」

「快船可以在天氣完全惡化之前，把你載回溫暖的避風港。」

「說得沒錯，如果你們的引擎不會停掉的話。我這艘是機帆船，它裝有穩定帆，如果引擎出問題，還是可以在強風中帶我回家。」

這時，我得知了自己在拜訪對方前想要知道的事了。冠軍船隻公司賣的是最精緻的高速船，沒有其他類型的船。換句話說，我們在推的船完全不是艾比先生想要的那種。我又精明地花了點時間問了幾個問題後，就把艾比先生從我的潛在顧客名單上刪掉。他或許是個熱情十足的玩船人，也或許很有錢，但不會想要買我的「速滑」滑水艇。

「艾比先生，十分感謝您的來電，但我們不是最適於為您服務的人。我有個好朋友是排水型船的頂尖專家，我給您電話聯絡看看。」

此刻我必須做的，就是迅速打給推銷艾比先生喜歡的那種船的業務員。這樣子，他就會覺得日後有義務也幫我介紹顧客，因為會去找他的人，想要的也可能是我在賣而他沒在賣的船。

請注意，我沒有要求艾比先生和我朋友說是我介紹的。因為就算我要求他講，他也只有不到一成的機率會記得講。相反的，我是自己主動與同產業但無競爭關係的同業人士，建立良好關係。沒錯，這個動作得花去三分鐘的時間，但這三分鐘時間，可望讓我得到多位經過篩選的買家作為回報。

把開車去看艾比先生的船的時間省下來後，我繼續接電話與打電話。

「舒尼爾先生，您對於目前持有的船，最喜歡的地方是什麼？」

「它很能跑，很快就能把我載到有魚的地方。」

「速度可以到三十節，不是嗎？」

「三十節？不可能。不過，在三呎的浪高下，可以紮實跑到二十二節。」

「在同樣的浪高下，速滑二代可以跑到三十節，而且不是開到全速時才三十節，是巡航速度。」

「哇，那我們得談談生意了，湯姆。什麼時候能談？」

「看您方便，舒尼爾先生。我想邀您一起來試航，我展示給您看。您今天可以三點鐘過來嗎？或是約五點比較好？」

「哇，太棒了。我五點去找你吧。」

如果我衝出公司去看艾比先生的「老爺船」，可能就接不到舒尼爾先生的電話了。公司裡可能已經有人帶舒尼爾去試航而拿走生意了。潛在顧客想要的如果是你沒有的，就別把時間浪費在他們身上。

但如果你照著這些步驟做，集中心力在你提供得了效益的人身上，就等於找到了已經事前承諾要買你東西的顧客，甚至於在你還沒展示產品之前，就已經算是把它賣掉了。事實上，你的展示動作只不過是用來確認「他們必須擁有這東西」而已。只要你學會採取有系統的行動、運用正確的銷售方法，不但可以賺到錢，而且輕輕鬆鬆。

**三、「您最希望新的（產品或服務名）當中，有什麼地方改變或改善？」NEADS的A代表「改變（altered）」。**

銷售高手會利用這個問題的答案，找出該強調哪些特質，才能結案成交。

現在假設我賣的是工廠設備。弗林對這個問題的回答是：「我希望有方法可以縮短換線時間。目前設備的生產速度還不錯，但是在切換作業時所花的時間太長了。我們這行很少會長期生產同一種東西。」

這個重要訊息，我要把它存放在大腦的前緣。等到幾天後我要展示產品時，我會用類似於這樣的說法：「弗林先生，我們冠軍設備公司相當清楚，換線時間所造成的高成本。不但得耗費昂貴的人力成本，緩慢的過程由於拖長了停產時間，也造成利潤減少。因此，我們公司投資大量經費，研發出能更快拆卸與換線的工程技術。以下就是我們的新式設備採用的快速生產技術……」

你的展示或簡報要根據潛在顧客對現有產品或服務中想要改變或調整的部分來設計。他們和你講過想要什麼，就據以回應。這樣，他們就不得不承認你講得很對。

**四、「除了您以外，還有誰會做最後決定？」NEADS的D是要提醒你，所洽談的人是不是真正的決策者（decision maker）。**

為什麼有人無法做決策卻又給人一種他們做得了決策的印象，而直到最後一刻才承認？這很容易理解，因為他們可以藉此覺得自己很重要。所以，這件事必須小心處理。同樣的，你的處理方式必須配合你所提供的產品或服務。你的展示或簡報愈花時間把所有決策人員都請到現場，就愈重要。最教人沮喪的莫過於上演一場撞車大賽之後，對方才告訴你：「太精彩了，但我真的要等到和斯諾葛拉斯先生聊一聊之後，才能答應你再談下去。嘖，這樣子還滿麻煩的。真希望他剛才有來看。你可以下星期再來一趟，再重演一次嗎？」不過，很多時候，對方會回答你：「我就是這個專案的最終決策者。」這時你就知道，你已經找對人，可以盡全力來一場精彩的簡報了。

**五、「如果今天有幸能夠找到滿足您需求的正確解決方案，您是否同意我們繼續談下去？」NEADS的S代表「解決方案（solution）」。**

你必須讓對方曉得自己能提供正確的解決方案，才有權要求交易。如果你能在簡報之前就得知，對方得花多久時間做決定，篩選的過程就完美收場了。

在你講「如果今天有幸能夠」的時候，請聳聳肩以表達可能性不是那麼大。這可以降低對方的壓力，因為你已經告知對方，你並不認為自己會在今天就找對解決方案。這樣一來，他們才更可能承認今天能或不能繼續談下去。

這時，你可能還會聽到他們回答：「唔，我不知道。我們現在才剛開始看有哪些選擇而已。」

換句話說，他還在選購的階段。就算這是對方的答案，還是有辦法繼續推下去，第十七章我會教你怎麼做。可別因而怯於進入下一個階段。不過，在簡報中你必須能夠講出競爭對手的優缺點。只要執行得宜，就能向潛在顧客證明你已經幫他們省下了自行比較各種選擇的龐大時間了。不過，你必須確定手邊關於競爭對手產品的資訊是最新的。

## 提供三個選項幫他們縮小範圍

接下來的兩個技巧很有意思，也很有效。

**一、產品三選一。**最基本的是，要先熟知關於自己產品線的完整知識。假設你的產品線包括八種影印機，可不要直接讓潛在顧客從八種當中挑選一種，要先縮小到對方最可能買的三種，再從中找出最適於對方特定需求的一種。

「瑪麗，我們的影印機有三項基本功能：影印、分色及分頁。這三種功能中，對妳而言最重要的是哪一種？」

「分頁。我們的下一台影印機必須有這個功能。」

由於我熟知自己的產品線，我馬上就先去掉三台沒有分頁功能的產品，這樣就剩下五種產品給對方選了。

顏色與尺寸往往是重要的選購考量。現在我必須判斷她們公司是否有足夠空間容納我們推出的最大型、最快速、最多功能的影印機。如果空間不足，我們還有兩台較小的機型。我向她解釋不同尺寸的選項，並問她何者最符合需求。

瑪麗說：「要中型的。」我並不意外，因為大多時候，對方都會選中型的。

「我們有三種顏色，一種是淺米色，和你們的壁板很搭；還有一種是亮光黑色，看起來很搶眼；再來就是這種特殊色度的紅色了。您覺得哪種的格調最合適？」

「當然是米色的。」瑪麗說道。

現在範圍已縮小為中型影印機、米色、有影印、分色與分頁功能。接下來的挑戰不在於挑選機器，而在於判斷瑪麗的公司是否已做好投資購買這台機器的準備。下一步就是用來提高對方點頭的機率。

**二、金額三選一**。這是個很棒的策略，可用於克服在很多狀況下最為棘手的價格問題。平庸業務員都會毫不修飾直接報出價格，講得一副很貴的樣子，好像在激顧客「你買得起嗎？」這不是該有的結案方式。當你在篩選過程中使用這個技巧時，請盡可能照著以下我講的字眼，因為裡頭講的每一件事都很重要：

「大多數顧客都預計要投資一萬兩千美元，購置具有這些功能的這款設備。有少數較幸運的公司有能力投資到一萬五千至兩萬美元之間。不過由於現在什麼東西的成本都很高，也有一些資源較有限或預算彈性較小的公司，最多只能出到一萬美元。我是不是方便請教，在以上我提到的三種類別中，貴公司最符合哪一類呢，瑪麗？」

「我們打算花大約一萬兩千美元。」

為何她會這麼說？事實上，瑪麗腦中可能根本沒有具體數字。只是因為他不想選擇金額最低的那一組，才自己選擇了中間那一組。

這些金額，我其實早已設計過了，為的是讓我能夠在此時告訴她：「那真是太好了！我們這台能夠符合您所有需求的機器，只需要投資一萬美元，遠比貴公司準備要出的金額要低。」你說，這時瑪麗除了走到辦公桌簽下訂購簽約，她還能做什麼？

即使瑪麗把她們公司歸類為金額最低的那一組，也沒有關係，你可以看得出它照樣管用。使用這招時要設計一下，好讓自己在對方選擇任何金額下，都一樣能夠贏得生意。在銷售過程中，潛在顧客在較後面的階段可能會提出關於價格的異議，而這招正是化解價格異議的最佳策略。事實上，許多生意在這時就已經談成了，只剩下把最適於對方的產品展示出來及完成書面作業而已。大多銷售情境中會出現的異議，或是經常出現的結案方式，你或許根本都不必再擔心。

以下就是方程式，可以用這套三選一的技巧，把對方趕往你想賣的金額：

一、一開始先講一個高於目標金額兩成的數字（「大多數顧客準備要投資一萬兩千美元……」）。

二、接著再講出超過目標金額一半到一倍的價格區間（「有少數較幸運的顧客，有能力投資到一萬五千至兩萬美元之間……」）。

三、最後再講出你預計要賣出的實際價格（「也有一些資源較有限或預算彈性較小的顧客，最多只能出到一萬美元。」）。

四、接著問對方：「在以上我提到的三種類別中，您（貴公司、府上、貴單位）最符合哪一類呢？」

五、無論對方挑選了哪一類，你的回應都是「那真是太好了！我們這台能夠符合您所有需求（剛好就是您最想要）的機器，只需要投資一萬美元。」

如果他們選了金額最低那組，最後就說：「正好就是您預計花費的。」

如果他們選了中間那組，最後就說：「遠比貴公司準備要出的金額要低。」

但是要注意一個事實，如果你想在下次的簡報中運用金額三選一的技巧，要先把金額設計得恰當一點，否則這招會失效（你也不會想要用它）。如果你試圖靠臨場反應，結果把多個金額混在一起，只會把這招搞砸而已。要記得：**在使用金額三選一的技巧前，必須要演練數次，直到你熟到不能再熟為止。**

當然，每次簡報中，這個技巧你只能使用一次。

## 報價不要支支吾吾

有些業務員與潛在顧客碰面時會支支吾吾的，因為他們覺得要把產品或服務的價格報出來，實在很難以啟齒，於是就一直「呃」個沒完。

「它的成本是？」顧客問道。

「唔，那一件是，呃，大概是，我看一下，再加上稅金、運費，以及我們必須收取的一點安裝費，呃，總計是，唔，差不多是快要到一萬。嗯，對，差不多是這樣。」

「什麼？我沒聽清楚你的報價。」

「一萬。」

美元嗎？」

「對，一萬美元上下。」

「嘿，到底是上還是下？如果你希望我買下它，最好是低於一萬元很多。」

「噢，我再重新查一下金額。」

就在這位悲慘的業務員瘋狂地加加減減的同時，顧客往後一坐，靜靜地盤算著接下來要再用哪一招讓這個業務員無法招架，逼他多給一點折扣。不然，她就要再打另一通電話，找另一家買。

對潛在顧客報價時，永遠別支支吾吾的。談到錢的事，要乾脆一點、大膽一點。金額三選一的技巧，足以讓你贏得所有能夠贏得的對價格的贊成票。要多用。這項技巧很可靠、很耐用，只要你記住各項數字、把我教的用詞套用到你賣的東西上，再小心翼翼演練，就可以了。

第十五章

# 化解異議

新進業務員或平庸業務員，大部分都做過一個夢。夢中，他們遇見了微笑著、心情愉悅的民眾。他們與對方建立和諧關係，完成了條件篩選，也做了生動的簡報。在簡報的最後，這些微笑著的朋友等不及要擁有產品了。他們鼓掌叫好，他們急急簽好支票簿或刷好卡，在虛線上面的地方簽名，還豪氣地與業務員握手，因為業務員向他們展示出自從切片土司問世以來最偉大的發明。沒錯，那只是場夢，很好。

現在我來簡短給你上一堂課，好讓你能夠在銷售之路上走得更遠。如果你洽談的對象在你們洽談期間完全沒有提出任何異議，那麼他們不是根本沒在聽，就是根本不符資格。換句話說，他們不會買！

異議（關切事項）不過就是潛在顧客放慢洽談過程的手段而已；這樣他們就不必匆匆出決定，也就不會有「被強迫推銷了什麼」的感覺。異議是你在嘗試做成任何生意時的常見事項。接受這個事實，你的腦子就能吸收我在本章要介紹的各種處理、對付與克服異議的技巧了。

你得先學會如何處理異議，才可能往發揮自己在銷售工作中的潛力更進一步。銷售高手都熱愛異議，就算是最棘手的異議也一樣，因為異議是一種很具體的東西。開始聽到異議後，他們才能確信，自己已經抵達了加拿大的金礦區克隆代克（Klondike），而且已經在挖掘金礦了。

## 把化解異議變成銷售過程中可預期的一部分

希望你把這個成就導向的描述畫成重點：**異議是通往成交的階梯。**爬到梯子的頂端，代表著對方擁有了你所銷售的產品或服務。除了掌握潛在顧客最為關注的事項、並予以克服以外，別無其他方式可以爬到頂端。如果你決定要學會本書所教的東西以克服異議，你會像我一樣那麼喜愛異議；因為異議代表著潛在顧客有購買意願，也為我們指引出通往成交的道路。

## 何謂異議？

異議就是潛在顧客所提出來或表達「想要知道更多」的陳述。當然，異議通常聽起來並不像是以禮貌的態度要求你提供額外資訊，比較像是真的想要反駁什麼，只不過提的人並未意識到自己只是在索取更多資訊而已。你的職責就是要知道這件事，以及知道該如何因應。

異議分為小異議與大異議兩種，請隨時記得這一點：**小異議是一種防衛機制。**人們會用小異議來減緩事情的進展，但並無「我不想買」的意思，只不過是想在自己承諾一件事前，再多考慮一下而已。或許他們想要釐清某些事；或許他們想起了某個自己漏講的需求。但原因如何都沒有關係，當別人表達他們對某件事的關注時，總還是個正面訊號，你也不一定非一一因應不可。相信我，有些人只不過把洽談過程當成與人爭辯的大好機會而已，只要你容許，他們會一直朝你丟出異議。

如果你的潛在顧客有不少夫妻，有可能就在其中一位開始要贊同你展示的東西時，另一位卻突然提出異議，開始反駁你。有時，提異議者的另一半會比你還要驚訝。持反駁態度的先生、女士，或許只是想讓另一半嚇到，或者只是想在雙方談得更深入之前，先確認一下你的口才能否回答這些小異議而已。

當然，並非對方所關注的所有事項都非得處理不可。你經常會碰到一些有礙於談成生意的狀況。比如說，新的休旅車無法停進車庫裡，或是產品目前出的顏色，與潛在顧客家裡的裝潢不搭之類的事，就屬於大狀況。換句話說，你的產品有著一些無法充分滿足顧客需求的限制存在。

## 何謂狀況？

狀況就是導致雙方無法再談下去的正當理由。它並非你要去克服的異議，而是你必須接受且完全阻擋了這筆生意談成的因素。你必須放手離去。銷售高手很快就能辨識出狀況的存在，篩選的最大目的，就在於判斷是否有任何會讓生意無法談成，以及會讓進一步的銷售嘗試無功而返的狀況存在。因此，身為專業篩選師的銷售高手，從來就不會因為試圖克服無法克服的狀況，而折損目己的熱情。

在大金額採購案中，一種最常見的狀況是，潛在顧客出不起這筆錢，而且無法貸到款。

即便是技巧純熟的篩選者，都可能在雙方談得很深入後，才碰到像是狀況的東西。一旦發生這種事，就把它當成異議來看待；也就是說，試圖破除它。如果破除不了，那就是狀況了，你就必須要有能力承受苦果，並且趕快有禮地與對方切斷聯繫，因為你已發現他們不是會買的人。

有些人這時會倍感掙扎，因為他們已經花了時間在對方身上，也進入了銷售過程，在情感上已涉入甚深，以至於會失去辨別異議（能夠克服）與狀況（無法克服）的能力。

這種情形就像在打梭哈一樣。專業梭哈玩家會迅速放棄爛牌，不管自己已經下了多少注在上面。平庸的梭哈玩家會玩下去，拿著他們明知不太有機會贏的牌繼續喊注。他們沒有接受較少的損失而離場，反而是留在場中承受更大的損失。

正如美國神學家萊因霍爾德．尼布爾（Reinhold Niebuhr）所講的，「請祢賜給我平靜的心，去接受無法改變的事；賜給我勇氣，去改變應該改變的事；賜給我智慧，去分辨二者間的不同。」你要有智慧，有時候還需要勇氣，欣然地從落敗的情境中迅速退出。

這麼做，會讓你看起來更專業，而且幸運的話，未來這些對象身上存在的狀況也可能改變，到時就能夠成為你的顧客了。就算無法如此，極度專業的表現，也有助於幫你贏得一種權利：請他們幫忙介紹或許不存在著相同狀況、符合條件的朋友、同事或親戚等潛在顧客。因此你並未失去一切，只不過是換個情境。

請容我再覆述一次何謂異議。異議就是在要求更多資訊。相信我，除非我真的考慮購買該產品或服務，否則我不會浪費時間對小事提出異議。我自己是這樣，大多數顧客在提出異議時也是一樣。但是要了解一件事：提出異議的潛在顧客，是真的不覺得你提供的東西，可以滿足他們的需求。你的工作就是要運用你對產品或服務的出色知識，向他們證明你賣的東西可以滿足他們的需求。

請拿起螢光筆，把這點畫起來：**如果不存在「狀況」，潛在顧客卻又不買，錯就在我們自己。**

了解並認同這點是很重要的。你代表的是某種高品質產品，或是某種以高度技能提供的完善服務。只要顧客擁有了它，就能受益。那就讓他們受益吧，這是你的工作，你應該協助他們，享受到只有你能夠帶給他們的效益。

你有沒有意識到，有多少業務員沒有讓潛在顧客受惠於自己的產品或服務？這些業務員沒有做到自己該做的事，沒有做好練習、規劃及執行的工作，好讓潛在顧客可以因為購買而獲益。

我很喜歡銷售工作，它就是我的人生。我很清楚，銷售在維持國家繁榮及人民生活方式上所扮演的領導角色。但我認為可悲的是，為數眾多的業務員在聽到異議時就退縮了，因而傷害到這份專業工作。這些傻蛋沒有意識到自己未能化解異議，不但是自己與家庭的失敗，也是公司、群眾與國家未來的失敗。不管是潛在顧客因為需要產品或服務才來找你，或是你主動發現他們需要，只要他們沒有把東西帶走，就是他們的失敗，但其他人也一樣失敗。

我搭飛機前往全美各地時，會與一些不從事銷售工作的人交談。當我告訴他們，我的工作是訓練業務員時，有些人會以一種彷彿我做了什麼壞事般的眼神看著我。那樣的看法，我一點也不同意。銷售是最值得尊敬的工作，它意味著協助別人獲益與成長。但平庸業務員卻坐著枯等。等他們總算碰見潛在顧客時，由於異議而導致的一點微風卻把他們吹跑了，潛在顧客也在完全未能獲益下離去。

我希望你現在就下定決心，今後不再因為異議而退縮或被吹跑。今天起，開始汲取本書（或我的有聲或影像課程）的內容，在滿滿的幹勁下學習，並將學到的東西消化過後，滿足你自己的獨特需求。將這些東西納為己用後，你會像我一樣愛上異議，因為你會深切知道，找出異議、化解異議，是你唯一能夠從潛在顧客那裡聽到肯定答案的方法。你會學到在你運用技巧、取得對方的肯定答案前，要先期待聽見從他們口中講出來的那些否定答案。

## 每位銷售高手賴以維生的兩件不做的事與一件要做的事

以下是兩件沒有銷售高手會做的事，以及一件所有銷售高手經常會做的事。請把這三項訓誡畫為重點，以後你就可以快速複習、經常複習。

**一、別爭辯。**你可知道有多少業務員會和潛在顧客爭辯嗎？對方提出他們的關切事項（意味著他們需要更多資訊），得到的是什麼？是你的爭辯！這個業務員會帶著怒意或嘲諷的口氣，或是其他扼殺銷售的激情與壓迫感，試圖辯贏潛在顧客。沒有錯，業務員往往可以成功辯贏，但也因而失去了任何做成生意的機會。為什麼？因為這麼一來，潛在顧客唯一能夠為自己受到的對待扳回一城的方式，就是找別人買。

**二、別在化解異議時攻擊對方。**潛在顧客與他們所提出來的異議是兩碼子事。我的意思是，你必須小心把對方與他們的異議分開來看。你必須確定在你駁斥對方的異議時，不會傷到潛在顧客的要害。對方提出異議時，要有敏感度察覺他們的感受。在你駁斥異議時，一定要講得既明智合理，又不損及對方的自尊。要顧及對方的顏面，而不是非證明對方錯了不可。

千萬別讓潛在顧客覺得，你可能會證明他是錯的。如果你開始攻擊他們的感受，他們的負面情感一定會取而代之。這樣你贏得了邏輯之戰，卻輸掉了情感之戰。異議點出了他們關切什麼，也等於是告訴你，在他們有擁產品或服務前，你應該強調什麼、去除什麼，或是改變什麼。

**三、要引導對方解答自己的異議。**銷售高手總會協助對方解答自己的異議。

以下是另一個要畫起來的重點，即話如果出自我的嘴，他們比較會懷疑；話如果出自他們自己的嘴，那就是真的了。

業務員所講的任何事，潛在顧客都可能懷疑。畢竟你的發言會影響到他們的決策，而且拜某些缺乏專業精神的業務員之賜，大家不常相信業務員講的話。除非你能以事實佐證，或交由他們親自操作看看，否則他們會一直懷疑下去。一句話如果出自他們自己的嘴，他們就會相信是真的。在購買情境中，一般人通常不會告訴自己不真實的事。你的目標就是要讓他們自己講出異議的答案。

平庸業務員並不認為能夠做到這件事，也從不嘗試；銷售高手很清楚此事通常做得到，也會為此發展一些出色的技巧。你可能不知道，只要你花心思設計、給予時間、引導對方，大多潛在顧客都會解答自己的異議。畢竟在他們的心底，是想要再談下去的。只要你教他們怎麼做、導正他們踉蹌的步伐即可。要是他們不喜歡你賣的東西，才不會一直和你講這麼多。

大多顧客都會反射性地提出異議，連他們自己都沒有察覺到。當祕書說「我們只在星期四才見供應商」，或是有人進到店裡後說「我們只是看看」時，你聽到的就是反射性的異議。以下就來談談如何化解這類異議，以及其他類型的異議。

## 異議處理系統

**一、聽他們講完。**有太多業務員還沒聽完別人提出的異議前，就急著處理。潛在顧客才講了五個字而已，業務員已經開始滔滔不絕了，就好像一定要馬上消滅什麼邪惡的東西，否則它們就會繁殖一樣。「我一定要趕快證明他是錯的，否則他就不會買這東西。」一旦聽到任何異議的徵兆，他們似乎就會出現這種驚慌失措的反應。

潛在顧客講到一半被你打斷，不但會覺得惱怒，也會有被逼迫與不自在的感覺。「為什麼這個業務員這麼快就反應，而且反應這麼大？」潛在顧客會如此自問道。「其中一定有鬼。」

假如你解答的不是他們原本想講的異議呢？甚至你還可能引發他們原本沒有想到的異議，那就糗大了。

**二、把異議丟回給對方。**這是讓對方自行解答異議的最佳技巧之一，對於一同前來的夫妻特別有效。我經常會把異議丟回給先生，然後往後一坐，等著太太解答異議，幫我結案成交。把關切事項丟回給潛在顧客時，只要以真誠的提問口吻，向對方覆述一次異議的內容就行了。

**三、對關切事項提問。**請他們詳細說明或釐清關切事項。不要顯出任何嘲諷、不耐煩或輕蔑。如果你真的著手了解異議的細節，他們會強烈地想要自己把它移除。即便他們沒這麼做，在對方詳細解說異議時，你也會有更多時間好好想想，該用哪種方式化解。「瑪麗，妳覺得這張桌子對妳家客廳來說太大了是嗎？妳可以再講講詳細的情形嗎？」

**四、解答異議。**你可能會覺得：「這難倒我了。」別擔心，我會教你怎麼做。你是否曾在半夜於黑暗中盯著天花板，想著潛在顧客可能對你提出哪些異議？有時你會覺得他們是不是接受了什麼訓練課程，不然怎麼會學到如何提出每一種可能的負面意見？有些業務員想到一件自己似乎無法化解的異議，結果做起惡夢。他們心裡一直想著這件事，不久他們就開始預期，每碰到一個潛在顧客，就會從對方那裡聽到自己最害怕的異議。

你猜發生了什麼事？很快他們就經常會碰到這種異議。事情是這樣發生的：在業務員每次與人碰面，或是走向每位潛在顧客時，這致命的異議都潛藏在他們心裡。他們不知道這毀滅性的異議何時會來襲，甚至不清楚它會不會來襲，但他們就是無法把它從腦海中抹去。因此，他們心裡緊張起來，到了過度緊張的地步。就在自己沒有察覺的情形下，他們開始透露出一些線索，導致潛在顧客提出了他們最害怕的關切事項。

有沒有任何一種產品或服務，完全沒有罩門存在，也沒有少數不如別人的地方存在？如果有這樣的產品或服務，我可是真的從未看過。

我可以充滿自信告訴你，在你的業務員生涯中，每一件你賣的東西都存在著一些你覺得「要是沒有，該有多好」的功能或弱點；也永遠都有一些地方可能因為你一直任憑它在腦海中肆虐，而變成毀滅性的異議。

銷售高手會研究產品或服務的弱點，並學習如何處理異議。他們往往會先承認產品或服務存在著不盡完美之處，但會馬上與出色之處相比較。「是的，我們的底盤平台只能水平調整四十度，不過在垂直方向上，它比其他類似產品多了百分之五十的調整空間。這是因為我們的工程研究已經證實……」

**五、確認答案。**別在解答異議後就丟著不管，對方可能還沒有意會過來。也可能是他們在你還沒有完整回答到最後一點之前，就因為想到別的事而沒有在聽你說什麼。還有一種可能性是，愈靠近結案成交時分，對方可能會變得有點奇怪。在你解答了異議，而且覺得自己已經化解掉它之後，還是要確認一下。問問這樣的問題：

- 「這樣子就弄清楚了，您同意吧？」
- 「這就是您要的答案，不是嗎？」
- 「現在問題已經解決了，我們是不是可以再談下去了？」
- 「你是不是同意，我們已經討論完您所提的問題，您已經知道要怎麼處理了？」
- 「這樣就搞定了，對吧？」

**六、改變方法，並馬上進入銷售流程中的下一步，或進入他們提出的下一項異議或關切事項。**

如果你碰到一個喜歡提異議的人，這六個步驟你可能得要反覆跑個兩、三輪才會結束。只要你懂得使用，在篩選過程及為簡報預做規劃的過程中，可以事前去除掉許多異議（篩選與預做規劃原本就有這樣的功能）。

一旦確信你已化解掉一項異議，要趕快往下走。

在講話時要運用一些身體語言，以表達出化解異議的最後一步已經完成，現在你要進入銷售的下一個階段了。你可以做個適當的手勢、看向或把腳步踏向新的方向、把提案書往後翻頁、在椅子上變換姿勢等，做一些肢體動作。在動的同時，可以講「好了，那麼……」之類的話，帶入下一個階段。

現在來複習一下處理異議的六個步驟：（一）聽他們講完；（二）把異議丟回給對方；（三）提問；（四）解答異議；（五）確認對方已接收到答案；（六）以手勢以及「好了，那麼……」進入下一階段。

把這套東西變成你在處理任何關切事項時的標準步驟。只要學會它，你的精神會變得比吃任何安眠藥入睡都來得好；沒有處方箋、所有副作用都很美好，你也會睡得很深沉，因為你不必再擔心會干擾平庸業務員睡眠的那些事情了。

我講完了。接下來是用於突破特殊障礙的四種技巧，請根據你自己的狀況寫出問題與答案，把它們整合到你用於掃蕩異議的武器上。

## 對於關切事項的四種震憾療法

**一、讓顧客設身處地想想。**這個技巧可用於化解過去曾與你們公司有過往來經驗的潛在顧客，所直接提出來的異議。運用方式為：假設目前你是迪姆公司的業務代表，你們公司賣的是高檔辦公用影印機。此刻你剛走進該公司，要和在交換聚會中由別人介紹而來的萊因哈特先生見面。這位先生一開口，馬上就給你釘子碰：「我們公司兩年前買過一台迪姆出的影印機，但是後來必須棄用，因為速度太慢了。員工為了操作它，花費了太多寶貴時間。」

在這種情形下，平庸業務員往往會與對方爭辯，究竟迪姆影印機現在的影印速度是否已經和競爭者一樣快。這樣的爭辯很少有用，因為萊因哈特先生馬上就會說：「嗯，你講的我知道了，只是我不想要再弄一台迪姆影印機了，謝謝你的來訪，再見。」

銷售高手則會讓顧客設身處地想想，他們會說：「萊因哈特先生，您是否願意暫時假裝您是迪姆公司的總裁？假如您剛剛發現公司影印機的影印速度有些遲緩。這時您會怎麼做？」

萊因哈特先生會說類似這樣的話：「我會要求公司的工程部門解決問題，而且要迅速處理。」在設身處地扮演你們公司的總裁後，你等於是問了對方一個答案明顯又能迎合其自尊心的問題，不是嗎？

接著你露出親切的微笑道：「我們迪姆影印機公司正是那麼做的。」這時，萊因哈特先生除了聽你把簡報做完，他還能怎樣？

業務員一定都曾經接手過別人的舊業務區域，對新進人員來說尤其如此。現在假設你就是這樣。沒多久你就發現，上一個負責這個區域的人因為沒有把工作做好，而未能獲得升遷。事實上，那個人還做了相反的事，他把這個區域毀了，現在你必須重新把它修補好。

就在你在新接手的區域裡拜訪顧客時，你碰到許多不滿意的人。他們大多數已經改找你們公司的競爭對手購買產品或服務，在你前往自我介紹，並告知即日起將會由你來服務該公司時，他們會告訴你類似這樣的話：

「你聽好，我們不想再和你們公司往來了。之前的那個傢伙真的很糟，他答應了一堆自己根本無法做到的承諾，後來就沒有再來電了。我受夠了！任何一家公司只要派那樣的業務代表來，我們都拒絕往來。」

你要微笑著說：「女士，在我進入這家公司前發生的那些往事，要請您多擔待。」

「我不是說你不好，但我們已經受夠了。」

「我可以理解您的意思。但我是否可以請您假裝自己是我們公司的總裁一下呢？假設你注意到，有個業務員提供給顧客的服務，竟然就像貴公司受到的服務那樣，您會怎麼做？」

「我會開除他。」

接著你再次微笑說道：「我們公司就是這麼做的，所以現在由我來提供您服務，服務的水準會是貴公司理當享受到的。」

但如果上一個業務代表現在變成你的主管、你的老闆，或仍在公司的其他單位呢？

你一樣微笑說道：「假如您是我們公司的總裁，而您注意到有個業務員的跟催做得很差，連重要生意都一樣，但是你又知道這個人的一些才能，是公司在其他層面極為需要的，您會怎麼處理？」

你幾乎已經把答案都講出來了，不是嗎？

因此，她一定會給你類似於這樣的答案：「唔，假如他真的有一些我所需要的才能，我想我會試著讓他在我控管得到的職位上發揮才能。」

無論潛在顧客對那位問題人士說了什麼，你都可以回答：「我們就是這麼做的。」不必解釋得太長，也不要在此時此刻再討論過去的災難，直接進入簡報，告訴對方，你們公司現在有什麼刺激的新東西可以提供。

**二、改變他們的判斷角度。**要問他們既能強調重要效益，又能化解次要異議的問題。

以下是推銷不動產時的例子：你已經帶顧客看完屋裡所有地方，他們也很喜歡，但就在看完三間臥室，準備下大廳去時，先生卻突然開始提出異議。

「最後一間臥室太小了點。」他說道。

你把問題再丟回去強調一次，以便判斷這到底比較像是「狀況」，還是異議。「第三間臥室太小？您打算怎麼使用它呢？」

「我們可能會拿來當客房，但它真的很小。」

如果他的太太並沒有插話進來幫你化解異議，那就改變他的判斷角度。「請教您一下，比約史塔先生，您的決策根據的是整棟房子的溫暖與住起來的舒適度，還是根據客房裡的尺寸空間？這問題很重要，先生，因為您的答案可能就會把這棟房子踢出考量清單了。」

他當然會選擇「整棟房子的溫暖與舒適度」。如果他沒這麼選，你最好忘掉這棟房子，再找一棟他們會想要的。

再假設你和一位正考慮找你購買醫療險的潛在顧客洽談。她說：「霍普金斯先生，我的主要考量之一是，我真的希望保險公司可以直接幫我付款給醫生與醫院，這樣我就省去很多麻煩。」

但你們公司並不經銷這樣的醫療險。因此你謙恭有禮地問道：「惠默小姐，您的決策根據的是理賠的給付方式，還是您與家人得到的保障高低？」

她會回答：「保障高低。」

於是你補上一句「那麼，先來談談提供給您家人的保障吧，好嗎」，去除了她的異議。

**三、往下發問**。有人走進你們零售店後，停駐在一套娛樂系統前。他們問你問題後，你展示給他們看，還問到兩件事：他們是泰爾格蘭先生與太太，想買那套系統。你試著結案了幾次都沒成功，最後泰爾格蘭先生說：「感謝您花時間協助，我們會回去想想，再通知你。」

這種情形下，「再通知你」是什麼意思？就是「既然已經找到我們要找的了，我要再去逛一逛，看看能不能買到便宜一點的」。

要記那個規則：永遠都要引導他們自己回答自己的異議。

「我們會再去逛逛再回來找你。」

「好的，很聰明的決定。不過，泰爾格蘭先生，在您離去之前，能否讓我請教幾個問題呢？您對於這款產品的音質感到印象深刻嗎？」

「嗯，沒錯。」

「音響櫃的大小是您要的嗎？」

「對，沒錯，差不多可以。」

「我記得您好像提到，您希望有足夠的可調整功能，但是又不要太複雜。那麼，這款產品符合您這樣的需求嗎？」

我有禮貌地把他們感到滿意的事項全都列了出來。在我做這件事時，等於簡短地把我所能夠強調的正面事項都操控了一遍：每一樣賣出的產品都可以在此維修、免費運送到府與安裝及提供輕鬆的付款方式等。在少數案例中，你可能只因為提到了一些你可以提供的服務，引起了他們的共鳴，而直接結案成交。就算未能這樣成交，還是可以進入最終異議的階段，十次有九次會是價格問題。只要你能夠讓他們承認，沒有現在就買的原因在於價格，就等於已經搞清楚關鍵問題了。至於處理價格問題的技巧，詳見本書第十四與十六章。

**四、檢視其消費史。**如果你的產品或服務屬於企業組織會定期採購的那種，這個技巧尤其有效。你賣的可能是工業原物料、製程服務、消耗品、白牌商品等。購買這些產品與服務往往會變成一種習慣，即向同一個來源購買同樣的東西，會比改找別人買要容易。許多供應商不太會維護與已經到手的顧客之間的關係，他們通常更重視開發新顧客，而非維護舊顧客，雖然開發新顧客的成本幾乎都遠高於維護舊顧客的成本。當然，許多成功的供應商也會因為太過滿足於目前的市場地位，而變得比較輕忽。一旦他們不再提供新想法給既有顧客，也不再維持密切個人接觸，該供應商就不能算是最出色的供應商了。這意味著該供應商不再像以前一樣，協助顧客與時俱進。顧客落在競爭者之後，利潤開始減少。該供應商的素質愈是下滑，某些競爭對手就愈可能找到可乘之機、從破口中攻入，贏得該顧客的生意。

如果你有一些既有顧客存在，要與對方保持密切的個別接觸，一方面要確定你們產業一有什麼新發展，對方都會接到通知；另一方面也要隨時為對方的最佳利益著想。如果你打算從競爭對手那裡掠奪一些顧客過來，以下就是該潛在顧客顯現抗拒改變的態度時，你可以採用的有效破解方式。

假設你賣的是「調頻廣播廣告時段」這種服務。你們電台叫「凱威（K-WHEE）」，而調頻廣告市場中有家大廣告主叫做紅眼肥皂的，把所有廣告都下在與你們競爭的另一個電台「凱兔（K-TOO）」那裡。現在你正與紅眼肥皂的廣告經理摩塔洽談（如果你有很多產品與服務，最好先問問他們目前用哪一種；但在這個例子裡，只要收聽所有競爭電台的節目，就知道哪些廠商在那裡買廣告了）。

「您對於凱兔電台滿意嗎，摩塔太太？」

「嗯，滿意啊，他們幫我們弄得蠻好的。」

她想藉此使你感到洩氣，這樣她就比較好打發你了。但你已有腹案，因此繼續問下去。

「你們買凱兔的廣告已經多久了呢？」

「大概三年。」

「那麼在凱兔之前，貴公司有在做任何電台廣告嗎？」

「紅眼肥皂一開始是在一九九〇年代末期在凱萬（K-ONE）電台買廣告，據我所知。」

「我可以請教您擔任紅眼的廣告經理多久了嗎，摩塔太太？」

「我來這裡五年了。」

「那麼，我這麼說是不是恰當？妳在決定從凱萬切換到凱兔時，考慮了很久？」

「是可以這麼說。」

「妳建議，或妳決定由那一家換到這一家，是根據不少研究與分析的結果，對嗎？」

「沒錯，我們做了許多研究。我們針對十家電台做了詳細的市場分析，而研究結果顯示，調頻電台的廣告如果下在凱兔電台，將會比下在其他電台所影響的潛在顧客人數要多。」

「三年前您做這樣的研究時，是想要增加銷售機會，對嗎？」

「那當然。」

「那，後來的結果符合您的預期嗎？」

「很符合，我們很滿意。」

「那麼我請教您，既然您在三年前考慮做調整，也實際做了調整，結果獲得了很好的成果，為何你不再給自己一個機會做同樣的事呢？您在那時的研究，為紅眼肥皂帶來了龐大的利潤，也為您贏得了不少專業名聲。既然您已經那樣做過一次，您當然就可能再次做到同樣的事，不是嗎？」

「沒錯，我必須同意你的說法，是有這個可能。」

「那太好了。請給我一點時間，我來把這樣的可能性介紹給您。」

她已經給了妳向她完整做完簡報的權利。既然上一次的改變成果很好，她又希望在管理團隊眼中有很好的表現，因此無論就邏輯上或情感上，她都有理由考慮再來一次改變。

這種技巧不是很美好嗎？你只要把它修改為適用於你的產品或服務，再多設計幾種不同的版本，以便在對方給你任何回答時都能順利化解，就可以了。你可以做出成果，而不必回公司報告主管說：「紅眼肥皂目前對凱兔很滿意，不想和我談。」

請把前述的對話形態學起來、寫下你自己的版本，然後練習。下次再有人告訴你「我們對於目前購買的東西很滿意」時，你要告訴自己：「現在你用別人的東西沒錯，但不出一小時，你就會開始愛上我介紹的東西了。」

銷售高手的工作就是要意識到，自己代表的是潛在顧客能夠取得的最棒的產品或服務，並確認每個能夠因它受益的人，都能擁有它。等到你讓摩塔太太與紅眼肥皂公司轉換到凱威後，等到你徹底做好跟催與服務的工作後，他們會很滿意自己做了這樣的改變，你當然也是。除非你學會前述的四種震撼療法，否則不可能會有這樣的事發生。要讓顧客設身處地想想、要發問下去、要改變他們的判斷角度，還要檢視其消費史。只要針對你的產品或服務修改，學習與運用這些技巧，未來你一定可以成為你們公司業務員的第一把交椅。這事可真刺激，不是嗎？

第十六章

# 結案是甜美的果實

結案是致勝的得分，是最終的結果，是實質成果，是真本事的產物，也是最後的重點。我已經把各種技巧教給各位，包括開發顧客、當面洽談、建立穩定的轉介顧客來源、篩選、簡報、展示，以及化解異議；這些技巧都很重要。不過，除非你能夠結案成交，否則你就只是一支傳球傳得不夠遠，無法得分的足球隊而已。整場比賽如果都只在自己陣地踢來踢去，從未衝破對方球門線，那是很糟糕的。

因此，歡迎來到結案的歡愉世界。如果現在你並不喜歡它，請開始愛上它吧，因為錢就是從它來的。請搞懂我的意思：錢不會從任何其他地方來。學會如何結案後，你會為它的成果感到開心；你會讓許多人開心地接受你的產品或服務，人數遠比過去為多。

銷售高手打從與剛認識的人碰面那刻起，就開始結案了。他們會一再進行結案測試，並在嗅到成功的甘甜氣味時，馬上進入最後的結案流程。許多業務員太拘泥於自己的銷售流程，就算潛在顧客在他們完成流程前已經確定要買，他們還不准對方買。

有些人決定要買的速度很快，這時如果你還是講個不停，而沒有出手結案，也會以同樣快的速度打消對方想買的念頭。畢竟，他們今天只會買一次，所以別冒著必須向他們推銷第二次的風險。我就看過有些業務員太過亢奮，因此當顧客透露出「我準備好了」的訊息時，他們還在喋喋不休。請控制想要把所有東西都講到完的衝動，別成為那種已經可以收割了還在犁地的人。我看過有些業務員真的講到咬牙切齒，好像在說：「你還沒聽完我要講的，要等你全部聽完，我才要接你的單。」講得更多，只會給顧客更多機會找到關切事項而已。一旦顧客準備好了，就閉上嘴、開始填表格吧。

等一下我會教你三種結案測試的方式及十六種主要的結案方式。但現在先來研究一些結案小祕訣：

**一、身邊永遠要準備好結案用資料。**要做好在任何時間地點結案的準備。每個人都聽過在高爾夫球場上談成生意的故事；也有生意是在網球場上、在溫泉裡與船上、在慢跑路線上、在跑道上談成的。事實上，任何一個大家遊樂、工作、運動或放鬆的地方都行。沒錯，在辦公室與展示室外可以談成許多生意，但也有許多未能談成，為什麼？因為在顧客吃完漫長的午餐、同意交易後，業務員花了半小時，才把結案用資料拿來給顧客。到那時候，氣氛已經變了，顧客腦中又有其他想法了。簡言之，最後未能結案成交。業務員必須從頭再來過一次（如果還能再來一次的話）。等到第二次，情感因素已經不利於自己了。

我說「身邊永遠要準備好結案用資料」的意思，並不是在第九洞的時候，它必須放在你褲子的後口袋。要在高球場或優雅的餐廳裡談生意不是不可以，但是要謹慎。如果你把文件推給對方簽名，而導致沙拉失去涼度，他們會很不開心。這麼做太不細膩，也太不專業。在社交場合談生意時，很不容易找正確時間結案，因此，一定要讓那一瞬間到來時值回票價。在你的公事包裡、球桿袋裡、睡袋裡、車子裡，應該要永遠保留一塊空間，專門擺放結案用資料，也別忘了在辦公桌抽屜裡放上一份。在每個你經常出入的地方，都要存放結案表格與資料。

**二、要在何時迅速拿出表格？**拿出結案用資料的方法與時機，要小心想過。如果你在完成完整簡報與結案流程時，把手伸到公事包裡取出銷售同意書或訂購單，潛在顧客又看到的話，他們會倒吸一口氣，緊張起來。就在你翻著表格的時候，對方在想「我做了什麼好事」，而會想要設法逃避。既然你得從公事包裡拿出表格才能填寫，既然在結案時的關鍵階段做這件事可能會有損情感氛圍，不如早點把它們拿出來。你不必把它們拿著在空中揮舞，高唱「注意囉，各位，這是我的訂購單」，也用不著整疊訂購單，只需要在簡報資料夾中放上一張便於取用即可。

如果你要用筆記型電腦接單，可以預先叫出訂購視窗，於簡報時先放在背景中。這樣的話，只要再按個滑鼠鍵就秀出來了。

**三、保持整潔。**要拿乾淨的新表格，而不是你的咖啡濺在上面的表格。如果你抽出來的表格好像用過的嬰兒圍兜兜一樣，潛在顧客會覺得你已經半年沒做成生意了，也不想當半年來的第一個。

**四、算數字要有技巧。**銷售高手會拿口袋型計算機計算，不會拿鉛筆。為什麼？因為顧客相信計算機；他們認為計算機一定是對的。如果你還拿鉛筆在潛在顧客面前算，該是你換個方法的時候了。拿鉛筆計算確實給人一種務實而有人性的感覺，但顧客會覺得你可能不小心就會犯下任何人都可能犯的計算錯誤。

**五、運用見證信的威力。**前面我曾經提到，要從顧客那裡取得見證或見證信。它們都是協助別人接受產品的有力工具。這裡的重點在於，最有影響力的信要來自於潛在顧客所認識的人。第二有影響力的見證信要來自於住在附近且易於查證的人。

只要取得本地一位滿意顧客的見證信，就有機會創作出影響力甚至更大的結案工具，即錄下來的訊息，可以在具策略意含的時刻拿來播放。可以是只錄聲音，也可以是錄成影片，再儲存在你的筆記型電腦中。如果某位顧客只錄下聲音，但所留的訊息最棒，在播放時記得加個視覺影像進去，看是要放講話者所屬公司的商標，還是要放講話者個人的照片。這個時候，你的數位相機或錄影機就可以派上用場了。你可以快速幫他們拍個照、讓他們看看、取得同意後，再錄個不超過五分鐘的訊息。

現在假設你賣的是壽險，其中一位最好的顧客是自己開公司的戴夫。戴夫曾是當地親善團體的幹事，曾服務於市民委員會，在當地社區頗得敬重。

你和他處得不錯，他也很樂於寫見證信。在拜訪他們公司提供服務時，可以找一些因為戴夫提供的保險計畫，而獲得你壽險產品保障的高階主管談談。在錄音帶中介紹過他們後，再問問他們對於自己及家庭在計畫中獲得額外壽險保障的感受。收集到一些這類素材後，去找戴夫，告訴他那些高階主管對你表現出來的熱情。

「戴夫，很明顯，你的壽險計畫，在許多受惠的員工心中，建立起對公司的忠誠心。你認為他們這些感受對公司利潤有任何幫助嗎？」

「我想應該已經有一些成果出來了。利潤固然是許多因素共同造成，但我可以直接感受到，員工的鬥志確實因為這項壽險計畫，而比以前來得高。」

「戴夫，我想請你幫個忙。很多公司都還沒像你們公司這樣，這麼懂得運用壽險計畫。我真的覺得，在企業管理的這個層面，還有很大的改善空間。我想問你幾個問題，請你談談對於我們公司壽險產品的體驗，以及我提供給貴公司的服務所帶你的感受。但是在請你這麼做之前，我想先給你一些保證。」

你必須先有所保證，通常可以用以下這些內容涵蓋：

「首先，我保證我問到的東西只屬於我所有，不會拿去重製。第二，我只會把它拿到地位類似於貴公司的企業，播放給他們的高階主管聽。這是我要保證的。」

他同意過後，你就開始錄製，提出你的問題再由他回答。一開始你可以先說：「我來扮演幾分鐘的脫口秀名主持人傑．雷諾（Jay Leno）好了。」

這樣的聲明會在他心中引發什麼感受？

這可以讓他進入放鬆、親切、私人交談的那種情境。你的錄音機應該要有暫停鍵可按，這樣你才能去掉沉默與某些狀況造成的中斷。如果訪談過程沒有完全照著你所想的去走，就按下暫停鍵，告訴他「太好了，你講得太好了。但請容我從另一種角度問你。」要不斷鼓勵他，維持輕鬆的氛圍。等到他上軌道後，你會訝異他可以講出這麼有說服力的內容來。

注意一個重點：要以讓人印象深刻的事情結尾。「對了，你剛才提到我提供給貴公司的服務很特別，這教我受寵若驚。」

「這表示我必須持續提供您、貴公司及所有我的顧客特別的服務。這是應該的，我做生意的原則就是這樣。謝謝你花時間暢談你的感受，戴夫。」

刺激的是，這類訪談所帶來的滾雪球效應。在你找另一位正不知如何做決定的高階主管洽談時，可以和她說：「妳認識戴夫．巴克岱爾嗎？他的狀況和妳很像，我想請您聽聽他對於我們解決方案的看法。」

然後你就把錄音播出來。你那滿意的顧客講述著你做得多好、他有多滿意、他因而獲得的益處，以及公司利潤的增加狀況。

等到新顧客也開心接受了你的產品或服務後，她會怎麼做？她也想要幫你錄音，這是自尊之戰。她會希望自己錄的內容，會講得比第一位見證者好，因此她會錄得更努力，搞不好會錄好幾次，直到她錄到完美為止。這是一種滾雪球效應，等你錄到第四家顧客的時候，你就擁有多個高品質的顧客見證，你的銷售工作也會變得很有效率。

有些業務員因為不敢開口請求，所以不想用這一招，但某些顧客可能是很愛表現的人，他們可能會愛上這樣的想法。你可以預先寫好一些問題，訪問時就很容易有東西可以問了。不要逼迫害羞的顧客幫忙，應該有許多顧客都樂於幫你忙，只要你真的是很好的供應商，也很認真滿足他們的需求。

## 結案測試

結案測試是一些特的別問題。一旦潛在顧客答覆，可以顯示出他們已抱持著高度的興趣，也感到很開心、興奮，準備好再談下去了。詢問測試問題時，你要爭取的是給你正面回應的答案。以下是三種結案測試：

**一、以複選推進問題做結案測試。**

「希利先生，哪個交貨日期您比較方便呢，一號還是十五號？」

如果他說「我希望一號時能送到我店裡。」這表示什麼？他等於已經買下它了。繼續完成結案流程，你就成交了。

**二、以錯誤結論做結案測試。**

銷售高手會在簡報的過程中，仔細聆聽有沒有任何事項可以在稍後用來做錯誤結論的結案測試。例如，假設你到某人家裡賣某種家具。在展示的時候，女主人告訴先生：「親愛的，婆婆十號要來，如果今天我們找到要買的，應該在那天之前送到。」

很多業務員會無視於這段話，或認為自己被打斷了。但銷售高手會聽進去，而且會記住。之後，他可以笑著和女主人說：「你們似乎對於這設計感到很興奮。妳婆婆會在五號到訪，對吧？」

她會說，「不，是十號。」

「所以，大概八號左右是最好的交貨日期？」

「對。」

「我來把它記下來。」你迅速寫在訂購單上。

這種錯誤結論的結案測試，可以用在顏色、尺寸等幾乎每件事情上。她可能會說：「我們是胡桃木紋壁板，黑檀木紋應該會很搭。」

過後，你就把資訊拿來用。「唔，您剛才說想用黃銅色的來搭胡桃木紋壁板對嗎？」

一旦她說「不，我喜歡黑檀木紋」，你就回覆她「等等，我記一下」，然後把資訊填在訂購單上。只要你犯個錯而對方糾正了你，就把它寫下來，他們就擁有這項產品了。這很有趣而且無傷大雅。只是要小心，不要使用超過一次，否則他們會覺得你沒有注意在聽他們講什麼。

**三、以豪豬問題做結案測試。**

還有另一個你已經在前面的章節學到的技巧，是很好用的結案測試法。

潛在顧客說：「這個系統另外裝有多工裝置嗎？」

你的回答：「您希望這個系統另外裝有多工裝置嗎？」

只要他們說「對」，就等於買下它了。

再以汽車為例，一位潛在顧客在你們的汽車經銷店挑顏色。突然間，這位小姐停下腳步，指向一輛車道：「我看中的那輛四速排檔車，有沒有這種藍色？」

每天，這種情形會上演幾千次。平庸的汽車業務員會說：「如果我們這裡沒有早晨海浪的那種藍色，我可以打到其他經銷點去，馬上幫您調一輛來。」結果這業務員得到什麼？什麼也沒有。

但你可以回答：「柏妮絲，妳想要早晨海浪的那種藍色是嗎？」

她會怎麼回答？柏妮斯早和你講過，她對那款四速排檔車有興趣，也說她喜歡這顏色。

等到她回答「對」之後，就去幫她拿鑰匙吧。

## 如何安然渡過結案時的最危險時刻

在結案流程中，什麼時刻最危險？就是在你忙著做任何形式的計算，或是在寫東西，而現場的沉默導致顧客焦躁的時候。就在你集中心神於書寫時，顧客沒有東西可以占據腦子，除了恐懼。這也是為什麼銷售高手要那麼熟悉表格的原因了，因為這樣他們就可以一面與顧客閒聊、維持對方的興趣，一面又迅速把該填的填完。你必須讓填寫文件變成一種反射性的動作，這樣你就不必全神貫注在那邊。

大多新進業務員，都會因為同樣一個原因，而丟掉最初的兩、三筆生意：缺乏迅速填好訂購單或銷售同意書的知識與演練。在晉升為業務主管後，我發現這一點。意識到此事後，我要求所有新進人員花一整個下午的時間，只練習填好表單。這樣，他們以後就可以在幾乎不用思考的狀況下填好它了；不會因為集中所有心力在上頭，而冷落了潛在顧客。

## 玉石俱焚式的結案

在把本書所有內容應用到你的產品或服務上時，都要記得維持同樣的情感訴求路線。以下我就舉個例子說明。它是把豪豬問題當成複選推進式問題做結案測試。先看看銷售高手版的測試法：

潛在顧客：「這個有藍色的嗎？」

銷售高手：「藍色是您最想要的顏色嗎？」

潛在顧客：「是。」

銷售高手：「我來把它記下來。」（於是把資訊寫在訂購單上）

當平庸的銷售輸家把這種測試結案方式應用到自己的產品或服務上時，會變成這樣：

潛在顧客：「這個有藍色的嗎？」

銷售輸家：「如果我可以調藍色的來，你會買嗎？」

由於不想在這麼突兀的提問下做出承諾，潛在顧客放棄了，試著做點別的事，比如說回家。

潛在顧客：「不，可能不會。唔，呃，我沒注意到時間這麼晚了。你留一本介紹手冊給我吧，下次我更有空時，再打給你。謝謝你的來訪。」

銷售輸家用這種方式做結案測試時，就好像用一顆拆屋用的大鐵球，去撞磚塊建築一樣。「如果我可以調藍色的來，你會買嗎？」這個問題會促使對方講出否定答案，不但無法在結案流程中大幅往前推進，反而還倒退。其結果就是又一次令人遺憾的玉石俱焚。如果你這樣做結案測試，你讓自己一無所有的速度，會比張大嘴巴嚼口香糖，結果掉到地上還快。

## 邁向真正結案

結案測試如果奏效，就不露痕跡但迅速地邁向真正結案。大多數的人在總算下定決心後，馬上就想要產品。如果在他們已經選定一樣東西後，才和他們討論替代方案，等於是在點燃炸藥一樣。千萬別這樣，否則你會眼睜睜看著許多已經談定的銷售在你眼前炸掉。

## 何謂結案

很多目前從事銷售工作的人（不管做這行的時間長短），並不知道什麼叫結案。甚至有更多同業只知道兩種結案方式，其中一種是這樣的：

「嗯，你覺得怎樣？」

如果沒有動力來源幫潛在顧客充飽熱情，這些業務員會一直等，等著有適切的機會可以丟出這一句：「唔，我可以幫你登記買一件嗎？」

我倒要問問，這樣也算結案嗎？比較像是用力甩上門，不是嗎？

結案的定義是這樣的：以專業手法運用別人想要擁有產品效益的欲望，加上你的真心誠意，協助對方做出對他們好的決定。關鍵在於「對他們」幾個字，他們所做的決策一定是對他們好的。只要對他們好，也就對你好。如果對他們不好，你卻說服他們接受，長期下來也會對你不好。

發揮出色的結案能力，當然對你和你的家人很好，因為這能夠讓你賺取大筆收入。還有另一個同樣重要的好處，即懂結案的人永遠很搶手。

## 以情感共鳴結案

雖然我說「你必須以情感共鳴結案」，但並不表示訴諸產品所能帶給潛在顧客的效益，會很難結案。之所以要這樣的原因在於，除非你有能力經常引對方做出正面決定，否則每個人都是輸家。你們公司是輸家，國家經濟是輸家，但最大輸家是顧客，你未能結案，導致他無法獲得效益。

如果你不養成這種引導顧客做正面決策（也就是稱為「結案」的技巧），你可能會被迫離開銷售工作。幸運一點的話，你可以留下來當純粹的接單人員，當然這也表示你只能得到接單人員的收入。如果你想賺到專業業務員的收入，現在就承諾學會如何從潛在顧客那裡贏得你想要的決定。

每天生活中所需且必須定期購買的東西除外，一般人多半無法在無人協助下做出投資某樣東西的決定。為什麼有這麼多人要人家協助才能做決定呢？因為他們怕做錯決定。優柔寡斷是最有破壞力的一種狀況，它逼瘋了一些人，也耗掉大部分人的精力。

我發現，傑出人士有個特性，就是做決定的能力。我認識的傑出人士還有另一個特性，就是他們不需要每次都做對決定。他們很清楚，只要有相當比例的決定做對了，又能迅速在做錯決定時停損，自己就能成功。

不安全感會導致拖延，導致猶豫不決。拖延是一種活在昨天、逃避今天、毀掉明天的藝術。

別讓潛在顧客陷於不安全感中，要協助他們找到擁有產品的感覺。找到那樣的感覺後，他們就想要購買了。

在潛在顧客擁有產品前，必須克服的挑戰有猶豫不決、不安全感及拖延。因此，銷售高手才要那麼精通於盡快讓別人產生一種已經擁有產品的感覺。

## 個人的好惡

許多業務員都有個人的好惡問題要克服。他們只賣自己喜歡的東西給自己喜歡的人，結果所賺到的收入，只是自己所能賺到的最佳收入的一小部分。你自己的好惡，請留給你私人的時間就好；工作的時候，要充滿熱情銷售顧客喜歡的東西，而非你自己喜歡的東西；要充滿熱情讓通過篩選的潛在顧客購買你的產品或服務。要想發揮最大潛能，你必須放寬自己的舒適區，直到你能夠有效協助背景和生活形態與你大不同的人們為止。如果只因為你自己心裡的想法太過狹隘，就不找某些潛在顧客，那是你的損失，不是對方的損失。他們可以再找人滿足需求與賺錢。

## 結案要用眼睛

幾年以前，我參加某個為不動產代理商舉辦的大型宴會。在我致詞之前，主持人介紹了群眾中的某人，向大家說：「這位男士去年經營自用不動產業務所得到的收入，是全國平均的兩倍。」

主持人的語氣講起來好像很了不起似的，但這聽起來並沒有太讓人印象深刻，因此每個人都伸長脖子，困惑地看著那位男士。

「但他的雙眼全盲。」現場響起一陣掌聲。掌聲停止後，主持人說：「我相信很多人都很好奇，你有著那樣的障礙，卻還是躋身前三分之一的業務員之林，你是怎麼做到的？」

「等一等，」這位盲友拿著可攜式麥克風回答道：「我並沒有障礙，反而比這行的其他業務員擁有優勢。我從未看過我所賣掉的物件一眼，因此我必須靠顧客眼中看到的東西幫我結案。我被迫這麼做，但各位明眼人也都做得到。只要照我這樣做，一定可以給顧客比我更好的服務以及賺得比我更多。」

每個人在思考他的話時，現場沉默了一陣子。接著，又是另一波自發性的掌聲，給這位能夠在全盲狀況下完成銷售工作且能給我們明智建議的勇敢男士一些鼓勵。

重點在於，你必須從潛在顧客的角度看待產品或服務的效益、功能及限制；你必須以顧客的價值標準衡量這些項目，而非你的價值標準；你必須根據顧客重視的效益結案。

你還必須散發出一種能夠滿足其需求的說服力。在你篩選過顧客、找出其真正的購買動機後，還必須散發出知道如何因應其需求的自信。如果你沒有這樣，而是散發出對於自己能否滿足其需求的懷疑氛圍，他們要你做什麼？顧客必須先對你有信心，才能把自己真正想做的決定合理化。

上回你買車子的時候，是不是花了比你自己的想像還久的時間？如果是新車，你在走進展示室時，是否下定決心不買任何多餘配件，結果卻把裝滿配件的車子開回家？如果是的話，你碰到了專業的業務員了，是他協助你把你真正想做的決定給合理化。

在你把駕駛座往後傾斜、從車內調整後照鏡、聽著立體聲音響、在冷氣中放鬆下來，無視於車外的酷熱時，你難道不覺得開心嗎？你當然開心；這一刻你根本不記得每個月自己必須償還的那一小筆車貸。

## 何時結案？

當潛在顧客做好往下走的準備時，空氣中會有電流通過；你一定會想要看出結案的訊號。在以下現象出現時，請展開結案流程：

- 潛在顧客原本步調平穩，卻突然放慢步調。
- 或者，他們突然加快步調。
- 他們原本大都以聽為主，卻突然開始問很多問題。
- 當他們在正確時刻給了你正面訊息時。有些人會在選定特定款式前，馬上就問你關於交貨與初始投資是多少的問題。他們知道這時問很安全，因為你沒辦法把整間店都賣給他們。但如果他們是在你明確知道他們想買哪一款產品後才問，那就是正面訊息了。如果問的是保固及退訂等事項，也是一樣。若有這樣的正面訊息，就結案測試吧！

- 他們對你的結案測試有正面反應。

## 何地結案？

一旦知道他們做好準備，就別客氣，任何地方都可以結案。你可能會覺得，必須拉著他們爬幾階樓梯，走過大廳，來到你的辦公室才行。其實不必。請把這句話畫起來，你才會記得把它列為信條之一：**我總是隨時隨地做好結案的準備。**

很多生意都是在汽車引擎蓋上、在餐廳、在顧客辦公桌上、在廚房餐桌、在展示室裡站著，而結案成交的；還有無數個主要不是用來談生意的地點也一樣。很多人覺得，當下就把做好的決定付諸實行，別有一種刺激感。大多數人都覺得，能夠把會讓精神緊張的事拋在腦後，是很快樂的；我們眼中看到的只有即將擁有產品的喜悅。可別堅持一定要在你最愛的搖椅上坐下來發出嘎吱聲後，才來填銷售同意書；那樣的話，等於是打壞潛在顧客的這種興致及冒著可能澆熄他們購買熱情的風險。

不過，還是要配合對方的感受。有些人無法在還沒靜下心來時就簽文件；如果你逼迫他們，他們會退縮，擔心你這麼急著簽約是不是背後有什麼鬼。碰到這種人，就在他們想結案的地點結案，不要在你想結案的地點結案。

## 剖析結案

現在來把結案拆分為幾個階段，以了解是怎麼環環相扣的。

**一、了解潛在顧客想要與需要什麼。**

- 要徹底做好篩選，判斷其情感需求與購買能力。
- 了解顧客的動機。如果他們說「我就是討厭那個」，要了解原因，別只是說「我也不喜歡那個」，就繼續講下去了。要找出他們為什麼討厭那件事，你才能了解他們在接受一件東西或拒絕另一件東西時，會出於什麼動機。

**二、辨識傳達出購買意願的訊息。**人們常會傳達出一些訊息，來表現他們對你賣的東西有購買意願，但不會直接講出來。以下是兩種銷售高手會注意的訊息：

- 口頭訊息。他們會問更多問題，會需要更多技術性資料，會問一些在擁有後會產生的問題。有時，他們會突然開始發出一些表示贊同的聲音。
- 視覺訊息。微笑可能就是傳達出購買意願的重要訊息。他們可能會雙眼發亮或開始一眨一眨的。如果顧客是夫妻，他們可能會在發現想要的房子、車子、電器設備、保單或任何產品時，撒嬌或體貼起對方來。希望你再展示一次，也是想要購買的強烈訊號之一。如果他們說「你可以重來一次嗎」，這幾乎都等於是買下來了。

**三、做決定。**做出「擁有這件產品對他們來說最好」的判斷，並在他們喜歡與覺得重要的事項上著力，以引導他們做出決定。你自己覺得有吸引力之處並非重點；他們在購買時看重的事項，才是重點。

**四、以不經意的自信結案。**你已經問了問題，也帶領他們進入結案階段了。接下來，可以不經意地開始填寫訂購單。這個動作奏效的頻率，會高得讓你吃驚。只要他們沒阻止你填寫，生意就做成了。只要你的策略正確、時機也對，他們不會阻止你的。

**五、開始結案後，就別改變了。**要以親切而有魅力的用詞結案，進入結案流程時，別改變語氣、態度或步調。這一點要非常小心，許多業務員前面都做得很好，但在發現顧客準備好之後，卻突然改變了給人的感覺。原本顧客感受到的親切、友善的風格不見了，取而代之的是緊張與更有逼迫感的態度。

每當潛在顧客因為這種突然的改變而嚇到，結果沒買東西就走掉，業務員下次進入結案流程時，會更容易再犯同樣的錯。請記得這一點：如果你在開始結案時緊張起來、改變了態度，顧客會知道你想做什麼，而且會開始抵抗。你必須徹底把結案技巧學熟，才能在外表放鬆、內在警覺的態度下，把結案技巧運用出來。

**六、刻意暫停。**銷售高手的技巧很簡單，就是希望顧客能仔細聆聽時，他們會停下動作、專注地看著對方，直到對方的注意力完全放到自己身上。

## 結案的藝術中，最重要的十六字箴言

接著我要教你們無價的十六個字。在複雜而需要多用心、但成果豐碩的結案流程中，有個十六字的句子，能夠帶來最大的成效。請牢記這個句子，不要忘掉。如果我這本書你看到這裡一直都是走馬看花，還沒有畫任何重點的話，現在拿出你的螢光筆，把這句話畫起來：**提出結案問句後，閉嘴。先開口的就輸了。**

最重要的一句話是「閉嘴」。因此，當年道格拉斯．愛德華斯老師，是大聲向聽眾們吼出這兩個字的。第一次聽到這十六字箴言時，我坐在第一排。聽老師講課時的亢奮感，再加上前幾晚為研讀上課內容的徹夜未睡，以及因此喝掉的好幾加崙的咖啡，都讓我變得坐立難安。因此當道格老師大喊「閉嘴」時，我嚇得俯身找掩蔽，我的筆記、講義都飛向四面八方。那一幕，以及這十六個字，都深深銘刻在我的記憶裡。也是這十六個字，把在那之前我從事銷售工作的糟糕經驗，都轉換為成功。

提出你的結案問句，然後閉嘴。這聽來容易，但相信我，做來不易，我很清楚的。那時，要做到這件事對我而言真的是很大的挑戰。最糟的部分在於，在道格老師點出這十六個字之前，我根本沒有意識到自己過去的做法是錯的。

在我第一次於問完結案問題後閉上嘴時，我已經為對方會有的反應做好準備，早已預料到他們會一言不發。但我沒有為自己的反應做好準備：現場的沉默，沉重到好像有一噸的滲水砂石倒在我身上一樣。道格拉斯．愛德華斯說，我們會深切感受到那股沉默造成的壓力，只是我原本並不覺得自己會抵擋不了。但我錯了，第一次保持沉默時，我的內心在翻騰、我在咬自己的內唇。最後，夫妻檔的先生講了一些話，表示他們要買。後來，每當我問完結案問句後，就從來沒有再為可怕的沉默而焦慮了。

為何閉嘴不講話這麼重要呢？因為若你講了任何話，就幫潛在顧客化解掉必須先講話、先回答結案問題、先承諾購買的壓力了。只要你在接近正確時機時問出結案問句，潛在顧客就不得不往下推進。

以下是實例。假設你一直在和一家中型企業的採購專員瑟許洽談，這時你覺得她已做好結案準備了，就問她：「瑟許女士，該談的我們都談完了。所以看哪天交貨您比較方便，下個月一號還是十五號？」

平庸業務員在提出類似問題後，連十秒都等不住。如果瑟許女士十秒內還沒回答，他們會講出類似這樣的話：「唔，這事我們晚點再談好了。」然後繼續講其他的話，完全沒有意識到自己把結案機會給毀了。

他還不只毀掉這次的結案機會而已，如果接下來還有任何機會可言，也全都一併毀了。由於瑟許女士已經知道如何避開業務員的結案意圖，她會變成結案不了的對象。只要她保持沉默幾秒，業務員就會在壓力下自我退縮。要瑟許太太沉默幾秒不是問題；任何還在猶豫不決的潛在顧客，都做得到。如果你是個銷售高手的料子，就算要你為了結案而閉嘴一下午不講話耗在那裡，也應該要做得到。不過你很少需要撐超過三十秒，只要練習就行。你要有很高的專注力，因為一旦你講了什麼或是做了什麼動作，就幫對方化解掉壓力，也毀掉自己的結案機會。

雖然坐得住三十秒的能力、勇氣與專注力是銷售時最重要的一項技巧，也是最容易練習的一項技巧，卻很少人這麼做。不過開車時可不能練習這件事。要練習的話，可以找個你覺得很適於結案的地方坐下，集中心神什麼也不做、什麼也不說，維持三十秒的時間。我是認真的希望各位，能夠在獨處時練習這件事。這樣，等到你在大生意中實際進入結案流程時，才不必再擔心自己能否保持平靜與沉默。

## 你穿著金光閃閃的鬥牛士裝

有一次我在電視上看到鬥牛的畫面，看大概三分鐘後，我就開始把銷售工作與眼前的鬥牛場面疊合在一起。所以，跟著我走入鬥牛場吧，那兒有幾千人觀看，就像你所認識的所有人，都在看著你的銷售工作發展得如何一樣。

牛吼聲響起，大量的活牛肉衝到了沙地上，牛隻（顧客）進場了。

接著，鬥牛士穿著金光閃閃的鬥牛士裝登場，突然間牛隻略為安靜了下來，就像你走進房裡做簡報一樣。此時誰有利？

這隻公牛比十二個鬥牛士還重，還武裝著動物的狂暴本性及尖銳的牛角。鬥牛士這時的武器只有一條鬥牛披肩，以及勇氣和技巧。銷售第一線平常不就是這樣嗎？顧客有絕對的權力決定向不向你買，而你所擁有的只有技術與勇氣。

你的權力不會大過於顧客，就像鬥牛士的力量不會大過於牛一樣；力量全在對手身上。如同鬥牛士一樣，每當你踏上鬥牛場中炎熱的沙地上，就必須有高超的技巧才能克服萬難。

鬥牛士所用的第一樣東西，是他的披肩（要用它來引導公牛）；而這正是我建議你要對潛在顧客做的事。要用問題引導他們，讓他們覺得你對自己賣的東西很專業。

當潛在顧客像公牛般噴出鼻息、重踏地面、朝你衝來時，你會正面迎接嗎？除非你想被擔架抬著出去，否則你不會這樣。當然，你受的不是鬥牛士那種看得見的傷。你會自己走出去，受傷的會是你的錢包、自信及自尊。

潛在顧客朝你衝來時，你不會拿頭對撞，而是像鬥牛士一樣往旁邊一站，任由潛在顧客跑過去。你要聽見他的不滿與重踏聲，看見他用角刺向哪個方向，然後配合他並逐漸靠近他，不斷用問題引導他。

「再多講些。」他說道。「再多講些。」你想著。你問他問題，也回答他問題。你以高超的技巧與手腕使用披肩，並在預先決定好的流程中，從遠較你有力量的對手身上取得控制權。

為維護群眾對自己的尊敬，也為了俐落地結束鬥牛表演，鬥牛士的劍必須在正確時刻越過牛角上方，精準以自己的劍，刺入牛背上如二十五美分硬幣大小的位置。這恰可用來形容業務員巧妙地談成了金額龐大但難以做成的生意。無論鬥牛或銷售，最危險的時刻都在於表演結束的時候，而鬥牛士的最後一刺，也十分近似於結案的最後階段。對技巧不足、練習不夠、準備不充分的業務員而言，結案就像鬥牛時鬥牛士要越過牛角給予最後一刺一樣，不是刺中就是刺空，而只有知識、技術與勇氣才管用。

我經常會問一個問題：「在成交之前，你試著結案過幾次？」

以最出色的業務員來說，平均每嘗試五次成功一次；也就是說，他們通常在第五次嘗試後可以結案。從這項極其重要的資訊上馬上可以得知，如果連出色業務員都得使用五種結案方式才能成交，你只知道兩種結案方式或根本不懂結案的話，不可能有太好的成果。如果潛在顧客不想談下去的理由，多過於你能夠協助他們談下去的技巧，他們就不會談下去。就這麼簡單。

先學一些結案的概念，再學習每個字眼是怎麼用的，然後修改為符合你的需求，再逐字記起來。你可能會抗拒做這些事，我可以理解，因為我過去一開始也是如此。請記得，你永遠可以選擇另一條路，即不學習、不成長、不付出邁向成功之路的充分代價，只停留在自己原本的水準。但我只能祝你好運，因為你周遭的世界正急速在改變當中。

第十七章

# 銷售高手必用的結案十六招

我在寫書的時候，會把每一章寫短一點，但這一章例外，它會是本書最長的章節之一。這是因為我會教你們許多銷售第一線會用到的結案方式。請各位謹記，第十七章的結案方式已經夠你用上好一陣子，每一種都很好用。你每學會一種並付諸實行，業績就至少會成長一成，成長為兩倍也是可能的，甚至於可以更好。有些人就做到了。

其中一些結案技巧可能不適用於你所處的產業，但大多數都會適用。我已經努力把最能適用於多種產品與服務的結案技巧，都放進來了。只是，如果要我把手邊的四十二種結案技巧全部寫出來，恐怕得再另寫一本書了。只要能夠納為已用，就請盡量取用，然後不斷練習，直到你能夠帶著自信與親切感運用出來，又能夠同時以直覺規劃下一步為止。

假設你只能運用其中十種技巧，而每種技巧平均提高你的業績百分之十，那你的業績就變成兩倍了。所以趕快來學吧！

## 第一招：基本口頭結案法

這主要用於工業銷售、商業銷售及政府銷售當中。等你講完自己的產品能滿足哪些需求後，就問對方這個問題：「對了，你們請購單的編號會是多少？」

等他們告訴你「不知道」後，你就微笑著說：「要不要查一下？」

在大多這類狀況（工業銷售、商業銷售、政府銷售）下，你都得要取得請購單編號，才算成交。所以，在第一個適切的時機出現時，趕快找尋它的編號。

## 第二招：基本書面結案法，即「我來把它記下來」結案法

如果你的工作會用到訂購單，這招結案法就會很有效。簡報時，帶個皮質的資料夾去，用於存放信紙尺寸或法律文件尺寸的橫格紙。放一張訂購單進去，用硬紙板隔開保護。這可以讓你在時機對了之後，馬上把它翻出來。使用這種結案法時，我最喜歡的作法是，一面回答對方的問題，一面提出我的問題。

潛在顧客：「有胡桃木紋的嗎？」

銷售高手：「您喜歡胡桃木紋的嗎？」

潛在顧客：「對，我偏愛那種顏色。」

銷售高手：「我來把它記下來。」並把這資訊寫在訂購單上。

潛在顧客：「你在做什麼？我還沒準備好要下單。」

銷售高手：「帕默太太，我只是在整理一下思緒、確保自己的認知沒有錯誤。之所以要寫下來，是為了防止自己忘掉任何東西。」（如果你的產品或服務適用的話，可以再加上：「選購會花費您不少時間與金錢，所以我更應該如此。」）

再舉另一個實例。每次要進入結案流程時，都要問個反射性問題。你還記得反射性問題吧？就是可以不假思索回答的問題。

銷售高手：「瑪麗，你的中間名開頭字母是？」

潛在顧客：「是H。」

若對方為企業主管，問他們公司的全名及正確地址，會是很好的反射性問題。如果他們給你名片，讓你把資訊抄到訂購單上的話，就等於買下你的東西了。

接著再舉個工業產品的例子，假設你賣的是機械，而查爾先生是你的潛在顧客。

查爾先生：「對，我們會需要這種重型齒輪箱。」

銷售高手：「我來把它記下來。」

查爾先生：「你是在把它寫到訂購單上去嗎？你太自動了，我還沒有決定要買。」

銷售高手：「查爾先生，我只是在整理一下思緒、確保自己的認知沒有錯誤。之所以要寫下來，是為了防止自己忘掉任何東西。」

查爾先生：「你可能只是在浪費自己的時間。目前為止，我購買的機率還不高。」

銷售高手：「噢，我很清楚這一點。不過，我只是不想漏掉任何事，尤其是這種要耗費您不少時間與金錢選購的東西。」

查爾先生：「好吧，我想這一點我無法否認。」

或許你會覺得，先記在橫格紙上就好，這樣子就可以免去紛擾。但如果你決定這麼做，你等於在把自己從業務員降格為接單人員。就讓他們阻止你吧，那是一種助力，而非阻力；可以讓他們了解，你是個認真做好工作的出色業務員，而不是那種只會咬著鉛筆，不懂得如何把事情往下推展的人。

繼續把訂購單填完。等到你的整個簡報都完成後，單子應該也差不多填完了。很多時候，你在填寫訂購單時的衝勁，已經足以讓對方核准買賣了；核准訂單，成了潛在顧客最容易做到的事。一旦你的筆碰到訂購單，就已經開始朝本壘奔去了。大多業務員的問題在於，他們在銷售洽談的過程中，不願意著手開始寫東西。

## 第三招：班傑明．富蘭克林正反因素結案法

我去上道格拉斯．愛德華斯為期五天、內容紮實的課程時，曾在最後一天參與一場以考試的形式進行的比賽。我很想贏得比賽，因此我熬夜讀到很晚，一晚只睡兩小時。後來我贏了比賽，因為我用了班傑明．富蘭克林正反因素結案法。

業務員常告訴我，他們聽過這種結案法。有些人覺得這方法很老套，但只要他們這樣講，我就會問：「你用過它嗎？」

幾乎每次我得到的回答都是「沒有」。這答案總讓我訝異，因為在我自己從事的不動產銷售工作中，這種結案法帶來的成效最大。或許我不該訝異，因為我自己一開始也很排斥；但我還是試了。我不但試了，還試成功了，而且到現在還在用它。請永遠記得一件事：如果你已經篩選出潛在顧客，如果他們需要你的東西，如果你熟知自己的產品及熟知技巧的話，他們或許會反駁你，但還是會說不過你。你會贏得交易，因為這對他們而言是對的決定。

順便一提，我自己在私生活與工作上，都是靠這種技巧做出很多決定。以下就是班傑明．富蘭

克林正反因素結案法：

**一、搬出富蘭克林的名字以建立正當性。**如果你在美國上過小學，你一定學過富蘭克林的一生與他的重要成就。在他建立永垂不朽的名聲之前，他做過成千上萬的聰明決定。這種結案法根據的，就是他在做決定時的實際做法，而我們對他名聲的敬重，大大增加了這種結案法的說服力。因此，在採用這種結案法時，要提到富蘭克林的名字。

**二、學會要用的具體字眼。**先學起來，你自然就知道要怎麼改成自己的版本。以下就是我建議的用詞：

「瑪麗，我想妳也知道，我們美國人長久以來都認為富蘭克林是最有智慧的人。老富蘭克林如果發現自己的處境相同於今天的妳，他的感受也會和你頗為相近。一件事如果是對的，他會希望在確認過後去做它；一件事如果是錯的，他也會希望在確認過後去避開它。妳不也這麼覺得嗎？」

「我要講的就是富蘭克林一向的作法。他會拿出一張白紙，在中間由上往下畫一條線。在左邊他寫上『支持』，然後在下方列出所有支持這項決定的因素；在右邊他寫上『反對』，然後列出所有反對這項決定的因素。寫完之後，他只要數一數左右兩邊，就做出決定了。」

「為何我們不試試這種方法，看看會怎麼樣呢？看看今天你我能找出多少支持你做出決定的因素。」

拿出一張紙，開始列出所有你已知的吸引潛在顧客的效益，也就是所有你和對方都已認同的賣點。等到你們兩人寫出所有支持因素後，你要這樣說：

「接著我們來看看，妳覺得有多少因素反對這項決定。」然後讓潛在顧客自己寫。你的工作內容並不包括幫她列負面因素。等到她寫完後，繼續說道：

「現在來數數看。」（大聲數出來）「一，二，三，……十二。在支持的這邊一共有十二項因素。在反對的這邊有，一，二，三，四，五。十二項支持，五項反對。唔，怎麼決定比較聰明，我想很明顯了，對嗎？」

這時不要遲疑超過一剎那的時間，直接問她反射性的結案問題：

「對了，您的全名是？」

如果她這時報出全名，就擁有你的產品或服務了。

我再舉個自己在企業主管的辦公室裡，把富蘭克林結案法應用到他身上的例子。

「我想您知道，在貴公司的設備中，再增加一台JLG起重機，會是個聰明決定，對吧？」

法蘭克回答道：「唔，湯姆，這項投資的金額頗高，我還不能確定；這倒不是我無法做決定的問題。」

「我想也是，您一整天都在做這種層次的決定。」

法蘭克心不在焉地低聲說道：「是啊。」

我可以看出，他忍得很辛苦。他深受JLG起重機打動，他需要這產品，買下它是划算的。他知道自己公司有了這台起重機將可賺進不少錢，但是他希望可以設法不要答應我買下它。換句話說，他和典型顧客一樣。因此我就召喚富蘭克林現身：

「法蘭克，是不是這樣呢？你猶豫不決的原因之一是，你還沒有把相關事實都考量清楚？」

「對，」法蘭克說。「我覺得自己還沒有把核心事項都仔細想清楚。」

「唔，要做出好決定，就得先了解所有事實，沒錯吧？」

「我想是的。」法蘭克道。

「跟你說件有趣的事，不久前我想起一位我們美國人長久以來都覺得很聰明的人：班傑明．富蘭克林。」

「噢，湯姆，你該不會想對我使用富蘭克林結案法吧？」法蘭克大笑道。「我以前是賣保險的，很久以前我在一次上課時曾經聽過。」

這並不礙事，因為我知道有時會碰到這樣的狀況。我還是繼續講下去：「你知道神奇的地方在哪裡嗎？」

「在哪裡？」法蘭克說著，仍在笑個不停。

「我第一次聽到這種決策技巧時，也有些懷疑它。但我要問問您，是不是用過它？您在賣保險時用過它嗎？」

「噢，沒有，」法蘭克道：「我從沒用過。」（他到底有沒有用過，事實上並不重要。我的目的是要化解緊張，再引導他結案。如果他有相關經驗，那很好；如果沒有，那也很好。不管怎樣，我都會繼續下去。）

「這種技巧很有趣，」我告訴他。「後來我不但在工作上會用這套方式做決定，也在個人碰到問題時運用；沒多久，我們全家人就都用它來做任何形式的決定了。它神奇的地方在於，可以簡化決定，並把它弄得清清楚楚。現在，我和家人已經開始做出一些很棒的決定了。你還記得它的步驟嗎？」

「我記得。就是畫一條線，左邊列出支持因素，右邊列出反對因素。」

「沒錯。在這邊列出所有支持這決定的因素，在那邊列出所有反對這決定的因素。」

「嗯，沒錯。」法蘭克道。

重點在於，要繼續和他對話下去，不要侷限於你在我這裡學到的用詞。只要把要講的東西摸熟，最後都能把他引導到你希望的目標去。

我繼續道：「富蘭克林說，一件事如果是對的，他會希望能夠確認，好繼續做下去；一件事如果是錯的，他也會希望能夠確認，好避開它。你或多或少也有這種想法，不是嗎？分析自己要做的決定，釐清核心事項，正如你剛才說的。」

法蘭克聳聳肩道：「嗯，說起來是這樣沒錯。」

「所以應該把支持決定的因素列在一邊，把反對決定的因素列在另一邊。接著就像富蘭克林那樣，分別把兩邊的總數加起來，就做好決定了。」

「唔，我覺得自己的分析方式好像比較精密些。」

「那是一定的。不過，如果列出來的支持與反對因素都很真確，算出來的項目數，應該就足以導向正確決定了，不是嗎？」

「嗯，我想是的。」

「你我都知道富蘭克林分析法，它很合邏輯，又很簡單。此時我的感受是，應該要試著用這種方法分析。你說好嗎？」

「唔，」法蘭克不置可否。

「時間應該夠吧？只要幾分鐘。」

「嗯，好吧。」

「那現在開始吧。先想想支持決定的因素，」我說道。「一開始我們就都同意，如果吊籃裡有一個人就能夠操縱整台機器，不需要第二位操作員的話，就可以省下龐大的勞動成本。我說的對嗎？」

「對，沒錯。」法蘭克道。

「我想你還記得，我之前派了一個人到處去測量你們的門，因此已經確知，JLG起重機可以進入你們工廠的每個地方沒問題。」

「沒錯，可以通過我們每一扇門。」法蘭克道。

「每一扇門我們都確認過了。」

「很好，這一點很重要。」

「許多液壓設備都有個最嚴重的問題，就是密封（也就是液壓密封）的問題。因此JLG的液壓起重機才會使用市面上最細密的重型密封件。」

「不會滲漏？」法蘭克問道。

「嗯，不會。」

「很好。」

「而且JLG的產品更輕巧，可以進入較小的空間完成工作。」

「很好。」

「而且迴轉半徑也比較小。」

「對，那是正面因素之一。我們有些走道的盡頭處空間比較狹小。」

「在維護工作中可多功能使用」是我要講的下一個支持因素。「在維護廠房時，這台起重機有多少種功能？需要的話，八十呎可以降到二十呎，JLG這種機型功能很多，你不認為嗎？」

「很好，記下來。」

「我們提供本地維修服務。你看，這樣可以省去許多停機時間，也可以得知機器的維修得耗費多少成本。」

「嗯，那是真的。」法蘭克道。

「還有稅務方面的好處。我們覺得，由於可以節稅，用租的會比買的好，這當然也有助於現金流量。」

「嗯。」

「法蘭克，如果你們公司決定建倉庫，你就不必擔心缺少最精密的起重設備了，我們就能提供。我們不會把起重機提供給你後就相應不理，絕對不會；我們會保持追蹤。我想想，法蘭克，你還想得出任何支持決定的因素嗎？」

「噢，你們的起重機，最大載重量比別家的要高。」

「很好，我會把它記下來。好了，法蘭克，你現在想到多少反對決定的因素？」

法蘭克想了一下後說：「唔，好，第一項，我們目前的預算並未規劃要買這台起重機。還有，我們目前的設備怎麼辦？我很清楚工廠裡那些人，就算想用新買的JLG起重機得要排隊，他們也會寧願排隊等著用它，也不願去用目前的老爺機器，所以我必須想好舊設備要怎麼處理，看是賣掉它，或是看能不能折抵多少錢。」

「你講的這兩點都很有道理，法蘭克。好了，還有沒有？」停頓了一下後，很明顯他想不出更多異議了。你看得出來，這兩點都是錢的問題。我不願意在這時候扯到那方面去，因此我說：「我們要不要先加總一下正反因素？」

我大聲數出來，並報告出結果：有九項支持因素、兩項反對因素。「法蘭克，你難道不覺得，答案已經很明顯了嗎？」

這時我預計會有很長一段時間的沉默，重點是我要閉嘴。法蘭克沒讓我失望，在他思考的時候，房裡有好一陣子沒有任何聲音。最後他說：「我告訴你一件事，湯姆。我就是那種凡事必須仔細考慮過的人。」

你有沒有從冷冰冰的字裡行間體會到，我把這一招發揮得多巧妙、多親切？任何技巧就是應該這樣運用：要採取既放鬆又機警的態度、既友善又尊重的態度、既自信又稱職的態度。你可以確定，他已經知道公司很需要JLG起重機，只是以「需要再想清楚」來放慢做決定的速度而已。在業務員的生涯中，這是潛在顧客最常表達的關切事項之一，可別讓你的銷售流程因為它而嘎然停止。他講得很模糊，你要用一些比較明確的東西把他拉回你這邊。你需要的是「我想再仔細考慮清楚」結案法。

## 第四招：「我想再仔細考慮清楚」結案法

幾乎所有潛在顧客，都會試圖用以下的說法放慢做決定的速度：

「我想再仔細考慮一下。」
「我們想再研究一下。」
「我們不會貿然行事。」
「請容我們想一想。」
「請留下你的資訊，我們會再研究。」
「要不要明天（或下週、假期後）再來？我們會給你答覆。」

學會這種結案法後，要是你再聽到這類句子，你會心想：「我可以破解！」他們預計你會點頭離開，因為一般業務員都是這麼做的。如果你真的離開，他們真的會仔細考慮嗎？簡言之，不會。你前腳一走，他們就會有別的事要做了。潛在顧客會把你講的東西忘個精光。明天、下週或是假期後很快就到了。你回去找他們，問道：「你們是不是像之前答應我的那樣，仔細考慮過我的提案了呢？」

他們不會老實回答你，因為真相可能會是「沒有耶，我們沒空再考慮一次，我們的答覆就和你上回你在這裡得到的答案一樣。」如果他們這樣講出來，就顯得很沒有效能了。所以，他們會怎麼講？「有啊，我們非常仔細地考慮過你的提案，但我很遺憾，我們公司目前不會這麼做。我們會留著你的提案，如果狀況有變，我會打給你。」

你能怎麼做？什麼也做不了。你掛了，因為你任憑銷售動能消散殆盡。

以下是銷售高手在聽到「我想再仔細考慮清楚」的老答案時，會採取的作法：

**一、同意對方。**「那沒關係，哈利。很明顯你對這產品很有興趣，否則你不會花時間再仔細思考過，對嗎？」

他們會怎麼回答？「噢，你說對了，我們很有興趣，也會好好再思考過。」

在問這個問題時，如果再投以一抹勇敢的微笑，表現出有點挫敗的樣子，會更有幫助。

**二、確認他們真的會仔細再考慮。**「既然你們這麼感興趣，我是不是可以假設，你們會非常仔細地考慮過呢？」要帶著強調的口吻，慢慢地講出「非常仔細」那幾個字。

他們會怎麼回答？由於你表現得好像就要離開、就要放手的樣子，他們會回答「會」。

**三、釐清狀況，不斷追問。**「我只是想釐清一下我的想法，你們想要再仔細考慮的是我們公司的經營是否完善嗎？」請注意，我的後半句是連在一起的，後面會再解釋。

他們會怎麼回答？

「不會，你們公司很出色。」

「那麼是要考慮我能提供的服務水準嗎？」

「噢，不是，我們覺得你是最棒的。」哈利道。

「那麼是要考慮起重機的載重能力符不符合需求嗎？」

「不是，不是。我不是認同它的載重能力了嗎？可以符合我們的需求。」

「那麼是要考慮操作的靈巧性嗎？」

「不是，那也沒有問題。」

他們每否定一項，其實等於是在肯定一項，不是嗎？這種技巧可以讓你把產品所能提供的效益再整理一次，而且做得很細膩有技巧。別和他們爭論，也別和他們講什麼，問就對了。

要問他們什麼好？

把潛在顧客想要、而你能夠提供的每一種效益或功能，都拿出來問他們。

「那麼是要考慮起重速度嗎？」你問道。

「不是。事實上，我覺得你們起重機的速度是個大加分。」

要問的是能讓他們講出你的產品或服務有多好、有多棒的問題。這是用來說服他們效益何在的最佳方式了。

一旦你學會這種技巧，又把它有效地運用在對方身上，他們會如何呢？他們會告訴自己「我知道他想做什麼」，所以他們會怎麼化解呢？會找一件事提出異議。他們會提什麼樣的異議呢？最後一種能夠提的異議。

只要他們一一回答了你所提出的問題，一般來說，最後會談到什麼問題去？錢的問題。

「那麼是要考慮JLG起重機的投資額嗎？」

他們通常會怎麼說？「嗯，我們公司都要仔細考慮過後，才會做出那樣的投資。」

「所以真正的問題是在金額上，是嗎？」

「對，沒有錯。」

所以我做到了什麼事？很多事。我已經破解「我們想再仔細考慮，但是根本忘記」的老狀況了。我已經抓出真正的異議項目，也就是錢。

這一點都不奇怪，對吧？每一筆生意，或說幾乎每一筆生意，錢都是主要的異議項目。除非，在篩選階段就已經先排除掉錢的問題。

他們講的「再仔細考慮」的問題在於，這個異議太龐大了，舉目所見都是虛無縹緲的鬼魂，沒有一個你抓得住。請用我前面教的方法，把所有鬼魂都趕走，縮小到最後的異議項目，這樣你就能使用我在第十四章講過的，用於化解價格異議的技巧了。

但是請注意，在他們講出「我們想要再仔細考慮清楚」的老答案時，可別自以為「很好，真正的問題在錢」，就直接孤注一擲問對方：「是錢的問題嗎？」

為何不能如此？

如果你一開始就先提到錢的問題，他們會說：「不，不是錢的問題，我們只是想要再仔細考慮過你的提案而已。」

既然你幾乎可以確定，錢的問題會是最後的異議項目，這時你只有兩種選擇：看你是要離去，或者是再多待一會兒，漫無目的地一直問「那麼是要考慮……」的問題。你的唯一希望是，看看最後能不能再引導他們回去談錢的事，再把價格異議處理掉，同時結案。在這種狀況下，想要結案幾乎得靠奇蹟了。

與其他一些結案法一樣，你一定要照著步驟走並且正確運用，才能發揮效用。想抄捷徑的話，只有死路一條。

這種結案法有個關鍵點，就是在你說「我只是想釐清一下我的想法，你們想要再仔細考慮的是我們公司的經營是否完善嗎」的時候，記得別在「的」和「是」之間加上逗點，否則會變成大災難。請別把這個最重要的部分拆成兩句，變成「你們想要再仔細考慮的，是我們公司的經營是否完善嗎？」中間不要停頓，也不要為了顯示它是個問句，而從「的是」的地方開始提高語調。

這一點為何那麼重要？因為，如果你中間停頓了，他們會說：「我們想要再仔細考慮的，是你的整個提案。」這樣，你就沒有縫隙可以插了。

**四、確認是錢的問題**。你必須確認，自己已經不再與幽靈共舞了。如果這東西明明值得他們投資，他們卻還不確定投資到底划不划算，那麼你試著從價格的角度切入結案，又有什麼意義？如果他們根本不想要這產品，又怎麼會在意得花多少成本？

在看起來可以縮小為錢的問題時，只要你處理得宜，就離達陣非常近了，所以一定要妥善處理。要問問他們，除了價格之外，他們對產品還有沒有什麼缺乏信心之處。請先確認你面對的是最後的障礙，才來用下一種結案法突破障礙。

## 第五招：極度細分結案法

你有沒有聽潛在顧客說過「超出我們的預算」？我聽過好幾百次，而且在我學會如何把對方的這種藉口轉換為結案前，我成交得並不多。

碰到對方表達對「成本太高」的關切時，我們業務員總喜歡去看總投資額，這是很大的問題。要看的應該是差額才對。假設你賣的是高速辦公室影印機，所需要的總投資額是一萬美元好了。

第一步是要找出，到底比對方預期的貴多少。在對方表示成本太高時，就用親切而得宜的口吻說：「這年頭大部分東西的物價都很高，您可以告訴我，您覺得貴多少嗎？」

現在假設潛在顧客說，他們的預算只有八千美元好了。那麼價格的挑戰就不是一萬美元了，對嗎？對方又沒有說，希望免費取得你的產品或服務。以這個例子來說，只有兩千美元而已。這才是你該著眼的地方，也就是差額而已，金額沒那麼大。一旦你得知差額多少，就別再去想總投資額了。

現在一起來用高速影印機的例子走一遍。假設潛在顧客叫露比，她對某個需要一萬美元總投資額的機型很感興趣，但露比的預算只有八千美元。看好了：

「所以我們要談論的，事實上是兩千美元對嗎，露比？」

「沒錯，比我們的預算貴了兩千美元。」

「好的。我的想法是，我們應該用適切的觀點來看待這件事。麻煩妳。」

把你的計算機交給她。「現在假設妳已經擁有『超能』影印機，妳覺得你們公司會使用它至少五年嗎？」

「大約就那麼久吧。」露比道。

「好的，那麼把兩千美元除以五年，就得出每年四百美元，對嗎？好，你們公司一天到晚都會使用它，對嗎？假設你們公司在國定假日都休息，那麼一年應該會有五十個星期使用它，對嗎？如果把四百美元除以五十，就是每星期八美元，沒錯吧？」

當然，實際數字未必會像這樣完全除盡，因此你才要讓潛在顧客自己用你的計算機計算。要記得，交由他們使用你的計算機，是為了讓他們參與其中。

再繼續講：「我知道週末會有很多工作要做，有很多超時工作，因此如果用一星期使用六天來算，應該很合理。好，妳可以幫我把八美元除以六嗎？算出來是……」

露比道：「一．三三美元。」

你微笑著說：「妳覺得我們應該為了每天一．三三美元，而害妳的公司無法獲得超能所能帶來的利潤和更多的產能，以及更高的工作能力嗎？」

「唔，我不知道。」

「露比，我可以請教妳嗎？妳們公司薪水最低的新進人員，大約拿多少錢？」

「辦事員的時薪大概是八美元吧，差不多是最低水準。」

「時薪大約八美元。所以，我們剛才講的每天一．三三美元，還低於你們公司薪資最低的助理一小時的工資。」

「嗯，如果你要這樣比較的話，是沒錯。」

「露比，我再請教妳一件事。這麼一台性能這麼精密又能夠省時的高速影印機，有許多我們已經討論過的效益。它一整天能夠為你們公司賺到的利潤，難道不會比辦事員在二十分鐘內能夠賺到的利潤要高嗎？」

「嗯，我想應該會。」

「那麼我們就意見一致了，不是嗎？對了，一號還是十五號出貨，比較能配合您的時間表？」

你現在是不是在想「哇，我可做不到這樣」？

哪會做不到？價格是你在工作中經常會碰到的異議項目。既然這樣，如果你不學學如何因應，又怎能完全發揮潛能？當然發揮不了。所以，快把這種技巧應用到你的產品或服務上，找個朋友來練熟，把每個字記起來，數字也抓熟，然後用出來。用出來之後，你會訝異業績的成長幅度之大。

如果這些結案方式有任何一種讓你很擔心無法成功，那就在你學習的階段，准許它失敗沒關係，但是你不可以不學與不用。訂下每種結案方式都要用上十次的目標。只要每種方式你都用上十次，一定會有一些成果。只要使用到十次以上，你會大有成果。只要使用到三十次以上，你就能飛黃騰達，享受大餐或訂做服飾。

只要你篩選過潛在顧客，他們也需要產品的效益，就可以把他們在結案前的最終異議項目（即價格與預算的差異），拿來依期間長短極度細分，但要把那些不能列入計算的時段都去掉。走進簡報地點時，你可能還不清楚產品的價格和這位顧客的預算間的差異是多少，但時間的長短你應該知道，不是嗎？如果你賣的是辦公室設備，可以抓個五年；如果你賣電梯給飯店，可以抓個四十年。

把數字設計得自己好記一些，也就是要使用關鍵數字。如果你是超能影印機的業務代表，你只要記住「每天六十七美分」就行了，因為這是把一千美元的金額差異分給五年期間所得到的結果。

如果價格與他們預算間的差異是兩千美元，只要在腦中把六十七美分乘以二，就算出一．三三美元了。在顧客按計算機算出答案前，你就已經知道數字會是多少了；如果對方算錯，你還可以引導他們平順算完，這樣就能避免錯誤，不會讓對方為了錯誤的計算結果感到一頭霧水而

**金額表**

**極度細分（每日成本）**

（以每年五十週、每週七天計）

| 期間 | 金額差異 | | |
|---|---|---|---|
| | 100美元 | 1,000美元 | 10,000美元 |
| 3年 | 10美分 | 95美分 | 9.52美元 |
| 5年 | 6美分 | 57美分 | 5.71美元 |
| 10年 | 3美分 | 29美分 | 2.86美元 |
| 25年 | 1美分 | 11美分 | 1.14美元 |
| 40年 | — | 7美分 | 71美分 |

退縮。

現在假設你賣的是可使用四十年的電梯。如果每天使用，一千美元的差異算起來大概每天七美分（參看右圖）。有趣的是，一百萬美元的成本差異，四十年算下來，每天也才大約七十美元而已（把一萬美元那一欄全部都乘以一百，可算出差異為一百萬美元時的四捨五入值）。只要摸熟你的數字，它們是很神奇的。

關於本結案法，我要提醒你一點，數字一定要了然於胸。拿個計算機，很容易就能幫你的產品或服務算出如下這樣的金額表。

## 第六招：順水推舟結案法

順水推舟結案法運用了豪豬技巧（前面討論過），而且效率更好。這不只是照著標準的豪豬技巧，以丟問題的方式回答潛在顧客的問題而已；只要他們的原始問題中透露出購買意願，丟出去的豪豬問題就要假設「對方已經買下」。

在順水推舟結案法的例子中，你正要引導查爾先生購買一台分批攪拌機。

查爾先生：「如果我們決定買下這產品，會希望六月十五日可以交貨。你處理得來嗎？」（大多業務員都會忍不住跳進來說「可以」，但一無所獲。請注意專業的高手是怎麼利用這個機會的。）

銷售高手：「如果我保證六月十五日交貨，您是否已準備好今天核准相關文件？」

當然，銷售高手接著會保持沉默，等查爾先生回答。

要使用這種順水推舟結案法，首先你必須注意，他們提出或表達出什麼你可以滿足的要求或欲望。除了交貨日期外，還有很多要求或欲望（也就是需求），都可以拿來順水推舟。例如，在漲價生效之前接單，就很有用。信用條件、安裝協助及顏色的選擇也是。幾乎所有對方想要的效益，都可以拿來順水推舟。

在大多銷售單位裡，讓潛在顧客指定想要的交貨日期最容易順水推舟，因為日期最容易預測。而由於對方經常會提出這種要求，因此交貨日期的問題很適於說明順水推舟的概念。請記住，我在這裡所講的原則都可以應用到任何你為了把產品或服務賣出，而拿來順水推舟的效益之上。

順水推舟有兩個重點：（一）你必須知道自己有哪些可以提供的效益；（二）你必須知道如何從獲得的資訊中淘到金。

我已經說明第二點要怎麼做了，現在來談談第一點。資訊的運用是比較簡單的部分，但資訊的取得，占了整場戰役的百分之九十九左右。我想強調的是這一點：銷售高手會設法開發優質的資訊來源，以取得資訊並供順水推舟之用，因為他們知道這樣的資訊會是結案時很好的切入點。

交貨日期確實是一種用於順水推舟的資訊，但我要再提醒你一次，與提供對方想要的交貨日期比起來，可能還會有其他效益更適於充當順水推舟的工具。

## 第七招：次要問題結案法

這一招如果用對時間、用對人，非常好用！以下就是用法：先以第一個問題詢問主要決定，再附帶一個複選推進的參與式問題，中間不要停頓。

我會舉例說清楚。假設你和製造業者法蘭克利・貝特公司的廠長在廠房裡邊走邊聊，而廠長法蘭克正仔細考慮要不要向你購買ＪＬＧ起重機。你察覺到時機對了，該用次要問題結案法了，於是你說：「法蘭克，就我的認知，你我今天唯一要做的決定，就是你要多快開始享受ＪＬＧ起重機所能幫你創造的進階效能；對了，你是要用在主廠，還是要用在新倉庫那裡？」

接著，再把次要問題結案法拿到你所銷售的服務上試試看。

「馬里蘭，就我的認知，你我今天唯一要做的決定，就是你要多快開始享受，對公司更加滿意的員工能幫你創造的更多利潤；對了，音樂是只要傳送到辦公室與倉庫就好，還是整個廠房都要？」

這種格式可以直接用到任何產品或服務上。主要決定的部分就用這種說法：「就我的認知，你我今天唯一要做的決定，就是你要多快……」

次要問題緊接在主要決定之後，不要有停頓。講的時候請用以下的說法：「對了，……」

要想成功運用次要問題結案法，你必須：

**一、以顧客效益的觀點把主要決定描述出來。**「唯一要做的決定，就是你要多快享受到〈效益〉。」千萬別以負面方式描述主要決定：「……就是你要多快停止虧錢……」或者，還有更糟的，用自以為幽默卻帶有攻擊性的字眼：「……就是你要多快學乖，向我訂購這產品以節省支出。」

**二、在主要決定與次要問題間不要有任何停頓。**

**三、次要問題要採用複選推進的參與式問題。**現在來複習一下，複選推進問題，就是藉由提供不同選項，以確認潛在顧客繼續往下走的問題；參與式問題則是讓潛在顧客想像自己已擁有產品的問題。

其實你根本不在意法蘭克會把ＪＬＧ起重機放在工廠或倉庫，不是嗎？但是在他思考這個問題時，就等於在思考自己買下產品後要做的一些選擇。因此，那個句子既是複選推進問題，也是參與式問題，不是嗎？它會有雙重的銷售力。

**四、為結案預做準備。**你可能得花一些心力，才能為你的提案內容設計出像前面舉的例子那樣，字數少又帶有高度銷售力的次要問題。不過，你所花的心力可以獲得好幾倍的回報。只要能發展出一套有效的次要問題結案法，就能在最短的時間內賺進最多收入。我不覺得有任何其他銷售活動，可以和它匹敵。一旦你設計出自己的一套結案法，一定要記熟用詞，直到你能夠不費吹灰之力用出來為止。輸家只靠臨場反應；贏家則靠事前準備。

**五、使用這裡教你的隨性口吻。**前半段的引導性句子，不但可以幫你在腦中整理好這種結案法要用到的相關資料，還可以幫你結案結得更適切。呈現的方式很重要，以下這點是我要再強調的：

**六、以既放鬆又警覺的態度結案。**要先排演好，講的時候才能講得既清楚又有隨性感。否則，斧鑿的痕跡會太明顯，也不可能成功。

當然，這麼問的用意在於讓法蘭克回答「唔，我想放在新倉庫那邊會比較好，因為那裡比較常要用到；主廠這邊大概每班工作只會用到一兩次」之類的答案。只要他講這種話，就等於買了。

呈現隨性感是成交的基石，但並不表示可以草率。你必須養成機警而不冷淡且可以讓別人感到舒適的態度。要學會既放鬆又不會給人無禮或無效率的感覺；要學會既機警又不會給人愛追問或好管閒事的感覺。易言之，要恰到好處。

我們問問題不是為了讓潛在顧客有受威脅的感覺，而是要取得進入下一步的資訊。要以親切得體的口吻問問題。如果我們察覺到自己正帶給對方威脅感、正引發緊張感，要先後退一步。等到壓力消失了，再重新嘗試。

要多學幾種結案法，因為你懂的讓對方點頭的方式，必須多於對方懂的對你搖頭的方式。如果你的火力輸給他們，你就掛了。我如果能教給各位一種每用必成功的結案方式，那我這本書可能得賣一百萬美元。任何結案方式都不可能每次奏效，只要在四分之一的情形下奏效，就會因為有太多人搶著用，而在濫用之下，隨著時間過去漸漸失效。

每個銷售高手，都懂得多種結案方式。但大多數缺乏創造性的業務員都覺得要學會多種結案方式很困難，因而不願意為了做好銷售工作與賺取高收入，而付出應付的心力。其實，想學會多種結案方式，未必得要多聰明才行，只要你有決心安排自己的時間，徹底學好幾種結案方式就行。就是這麼簡單。對於只有一小撮業務員願意付出這樣的代價，我總感到訝異。因為，與其他專業工作相比，想在所選定的專業領域中養成充分的技術水準、賺取專業級的收入，這代價算是低的。銷售工作中存在著一把競爭的大剪刀，所有不適任的都會被剪掉。銷售工作任何人都可以做，但這意味著任何人都能夠成功，任何人也都可能失敗。如果你想讓這世界知道你是個專業的業務員，就要投注心力精通銷售的藝術；你要投資足夠的時間與精力，學會多種結案方法。

假設我使用了富蘭克林正反因素結案法，但潛在顧客卻回答我「我想再仔細考慮清楚」，這時如果我因應不了，可就麻煩了，也就是我沒辦法在那一天結案成交。這意味著我可能永遠結不了那個案子。「現在」永遠會比「未來」要確切許多。

## 填補鴻溝

如果你的結案法不管用，你該如何跨越眼前的鴻溝，創造再次嘗試結案的機會呢？要把鴻溝填補起來。照這樣做：

**一、道歉。**特別是在你自己覺得逼得有點太緊的時候，要趕快退後一步，迅速道歉。我通常會說：「不好意思，我太激動了，我無意進展得這麼快。」你其實是為了沒能結案，而在向自己道歉。別擔心，這代表你又多了一次機會，可以練習多種結案方式。

在這種狀況下，我們教過的銷售高手會說：「我無意催促你。」他是真心在道歉，因為銷售高手不會用催促的，會用吸引的。這意思是他會用問題引導顧客、吸引顧客。

**二、整理對方已經認同的效益，提出拴綁式問題。**此時要穩紮穩打，只求先贏得對方的次要認同。

- 「我知道您心中還有很多問題要問，但這個款式的大小剛好是您要的，對吧？」
- 「如果您不感興趣，就不會讓我到你們公司來了，對嗎？」
- 「所以，我想說的是，JLG起重機似乎符合貴公司的需求，沒錯吧？」

**三、提出引導性問題。**提出引導性問題，以完成填補的動作、再次進入結案流程。我通常會這樣講：「我知道我講得急了點，但那些都是我們目前為止已經討論過的事項，而且雙方也都認同了，不是嗎？」

這樣你就可以再次挑戰結案了。只要你一直用這種技巧再次進入結案流程，最後，他們就會把你想賣給他們的東西帶回家。為什麼？因為，你懂的結案方式多過於他們懂的異議種類。這難道不是很刺激的改變嗎？

如果過去你因為潛在顧客自然而然地提出異議反駁，而且數量多到你手邊的技巧無法化解，並導致你無法成交的話，你一定會覺得這樣的改變很刺激。只要你懂的結案方式多過於潛在顧客懂的拒絕方式，一定會很有樂趣的。這時，你就是銷售高手了。

## 第八招：「我媽媽說」結案法

這一招很可愛。只要使用的情境恰當，你真的可以把蘋果從樹上搖下來。但在使用之前，你必須先和某人的媽媽講過話，最好是你媽媽，不然就找別人的媽媽。

首先，你要請媽媽覆述她多年以前可能曾經向你提過、但你已經忘記的建議，然後問她：「媽，妳可不可以一個字一個字把『沉默代表著同意』這句話講給我聽？」等她講完之後，要照著媽媽的話去做（在使用這招之前，一定要先和媽媽或是和誰的媽媽交談，因為媽媽一定要真的和你講過這句話才行，否則你將無法在潛在顧客面前展現出足以讓他們信服的坦率形象）。請照著下面的方式使用老媽的建議。首先，回顧一下道格拉斯．愛德華斯的那句話：「提出結案問句後，閉嘴。先開口的就輸了。」

這句話非常正確。在百分之九十到九十五的情形下，只要你違背了這句話而先開了口，你就輸了。除非你的成果已經遠超過平均水準，而且開始向剩下的那百分之五到十進攻；除非你已經察覺到什麼時候緊張的氛圍會破壞結案；除非你學到如何化解緊張，而且依然結案成交，否則你都應該照著這句話講的去做。親愛的老媽給你的建議，就是要用在這種時候。

如果你發現，對同一個潛在顧客改用另外一種結案方法時，出現了漫長的沉默，你可以用這一招來解救自己。只要你能以聰明的方式化解緊張、化壓力為幽默，也就行了。很多人都懂化解壓力，但笑可以把壓力炸得粉碎。

所以，如果你覺得沉默所形成的壓力，似乎對你沒有什麼幫助，就咧嘴一笑告訴對方：「我媽媽曾經告訴我，『沉默代表著同意』，她講的對嗎？」

潛在顧客通常都會笑出來，而笑出來就等於開口講話一樣；這意味著你贏了，你在結案了。這是一種只有在你直覺覺得可以使用的特殊場合，才可以拿出來用的次要技巧。它可以打破緊張、幫助結案。

不過，一定要先和媽媽談過，才可以用。

## 第九招：小狗結案法

這招可以讓你住在最棒的客艙裡、搭船遨遊世界。小狗看似可愛，卻是許多產品與服務都能適用、威力十足的結案方式；事實上應該算是省去了結案的必要性，因為顧客會自行結案，你只需要確認自己是在恰當的對象身上使用即可。還有，你賣的必須是高品質的產品或服務。如果以上條件都符合，那就後退一步，看著錢自己滾進來吧。

以下就是使用方式。把你的產品或服務當成小狗來賣，惹人憐愛的小狗狗該怎麼賣？就是讓顧客把牠抱回家。

你猜接著會如何？小狗會用牠濕濕的鼻子去碰他們的臉頰，會用牠又大又溫柔的眼睛盯著他們看。他們離去時，小狗會發出嗚咽聲。小朋友們會很喜歡牠，突然間他們就不讓你把小狗抱走了。就是這麼簡單。

## 第十招：類似情境結案法

如果你發現，目前正在洽談的這個人與先前某個已結案的顧客，關切的是相似的事項，就把先前那人的狀況告訴他。銷售高手會在結案成交後，花一點時間把情境記錄下來，也把講過什麼話和用過的解決方式記下來。他們會與感到滿意的顧客保持聯絡，了解產品目前的使用狀況有多好、帶來的效益有多少。銷售高手會把這些事實都記下來，只要從公事包裡抽出一張記有另一家公司類似情境的便條紙，將可打動與說服潛在顧客。

## 第十一招：「沒有這樣的預算」結案法

每一位在景氣欠佳時拜訪企業、機構或政府部門的業務員，都一定要學會這一招。它是專門用來對付大企業或大機構的總裁、老闆或高階主管（像是財務長或營運長）。

當對方告知，他們沒有預算購買你的產品或服務時，要彬彬有禮地這樣回答：「我想也是，而這正是我與您聯繫的原因。」講到這裡不要停。但接下來要講什麼得看對方是營利性企業，還是非營利機構。先來看看商業與工業銷售時的狀況：

**告訴企業將會有持續性的效益存在：**「我完全可以體會，任何一家經營有方的企業都會以悉心規劃過的預算控管支出。但我這樣講不知道是不是恰當，像貴公司這種生產力高、領導潮流的企業，預算應該只是高階主管的行事指引，並非沒有任何調整空間的項目對嗎？」

「因此，身為高階主管的您，應該也有權利可以為了公司的財務表現或是在未來更具競爭力，而彈性調整預算，不是嗎？」

「我們剛才討論的是能夠立即帶給（對方公司名）競爭優勢，而且可以持續下去的一套系統。錢伯廉先生，我想請問您，在這些狀況下，貴公司的預算是否有調整的可能，或者它依然不容調整？」

**告訴非營利機構與政府單位將會有持續性的效益存在：**「我完全可以體會，任何一個經營有方的機構都會以悉心規劃過的預算控管支出。但我也發現到，貴辦公室（單位，機構，區）很能因應不斷快速變化的民眾需求。我想貴單位有這樣的名聲，沒錯吧？」

等對方回答後，繼續說道：「這意味著在這麼一個有效率的組織擔任高階主管的您，應該把預算當成指引，而非沒有任何調整空間的項目。除此之外，應該沒有其他方法能夠讓民眾像目前從你們的設施中獲益一樣，迅速獲得新發展與新技術所帶來的好處，對嗎？」

「因此，身為高階主管的您，應該也有權利可以為了讓組織以最有效能的方式善盡責任，而彈性調整預算，不是嗎？」

「我們剛才討論的是能夠立即節省成本（或是增加參與人數、提高訪客安全性與舒適感；或是任何你能提供的效益），而且可以持續下去的一套系統。史賓塞太太，我想請問您，在這些狀況下，你們的預算是否有調整的可能，或者它依然不容調整？」

## 第十二招：經濟事實結案法

假設你的產品比較出色，而競爭產品較便宜但較不出色。潛在顧客覺得便宜比較重要，已經決定要拒絕你了。這時候你可以這樣說：

「約翰，只看價格做出購買決策有時候並不聰明。投資太多固然不智，但投資太少也有它的壞處。就算投資太多，也只是多花一點錢而已，沒有別的問題；但投資太少，風險就比較大了，因為，你買的東西可能無法帶來你原本期待的滿意度。」

「就經濟事實來說，我們很少能以最少的成本，就取得最好的東西。就算你想找成本不那麼高的供應商合作，還不是再增加一點投資額降低風險，不是比較聰明嗎？」

這裡的邏輯是，只要他們願意降低風險，那何不以更出色的產品完全去除風險？這種結案法也算是一種情感訴求；其訴求的是，顧客不會因為買了品質較差、可能令人失望的產品而丟臉。

## 第十三招：「別家賣得更便宜」結案法

這一招的說法和上一招差不多，但切入角度略有不同。本招對一般消費者較有效，上一招則對企業間的買賣較有效。

一旦顧客據實告訴你「別家賣得更便宜」，先予以認同，再緩緩把「你以比較低的價位買到的會是什麼」這種略感懷疑的想法，注入到他們的腦中。

「你講的可能是真的，約翰。畢竟，在今天的經濟環境中，每個人都希望自己的錢能夠發揮最大效用。在過去幾年裡，我學到一項事實：低價位未必就能買到你真正想要的東西。大多數的人在投資時都會考量三件事：要有最好的品質、要有最棒的服務、要有最低的價格。我自己從來沒看過有任何公司可以既提供最好的品質與最棒的服務，又能夠只賣最低的價格。約翰，我很好奇，就長期效益來說，這三項因素你自己最願意放棄哪一項？是品質，是服務，還是低價位？」

很少人會想要放棄品質或服務，這樣的說法只是用來提醒一分錢一分貨。

## 第十四招：競爭優勢結案法

在高度競爭的市場中，這一招非常有用。今天大多數產業都是如此，不是嗎？

「凱西，請妳了解，許多競爭企業都和你們公司一樣，面對著同樣的挑戰。如果整個產業都要克服同樣的困難，但有些公司卻比其他公司處理得更好，那不是很棒嗎？今天我來這裡的目的，就是要提供妳取得競爭優勢的方法。只要有了競爭優勢，無論是多是寡，你們公司就是產業裡少數幾家面對挑戰時能夠因應得更好的企業之一了。」

## 第十五招：權威人士結案法

如果你徹底摸熟這一招，而且運用得宜的話，它是很了不起。以下我會舉個例子詳細說明，這招怎麼使用。你或許是向家庭主婦推銷地毯清理服務、向企業推銷團體投保，或是向收藏家推銷藝術品，但無論你賣什麼，這個例子中的原則全都適用。你只需要根據自己的產品或服務修改用詞即可。

所謂的權威人士，一定要是潛在顧客所知道與尊敬的。他們不一定要實際認識那個人，只要知道那個人的存在與地位即可。如果你賣的是農業機械，你要找知名農夫當權威人士；如果你賣的是家具或居家服務，你要找的是社區裡的市民領袖或社交領袖當權威人士；如果你賣的 工業產品，你要找大公司或高成長公司的決策者當權威人士。你應該經常留意這類權威人士的存在，現在就來看一個實際例子。

以下是成功運用這種結案法的步驟：

**一、選擇權威人士。**現在假設你是包尼必得鍛造設備公司的業務員。在你的業務區域內，第二大製鋼業者是法因克拉斯公司。該公司是你的顧客，對你們公司的產品相當滿意，又以該公司的生產經理馬克為代表。你提供了一流的服務給對方，你們公司的設備在法因克拉斯公司也發揮了很大的效能，這自不在話下。因此，你在自己的業務區域裡，開發規模小於該公司的新顧客時，馬克就是你可以運用的理想權威人士了。

**二、招募權威人士。**在法因克拉斯公司擁有你們包尼必得的機器夠長的時間，而你也和對方夠熟之後，你可以趁著其中一次拜訪該公司的機會，問問馬克願不願意把他關於你們機器的知識，分享給其他業者。當然，必須是規模比他們小的公司，而且和他們沒有直接競爭。由於你提供了他們公司很棒的產品，你的銷售與服務工作也做得很扎實，因此馬克同意幫你這個忙。而你原本就向他保證過，你只會在潛在顧客的對口和他層級相當時，來電尋求他的協助。換句話說，你等於是向他保證，如果你只是把小型焊接設備賣給機械五金修理店，就不會打電話吵他。

**三、為特定銷售狀況安排權威人士。**此時，你止試圖把新型的高速鍛造設備賣給思拉格菲德鐵工廠，讓他們可以把過時的設備換掉。該公司在你的業務區域內是第四大，決策者是東尼。在安排與東尼的會面時，你判斷自己需要用到權威人士結案法，因此你打給馬克，約好在你與東尼洽談時，能夠打電話找得到他。馬克這邊安排好後，就到思拉格菲德公司去，照計畫向東尼完成你精彩的簡報。

**四、為潛在顧客聯絡權威人士。**你很清楚，東尼和過去的馬克一樣，也會關切你們公司鍛造設備的可信賴性如何。「你們包尼必得公司號稱更為出色的創新設備，實際運轉起來真的那麼好嗎？你們公司的維修部門真的像你講的那麼好嗎？」

在規劃簡報時，你就預期東尼會提出一些技術面的問題。純粹只是簡報並無意義，東尼當然知道你們公司的設備可以把兩片金屬黏在一起。

因此你知道，自己和東尼洽談時，主要的目的在於找出他對你們的產品及你們公司，是不是特別有什麼技術面的問題或其他異議。等你把他腦中的問題都問出來之後，就可以準備結案了。要注意的是，一定要列得很具體，而且要向東尼確認，這些都是他暫時還有所保留的事項。把它們都寫在一張紙上，然後等時機一到，就伸手去拿電話。

「您知道馬克吧？」

「法因克拉斯的生產經理，對吧？」

「沒錯。他也是我們的一個顧客。」然後就打電話。

等到馬克接電話後，告訴他：「我現在在斯拉克菲德公司和東尼洽談，他有一些關於我們公司的問題想請教您。」然後就讓東尼接手，自己講電話。你已經幫他把問題列在紙上，這樣就不會有遺漏了。

**五、在電話講完後結案。**等到馬克和東尼討論過技術性問題，也向他保證包尼必得的產品在他們規模較大的廠房裡發揮了很好的性能後，東尼的異議就不復存在了。掛上電話後，你就可以問東尼：「對了，哪天交貨對你比較方便？是一號還是十五號？」

如果發生了什麼事，導致馬克雖然和你約好，卻無法聯絡上（畢竟他還是要以工作優先），你可能無法在這天結案。你要有必須重新聯絡潛在顧客的準備，並把權威人士的電話號碼留下，好讓東尼可以自己打給馬克。隨身帶著東尼的異議項目的複本，這樣在重新聯絡潛在顧客時，就能很快從上次中斷的地方重新談起了。

有些業務員不想用權威人士結案法，因為他們覺得競爭者之間都會彼此憎恨，不會願意合作。其實很少有這樣的情形存在；基本上，同一產業中、不同公司的人員之間，彼此是友善的；他們會彼此尊重，也有一些合作的原因，更何況未來某天，他們很有可能會跳槽到同產業的另一家公司去。如果你真的碰到了競爭者之間彼此不對盤的那種少見狀況，那就算了，但千萬不要預先設想雙方一定相處得不融洽。事實上，企業人士根本忙得不可開交，哪有多餘精力去憎恨競爭者。再說，成為權威人士還可以大大提升自尊。

## 第十六招：死馬當活馬醫結案法

之所以把這一招放到最後，是因為它應該要非不得已才用。要是能做的你都已經做了，但你仍然覺得你的產品或服務真的很有益於顧客，就用這招再結案一次看看。

首先，你開始收拾自己在簡報過程中拿出來的任何資料或東西，關上筆記型電腦，把所有東西都放回公事包裡。換句話說，你準備要離開了。氣氛變得不同了，此時你問對方，自己到底哪裡沒做好，這筆生意才沒談成。

「不好意思，史密斯先生、史密斯太太。在我告辭之前，請容我向二位道歉，因為我今天沒有做好自己的工作。唔，如果不是我那麼笨拙，沒能把該講的事都講到，不然應該已經讓各位了解到產品的價值才是。由於我沒有做到，才害二位無法享受產品的效益。相信我，我真的感到很遺憾。我對自己的產品很有信心，我的工作就是協助別人擁有它。是否懇請二位告訴我，我到底哪裡講錯或做錯，我才能不再犯同樣的錯誤？請你們照實講，沒有關係。」

如果你親切而真誠地講出這些話，顧客通常會提供你一些有幫助的資訊，那可能會是你從未聽他們提過的關切事項，也可能是你以為自己已經化解掉的異議。這些都不打緊，只要他們講了什麼，就努力填補鴻溝、重新結案最後一次看看。

請摸熟這十六種結案方式，這樣你才能分辨出眼前碰到的情形最適用使用哪一招。你至少要摸熟五種才夠。別忘了，大多銷售高手要在試圖結案五次後才能真正結案。一旦你精通這十六種結案法，應該就足以結掉夠多的案子，賺到堪稱銷售高手的收入了。

第十八章

# 來學各種搶錢機制

一個業務員能否創造可能的最大成果，往往看他的技巧、他的規劃及他的決心，而不是他協助別人取得的產品或服務，以及他所服務的單位。假如你養成了和銷售高手一樣的習慣，你就會成為銷售高手，也會擁有銷售高手擁有的名聲、收入、認同及自我接納。

現在我講的是頂級的業務員，他們短短一星期就能賺到平庸業務員一年才能賺到的收入。現在來看看頂級業務員把小錢變成大錢的八種機制。

## 把小錢變大錢

超級銷售高手及多數的一流業務員都是把本書中的技巧融合在一起，藉以將一群轉介顧客，轉換為穩定的顧客來源，而且還可以自行持續產生銷售動能。平庸業務員要從潛在顧客那裡取得轉介顧客相當困難，但超級銷售高手往往簡短打通電話之後，就能從素未謀面的人那裡，取得轉介顧客。超級銷售高手付出了養成自己技能的代價，也有自信可以把這些技巧發揮得淋漓盡致。一百多年前，法國作家大仲馬（Alexandre Dumas）曾說「一事成功，萬事順利」，而這句話到目前依然真確。要想成功，就要把能夠帶來成功的技巧與知識都納為己用。

做到這一點之後，就是你學習這八種機制，把所創造的價值更加擴大的時候了。

**善用顧客的人際網路是搶錢的一號機制。**買你產品的顧客身邊都有許多也擁有同樣欲望、同樣興趣、同樣購買能力的人。你成交的每一個顧客，都可能有好幾位同伴，也是你產品的潛在顧客。

一般家庭平均都有兩輛車子，但平庸的汽車業務員，卻在賣出一輛車子後就打住了。為什麼？因為他們自己設限只和走進展示室的那個人做生意而已；他們完全不懂「每個顧客都可能介紹更多生意機會」的道理。但銷售高手不同，他們會從顧客身上下手，在一段期間後，把一筆生意變成兩筆、三筆、五筆生意，有時候還變成十筆。

請把這句話畫起來：**只要他們買了一件，他們或他們的朋友會買更多件。**

當然，你必須要用心。你必須從他們身上著手，確認他們對服務感到滿意，並迅速處理他們反應的問題。所以下面這句話也要畫起來：**對待每個顧客時，要當成他們背後都還有一千個轉介顧客存在一樣。**

現在來想想這件事。假設你這星期只做成一筆生意，但你的服務很好，因此從顧客那裡得到了四個已預先篩選好的銷售機會。

第二星期，你處理那四個預先篩選好的銷售機會，並把能夠成交的都成交了，也就是百分之五十（即成交了兩個人）。你又從這些新顧客身上各獲得四個銷售機會；在第三星期，你處理這八個銷售機會，其中一半成交，因此做成四筆生意。

現在假設你在一家電器行上班，而以上這些事都發生了。店裡有一種新的攪拌器上架，售價七九．九五美元。你每賣出一台，就有一成的佣金，也就是八美元。由於這款攪拌器真的很棒，你決定努力推推看。

下方就是你在三星期後的戰果：

| 週別 | 成交數 | 銷售機會 | 收入 |
| --- | --- | --- | --- |
| 1 | 1 | 0 | 8美元 |
| 2 | 2 | 4 | 16美元 |
| 3 | 4 | 8 | 32美元 |

看起來不是太多，對嗎？你努力推銷這台勞什子攪拌器三個星期後，才賺到區區五十六美元而已。

接下來我要你做一件事，拿出你的計算機，算算看如果成交數一直倍增下去、每位顧客都介紹四個銷售機會，又有一半的銷售機會都在接下來那週成交的話，到第十週的時候，會發生什麼事。換句話說，請把前面那個表格往下延伸到第十週，這只要一分鐘的時間就能搞定。

我不想直接把所有答案告訴你，以免壞了你的樂趣。我只告訴你一件事：只要你真的連續十週都這樣賣那台攪拌器，然後把業績維持在那個水準一整年，你的收入會超過二十萬美元（即二十萬又七百零四美元）。我再講清楚一點，這已經把你休假三星期的時間扣掉了。是不是很讓人興奮？

當然，一家電器行要賣出同一款電器這麼多台，可能不是太符合現實的計畫。但你可以用相同的方式銷售不同電器，有些電器的價位還可能高出這台攪拌器的十倍。

這個例子告訴我們，轉介顧客所能帶來的龐大倍增能力。要運用這樣的概念。明明每個顧客背後都還有一千個潛在顧客，為什麼要眼睜睜看著他只買一件就走出店外？要稍微問問，他的朋友、親戚、同事當中，應該會有一些人需要你所提供的效益。

在我改行從事訓練工作前、最後從事銷售工作的那一年，我的業績百分之百來自轉介顧客。那不只是靠我的服務而已，我還用了以上這個概念。唯一一個我開發的顧客，還是為了示範給別人看才做的。有這麼高的百分比來自轉介顧客，讓我因而可以做什麼？可以只靠篩選和結案就成交了。

當然，如果你是新手，你不可能一開始就有轉介顧客，你必須等到自己做成第一筆生意。大多新手業務員，都把心力放在做成每一筆生意上，以至於他們沒有察覺到每一筆生意的背後，都有龐大的機會存在。

**附帶銷售是二號機制。**擴大業績的第二個機制，是運用你的想像力。隨時都要設想，有哪些方式可以把週邊或附加產品賣給顧客，有什麼方式可以為同一個顧客找出同一種產品或服務的新用途？請永遠牢記以下這個問題：**我該如何為顧客已經擁有的東西搭配週邊？**

如果你的顧客是企業，而你把一項產品賣給了一家公司的船運部門，這樣子你就滿意了嗎？或者，在你提供船運部門服務時，你會請他們把你介紹給他們公司的會計部門或生產部門？當然，這得看你的產品或服務適不適合，不過我經常聽到，有些業務員所賣的設備是一家公司的多個部門都能使用的。他們卻只賣給其中一個部門，忘了去找該公司的其他部門。

以下是我建議你畫成重點的附帶銷售時的基本原則：**一定要等原本的生意已經完全結案，再研究附帶銷售的可能性。**

如果我走進你們的電器行，要找一台吸塵器，除非我吸塵的需求已經獲得滿足，否則就算你自己對那台神奇的新式攪拌器甚感興奮，我也不會想和你討論。等我買到吸塵器後，你就有機會撩撥我想要攪拌東西的衝動了。但一定要等到我已經擁有你所能提供給我的最佳吸塵器後，再來和我提攪拌器的事。

道格拉斯・愛德華斯和我是很好的朋友，在斯科茨代爾（Scottsdale）也互為鄰居。我們經常會交換在自己分別在授課時中聽來的或有人講的一些故事。一次，道格從加拿大的講座之旅回來後和我說，「多倫多有個年輕人告訴我，『上次聽過您的課程後，我就變成百萬富翁了，這全都因為您所講的一句話！』」

這就是名嘴讓人目瞪口呆之處了。就是因為大家希望從他們嘴裡聽到刺激的成功故事（雖然很少像這個故事這麼神奇），才會一直有人找他們飛到各地開講。「一句話？」我以期待的口吻問道：「是哪句話？」他的答案就是下一個搶錢機制，也是我最愛的、可以把小錢變大錢的機制：

**「要當成香蕉一樣整串賣給他們」是三號機制**。這就是那個年輕人艾德・達頓在多倫多聽了道格在課程中所講的概念後，照著去做的事。幾星期後，艾德外出拜訪轉介顧客。當然，對方有一些需求要解決，是一家不動產開發商的員工；該公司剛蓋好一個宏偉的公寓社區。案子完成後，他們設定了租金以賺取投資報酬。結果問題來了：成品太華美了，租金訂得超出市場行情，結果乏人問津。稅金與費用愈積愈多，卻沒有收入能夠支付各種成本與房貸。

於是，艾德心生一計，去找該公司的人列出他的計畫。他想到的是集合住宅，雖然現在這種概念已十分風行，但在那時還鮮為人知。艾德說服該公司，唯一能夠跳脫現狀獲利的方式，就是把公寓轉換成集合住宅出售。

速度很重要。艾德訓練了一支規模雖小、能力卻很出色的銷售團隊，負責把集合住宅整串整串賣掉，像香蕉一樣。他把原本這些公寓以三棟三棟、四棟四棟、五棟五棟的方式規劃在一起，同一個投資人往往會買個兩串或三串。由於有稅賦優惠，投資人並不急著馬上回收資金。

除了銷售團隊外，艾德還成立一家管理公司，為新屋主處理租賃事宜。兩家公司都很賺錢，也成長快速。艾德成功地為原始開發商把失敗的財務投資，轉換為獲利的投資活動，因而獲得源源不絕的新機會。他的名聲不但傳了出去，加拿大的多本商業雜誌，還廣為讚賞他的成就。不到三年的時間，艾德就成了百萬富翁。

要隨時留意，能夠把產品或服務當成香蕉般整串賣出去的機會，而且要在腦海中記得這個概念：**每次一挖到寶，就要把整座寶山都挖空。這是四號機制。**只要你曾經和一家銀行成交過，你就知道怎麼和每一家銀行成交；只要有艘漁船用了你的漁網後抓到更多魚，你就可以把漁網賣給停在港口的每艘捕鮪船。你是不是擔心，自己竭盡全力做好準備，只為了賣給一位顧客，能有多少回報？別擔心了，趕快設想要如何運用你即將從中學到的新知識吧，要繼續把東西賣給同一個企業，或同一個利益團體裡的每個人。換句話說，要把每個潛在顧客都看成他是特定團體的成員（因為他本來就必然會是某個團體的成員）、看成你是在學習如何與該團體做生意。

這下好了，如果你用同一套方式，把整串東西賣給整串的人，賺了那麼多錢，是要怎麼花才好？**用名片接觸素未謀面的人。這是五號搶錢機制。**當我們還是銷售新手時，很多人會發上千張名片出去。後來我們就不再這麼做，因為已經有足夠的生意要處理了。這表示我們並未察覺有多少生意來自於名片。

我還在從事不動產銷售時，會在每次付帳單時都附上名片。我心想，一定會有人負責拆信封。一天，有個女士來電說：「霍普金斯先生，你不認識我，但我和我先生想買一棟更大的房子，我們想找你談談。」

告訴她我樂於效勞後，我問她：「您是怎麼找到我的？」

「你是我在瓦斯公司負責的客戶，」她說道：「我的辦公桌上已經有二十多張你的名片了。」

滿足這位女士的購屋需求所贏得的收入，足以讓我發一百年的名片也發不完。這只是一個例子而已，除非你賣的是僅限於特定對象的特殊物品，否則別錯過任何把名片交到他人手裡的機會，不管你和對方是遠距離接觸或只是短暫接觸。

**自己當活廣告是六號機制。在上班日外出時，都要這樣做。**要做得有格調，就是隨身帶著可以當手寫板使用的硬質資料夾，外面印上引人注目的訊息。下次你午餐在餐廳裡排隊等待帶位時，看看那些和你一起排隊的人，其中會有多少人需要你賣的東西？

別只是站在那兒侷促不安，要放鬆自己、散發友善感、不經意地拿著資料夾，好讓別人看到它。上面可以印上「我們幫你把錢變大」或是一些戲謔性的句子。如果你們公司很有名，或是足以透露出你賣些什麼，也可以印上公司名，這可能會是最有效的訊息了。

銷售高手很清楚，別人會去讀資料夾外的廣告，然後找他們交談。對方通常會講「噢，你是某某公司的員工」，而把公司的名稱讀出來。

每次碰到這種事，銷售高手就會微笑地遞出名片道：「對，我在那裡服務。很明顯您一定有某些需求，才會問我這個問題吧？」銷售高手還知道，這類邂逅往往可以帶來一些原本掌握不到的賺錢生意。

**學到如何在重新與潛在顧客洽談時恢復原狀，並使用七號搶錢機制。**無論你喜歡與否，很多銷售流程中，一定都會有必須重新與潛在顧客洽談的時候。如果在你完成產品的簡報或服務的展示後，對方仍未準備好要做決定，就勢必得等日後再重新洽談了。很多時候，對方提出來的理由都很合理，也不是你能夠克服的。他們會要你留下相關資料與介紹手冊、說他們會在看過後通知你。在第十七章的結案十六招中，第四招就可以用來處理許多這類的拖延藉口，只是，一定還是會有一些生意得要日後重新洽談才能結案。如果你經常碰到這類情形，就要學學如何結案結得更漂亮些。我把流程分成幾個步驟解說：

一、在上一次洽談時，就決定好重新洽談的方式，別因為硬推銷而毀掉了再次洽談的機會。別答應你要打來再約第二次碰面，因為對方很容易叫祕書告訴你會回電，結果隔年才回電。大多狀況下，你可以直接走進去找對方重新洽談，雖然第一次洽談時確實得先約好時間。

二、重新洽談時，要微笑、致意、再講一次姓名與公司名稱，以防他們並不記得。還有，再強調一次，除非他們先有動作，否則不要硬和人家握手。

三、先摘要一下產品的效益。平庸業務員不會這麼做，而是問了會讓對方給否定答案的問題，結果馬上毀掉生意。接著，他們才焦急地把剩下的時間用來讓生意起死回生。生意是怎麼毀掉的？因為他們問了類似這樣的話：「唔，您決定了嗎？」劈頭就要對方講出決定，而沒有先重新講述上次洽談時雙方達成的共識，往往就註定了要遭到拒絕。

專業的業務員永遠不會問那種會迫使對方給否定答案的問題；他們會從截然不同的角度切入。現在假設一星期前我向凱連斯太太展示了一架鋼琴。我在展示時通常都會希望夫妻倆都在家，但那天凱連斯先生不克參與，因此我只展示給太太看。現在我再次前來洽談，而我做的第一件事是，先回到當時的狀況去。

「凱連斯太太，我想先覆述一下，上次我們已經談過的事。那時我們都認為，你最喜歡的那款『歌甜』鋼琴放在這個角落恰恰好，對嗎？」

「我們也都同意，雖然這款鋼琴不是我們公司最大最貴的產品，但它的音調與音質要滿足你們的需求綽綽有餘，對嗎？」對於這兩個問題，凱連斯太太都給了肯定答案，因為這是上次洽談時就有的認知。我繼續道：「我們也都同意，一旦府上有了鋼琴，最教人興奮的一件事就是，孩子們能夠把您和先生已經投資在孩子身上的五年鋼琴課程上得更好。」

我給她機會講些關於此事的正面看法後，又接著說道：「還有，我們也都覺得，您的孩子會因而更常帶朋友來家裡玩。您講過希望孩子多待在家裡一點，對嗎？」

她必須同意我講的，因為那是上次她自己講過的。當然，上次她在這樣講的時候，我就已經注意到這些情感購買因素的重要性，所以老早就努力記在腦海中了（很多銷售高手不相信自己在此時的記憶力，因此若有再次洽談的必要，他們一結束第一次洽談後，就會速速記下潛在顧客可能會購買的因素。等到要再次洽談前，他們會再複習一次，以免遺漏）。

等到我覆述過所有她期待藉由購買鋼琴獲得的效益後，等到我把那些感受都召喚回來後，我才會提及上回洽談時阻礙了成交的因素。但我不會要她做決定，而是著眼於情感障礙上。

「我真的覺得上次我們唯一沒有充分討論並取得共識的事情就是，您的先生是不是和您一樣，這麼想要投資於孩子身上，對嗎？」

我的用意何在？在於把她拉回展示過後的情感狀態。當我走進來二度洽談時，如果對方已確切決定要買鋼琴，她應該會打斷我、直接說她要買才對。凱連斯太太預期我會講這類的話：「您好，我又來了。您是不是和凱連斯先生談過了？他對買鋼琴的意見是？」這樣她就可以照著原本想好的回答我：「他的答案恐怕是否定的，很抱歉，我真的很努力試過了，但我想我們要等到明年才能買了。」

只是，她和孩子們都想要也需要我的歌甜鋼琴，也買得起。我的工作是要幫她取得鋼琴，而不是讓她輕而易舉打發我走。因此，我沒有引導她講出「抱歉，再見」，而是引導她走過她想要那台鋼琴的所有情感因素。只要我能讓她談及想為孩子與孩子的朋友們買鋼琴的事，並沉浸在那種情感中，她就會設法買鋼琴。要對自己說：「我才不要在這個世界上當個專門吸收負面感受的海綿；我決心要協助別人取得效益。」

以下是賣產品給企業但失敗的業務員常會講的話：「您好，我又來了。您是不是考慮過我的提案了？」這類業務員問了這麼了不起的問題後，幾乎都會得到什麼答案？「是，否。」（「是，我們考慮過了。否，我們不需要它。」）一刀下去，業務員就斃命了。但這是他們自找的。

若銷售對象為企業，那麼和賣給個別消費者時一樣，你必須在回來重新洽談時，先摘要一下上次洽談中雙方已經共同認定的效益。你必須找回上次洽談時的氛圍，讓他們意識到效益的存在。如果重新洽談已經變成常態而非例外，銷售高手就會開始預留王牌了。他們會故意在簡報時預留一項效益不講，等到回來重新洽談時，就能在摘要效益後，講出類似這樣的話：

「瑟凡先生，上次我們碰面時，曾經討論過貴公司會因為敝公司的機器，而享有更高的生產速率。不過，那時我似乎漏講了一些事，對於您要做的決定可能會很重要。我知道，目前敝公司的提案超出了貴公司的預算，但我希望您記得一件事：敝公司的機器不是只有生產速率高而已，還提供了自動控制的進料機制，最多可提高八成的生產力。」

丟出這顆寶石後，就進入結案流程吧。

最後一項搶錢機制就像翅膀一樣，幾乎不花錢，卻也不太常有人使用。但它卻是最了不起的搶錢方式之一。八號機制是我所知道的最有威力的方式，可以迫使別人幫你大肆發揮業績潛能。基於一些我從來就搞不懂的原因，很少有人用這技巧。或許我不必訝異，畢竟只有百分之五的業務員會使出混身解數賺取更多收入、把工作做得更好。或許它不是那麼直接的方式，或許它只需要一點用心及一點精神就能做到，卻只有百分之五的業務員會經常使用這麼簡單的技巧。

在英文中，銷售工作者最常講的兩個字是什麼？不是「給錢」，而是「謝謝」。沒錯，謝謝。多年前，當我開始盡可能寫謝卡給每個人時，我發現了這件事。成果非常出乎我意料之外，我來舉個例子好了。在把第一筆銷售工作中得到金額可觀的支票拿去兌現時，我直接去買西裝，因為我急需得體的穿著。接下來的幾天裡，我一直穿著那套西裝，卻不小心沾上一塊油。我急忙把西裝送洗，老闆火速幫我洗好，趕上了我的下一場約會。因此我寫了一張謝卡給他，結果他把謝卡和我的名片一起貼在收銀機前。三天後，一位也找他洗衣的顧客看到小卡，打來找我，最後我拿到一筆大生意。除了讓我荷包賺得飽飽的之外，還讓我學到一課：**感謝他人，要用寫的，而且要立即寫。**

口頭致謝很好，這是必要的禮節，有時也是你唯一能夠表達給別人的謝意。只是口頭致謝很少能帶來轉介顧客，你必須為此寫下謝卡。

別以為我寫給乾洗店的那張謝卡是這招唯一管用的一次，我經常收到採用我的建議並在銷售流程的最後寫下謝卡的銷售高手們寫給我的信。

其中一封信寫道：「湯姆，我去超市購物時，確認訂單的小姐說，『你是做不動產的對吧？』我說沒錯，之後和她聊了一下，也把我的名片給她。後來我想了想，查出她的住址，寄給他一張謝卡，謝謝她收下我的名片。兩星期後，她打來說她妹妹和妹夫想買房子。只因為我寄了謝卡給他，因而得以讓小倆口開心買到房子。」

## 謝卡的魔力

如果你剛入行，還沒有顧客，就盡可能寫張謝卡給每個你碰到的人。請把它當成一種傳播技巧，你送出大量的訊息，其中一些將會打中人心。送的方向要對，假如你賣的是保險或不動產，等於幾乎每個人都是潛在顧客的話，就寫謝卡給當地冰淇淋店的經理及其他一些最不會注意到你的人。假如你的產品是柴油卡車，那對象就要挑一下。

無論你賣的是什麼，永遠都要隨身帶著三吋乘五吋的卡片，才能用來寫上感謝的話語及表達謝意。假設你正著手拜訪一些公司行號開發顧客，而一次就在你等著見某人時，剛好在那裡碰到另一家公司的高階主管，還小小地寒喧了幾句。

那人離開後，不太會記得曾經見過你，大概幾天內就會完全忘記你了。但假如你當天就寫張謝卡寄給他呢？謝什麼？謝謝他陪你短短聊了一場。如果在你們巧遇時，你可以問到對方的姓名與所屬單位的話，稍後就能自行查出地址的其他部分。

隔天，他的祕書會先拿什麼信給他看？你的謝卡。你知不知道，他收到這種東西的次數有多麼少？祕書會走進他的辦公室說：「今天早上有一張寄給您的謝卡。他來拜訪過嗎？我不記得他。」「噢，有，我記得這傢伙，是個好人，昨天剛認識的。」接著該怎麼走，就要看狀況了。就算這位主管所屬的公司並不使用你們家的產品或服務，他還是很可能認識許多有此需求的企業的主管。銷售工作並不是在真空狀態下獨立運作的功能，而是社會的纖維編織而成的網。沒有人能事先看出或知道一個社群裡所有複雜的人際關係，但這些人際關係卻可能會影響到每個人找誰買什麼東西。我們可以確定的是，只要愈多人喜歡我們、信任我們，我們成交的次數就會愈多。

以下是一些你應該送出謝卡的時機：

**一、初次見面後。**任何時候你認識了誰，而雙方談及了你的產品或服務，就要送出謝卡。

**二、再次見面後。**每次再見面後都送出謝卡，感謝他們見你。

**三、完成展示後。**只要既有顧客請你去展示新東西，就要送出謝卡。

**四、顧客購買後。**「只是想再次感謝您的……，同時也讓您知道，只要有任何我能夠提供的服務，請隨時找我。」基本上，避免提到「產品可能會有問題」會比較好，但還是可以明確告知有需要可以來找你。當然，真的有問題而來找你時，要迅速積極解決任何問題。短視近利的業務員會在顧客碰到問題時避不見面，這種人由於從未建立忠誠顧客，因此總是四處換公司的一群人。銷售高手碰到產品或服務有問題時，處理態度就截然不同。他們知道，如果使用起來很完美、全無瑕疵可言，顧客反而很難記住自己。去向顧客簡報，在成交後離開，就沒有了。但如果出現問題，而且處理得又快又好，顧客就會記得自己了。轉介顧客的最佳來源，是那些你幫他們解決過問題的顧客。

**五、獲得顧客介紹潛在顧客後。**無論你成交與否，寫謝卡給幫你介紹顧客的人，是你的基本功。你可能會想請他們一起吃個飯，或是出錢讓他們去吃一頓。

**六、別人非出於本身職責而給予你協助。**任何產業的任何人只要曾經對你好過的，都要記得。例如，你是否曾找顧客共進午餐或晚餐過？你會希望餐廳的領班在你和顧客走進來時，特別招呼你們嗎？那就要寫謝卡給領班，告訴他你對於他的服務有多滿意，以及你有多期待下次再帶誰來這裡用餐。他收到謝卡後，你會發現，每當你預約及再次造訪時，都會受到完美的款待。

你想不想成為唯一一個在車子進廠保養時，永遠不必等待的人？下次車子再進廠後，寫張謝卡給經理：「親愛的切特，昨天感謝你們這麼快就弄好我的車，我真的很感激。我會盡可能幫你們介紹生意。某某某敬上。」再另寄一份複本給該廠的老闆。假如你知道幫你保養車子的技工姓名，可以在給老闆的謝卡中提到那人的名字。你的謝意最後會傳到那位技工的身上，可能是獲得稱讚，也可能是獲得升遷。

**七、買賣不成仁義在。**何不寄給沒成交的潛在顧客一張謝卡？畢竟他們確實出於禮貌聽了你的簡報。假如他們不喜歡自己過去買的東西，或者競爭者沒有對他們做好服務或跟催的話呢？他們就可能會後悔於自己的決定，並告訴朋友，在買東西前，要先找你問過。這就是一種轉介顧客，而且是素質最好的那一種：一個擁有你競爭者最新機種的人，竟然說你的產品比較好。

沒錯，要寄謝卡給沒有找你購買的人，而且要保持聯絡。那些與他們成交的業務員很可能沒寫謝卡，或者那位業務員離職使他們成為在對手公司裡被推來推去的孤兒。要留意這些外在孤兒的動向，等到他們走完一輪心癢週期，你就攻占了與他們往來的絕佳位置了。到時，原本促使他們選擇了競爭對手產品的價格與功能因素，很可能都改變了。

你可以在用於結束銷售流程的謝卡上，寫下這樣的內容：「感謝您讓我向您展示（東西名稱）。很開心能有這個機會與您洽談，也很感謝您花時間考慮。雖然這次敝公司未能滿足您的需求，但我希望以後當您想到（你主要經手的產品類別）時，會想到我。如果有任何服務是我能夠提供的，請讓我知道。某某某敬上。」

就算到了今天，我還是會隨身帶著三吋乘五吋的卡片，也會帶著公司印好的謝卡。每天我平均送出五到十張謝卡給我碰到的銷售高手、給參與我們課程的人、給投資我們訓練體系的企業主，以及許多滿足我的需求或我公司需求的人。

每天以十張謝卡計，一年等於三千六百五十張，十年就是三萬六千五百張。有些銷售高手告訴我，他們每送出一百張謝卡，會贏得十筆生意。你每送出一百張謝卡，一定也可以贏得不只一筆生意。請把你每成交一筆的平均收入乘以三十六，就知道在未來的十二個月裡，這項技巧至少會為你帶來多少額外收入了。我想你會體認到，它是一種很有成效的技巧。

每寄一張謝卡，只需要三分鐘的時間及一張郵票。在你等著見某人時，與其呆望著牆壁，不如拿來寫謝卡。今天就開始寫，因為成果不會在一夜之間出現。就像人生中那些能夠成功善用機會的技巧一樣，要持之以恆做下去。每天十張謝卡，一個月就有三百張。這樣已足以大幅提升你的業績了。

第十九章

# 如何藉由文書作業事半功倍

大多業務員眼中的文書作業，就像阿拉伯國家眼中的石油一樣，一方面是麻煩而棘手的玩意，對自己的用處不大；一方面卻也非得持續花心力管理好它，否則就不會有收入進來。如果去問任何一位業務經理，他對業務員的文書作業有何看法，他會說，表現最差的那三分之一業務員的文書作業，最容易出問題；即便這些業務員製作的文書數量，只有表現最優秀的那三分之一業務員的幾分之一而已。為什麼？因為最優秀那三分之一業務員太忙了，沒有空回答一些可以避免發生的文書問題，因此他們都是一次就做到好。

如果你問我，哪一項因素最能夠區隔出銷售高手與平庸業務員？我會回答：一次就把事情做好。正如一位惱怒的業務經理所說的：「為什麼平庸業務員總是有空重做一次文件，卻沒有足夠時間一次就把它做好？」

## 公司文件

銷售工作與人生的每個層面都一樣，沒有所謂「無用的時間」，只有「用掉的時間」與「浪費掉的時間」之別而已。時間浪費得最快的，莫過於你上呈給公司的訂購單寫得太不清楚，以致後續處理人員必須用猜的。

你可以快速填好訂單，但第一前提是要寫清楚。要嘛你就寫得又快又清楚，要嘛你就學好打字。銷售高手都會把訂單填清楚，才不會因為疏忽，導致交貨延遲或交貨錯誤等重大損失，結果激怒顧客。他們會重覆確認與訂單相關的文件是否寫得精確而清楚。如果你的銷售工作可以在線上或在公司軟體中製作訂單，請務必這麼做。把訂單傳送給下一個階段的處理人員之前，要再次確認細節及有無錯字。有了電腦化的訂單工具，你可能就不必擔心有人無法判讀你的筆跡了，但你還是必須檢查訂單上的資料是否精確。

只是，一旦我們不再親手填寫訂單，會碰到一些必須注意的其他重要事項。因為你的公司會用文件來：（一）控管你；（二）提供資訊以滿足政府部門的要求；（三）收集生產與行銷決策上需要的資訊。現在一起來看看這三類文件。

**一、用於控管你的資訊。**根據定義，大多業務團隊中的大多業務員，都是平庸的。這代表著大多業務部門在設計文件時，都是針對平庸業務員設計的。換句話說，由於平庸業務員自己不積極主動，公司只好要求他們積極主動。

想想這件事。除了少數例外的狀況，所有業務經理，都會發現自己面對兩項事實：

- 業務團隊中，最優秀的不到兩成的人包辦了團隊總業績的六成以上，而且這群人不太需要公司敦促他們工作。
- 業務團隊中，其他超過八成的人只產出團隊總業績的四成以下，假設公司給他們壓力的話。如果公司給的壓力不大，這群人的產值甚至會更為低落。

公司的文件愈是製作得不好，就愈需要更多文件來補強。我知道這聽起來怪怪的，但企業的生死，全看資料記錄得是否精確。如果人員提供的資訊不精確，公司就會要人員呈交更多設計得更好的文件，以取得所需資訊。

**二、政府要求提供的資訊。**銷售高手會馬上把這類資訊記錄起來。他們知道，公司必須提供政府這類資料，也知道自己趕快做好所花的時間，會比等人家催促才做的時間要短。

**三、公司用於控管行銷與生產活動的資訊。**同樣的，銷售高手會熱誠地配合。他們知道，公司的未來發展取決於行銷與生產決策的優劣；而這兩種決策，靠的是業務員上呈的資訊。大多公司都會希望業務團隊發揮兩大重要功能，即做好銷售工作及收集資訊。由於這兩件事都非常重要，公司能夠有多好的發展，得看業務團隊的能力有多強。

許多原本立意良善的事，都可能導致毀滅。例如，學生時期，老師是不是曾經給你三十天的時間，完成一項你知道只要努力幾個小時就能做好的作業？你是不是會馬上完成它並把它從你的腦海中移除？你沒這麼做。就算你惦記著這件事，三天過後，「我還有二十七天時間」的懶散念頭，就會讓你連一小時都不願意花在這件事上。接著，兩星期忽地過去了，你開始覺得有些難受。你看到一個斗大的「F（failure）」字母正悄悄地逼近你，代表著失敗。又過了幾天，F字母在你的腦海中愈變愈大，你也變得更加痛苦與焦躁。最後，距離截止日期兩天前或是前一晚，你坐下來，拼死拼活地把作業作完了，讓你如釋重負。你可能會說：「為什麼我不在一個月前就做？那我就不必像這樣冷汗直冒了。」

銷售高手寧願因為努力工作流熱汗，也不要因為擔憂而冒冷汗。由於他們有這樣的強烈想法，因此要不了多久，他們就會有足夠的時間可以玩出一身大汗了。因為，他們的生活已經上軌道，而且他們的工作與目標都已照著計畫在走，他們銀行帳戶的數字也很好看。

準時是一種習慣，延遲也是一種習慣。你可以把自己的心靈時鐘設定為準時，也可以設定為晚十分鐘。你可以把完成文書的時鐘設定為準時，也可以設定為要人家提醒你三次才完成。任何習慣只要你想改變，都改變得了。你只需要花二十一天的時間，集中心力以新習慣取代舊習慣就行了。

這代表著你的新習慣必須持續二十一天，不能有任何閃失。只要你鬆懈一次，一切就從頭來過。只要你真的想擁有新習慣，也沒有因為大腦深處一些細碎的抱怨聲而干擾自己努力的話，都能夠在短短三星期之內，擁有任何你選擇擁有的習慣。

以下是迅速處理文書作業的一些原則：

- 如果很明顯在某個期限前必須完成它，那現在就動手做。處理任何文書作業最快的方式，就是在第一眼看到它時就動手做完它。
- 如果是沒必要完成的文書作業，就馬上丟棄。
- 不同類別的文書要有不同層次的精準度。如果涉及龐大金額，（訂單與銷售同意書）就必須有最高層次的精準度；如果無涉龐大金額，就快速估算一下即可。

## 跟催文書

銷售高手知道，必須把自己的工作當成在經營企業一樣。銷售工作的本質是，凡事你都是為了自己而做。事實上，許多業務員的工作自由度，都高過於大多數小企業的老闆。但也因為業務員做事有這麼大的自由度，可以自行決定時間、地點與方法，導致許多業務員都缺乏自我管理。只要能做好工作上的自我管理、躋身一流之林，並且維持水準，就不難以一半的時間賺到兩倍的收入。為此，你必須竭力安排好自己，不能吊兒郎當。

為何此事這麼重要？因為自我管理可以節省時間，而時間是我們僅有的資產。自我管理可以預防未來的問題，也是建立轉介顧客的基礎。只要你自我管理得宜，就不會忘記你答應顧客要處理的那些小細節。

如果你說，「當然，伯亨先生，交貨的時候，我會到場確認安裝過程正確無誤」，那你最好做好自我管理，否則到時你可能不會到場。一旦發生這種事，伯亨先生會開始拿一些小事找你麻煩。如果你原本說到做到，根本不會受到這些小事的困擾。是因為你為了做成生意而答應了一些事，卻沒有遵守承諾，對方才會這樣反擊你。現在，伯亨先生不會再相信你所講的任何事了。他幹嘛相信你呢？你已經自己證明了你講的話根本不值得相信。

你們公司可能會提供設計得很有條理的跟催系統，或是聯繫管理軟體。這些東西都很棒，因為它們是針對你的工作內容設計的。只是，你還是必須付出該付的代價，做好自己的本分，好讓這些工具能夠發揮效用。在業務較為不忙的時段，最適於更新跟催檔案；此外，也要根據檔案中記錄的最適於洽談生意的時段，打電話給潛在顧客。

這類管理用的工具，我都喜歡以比較簡單的方式運用。如果你的軟體允許分類，請把顧客名單分為三大塊：

**一、高熱度顧客。**這些人有需求存在且已經通過篩選，也真的有足夠的興趣，願意在短時間內做出決定。

只要對方興趣真的很高，通常會在七天之內做出決定。不過，那並不表示他們會在七天內購買「你的」產品，也可能只是在會在七天內購買「那種」產品而已。因此，銷售高手會設法同時與三到五位有高度購買意願的潛在顧客洽談。平庸業務員就算手中握有列出銷售機會的龐大清單，卻依然不動手聯絡。如果你就是這種人，這份清單又何用之有？如果不善加運用，等於全無價值。

**二、中熱度顧客。**第二類潛在顧客檔案，列的是那些明顯通過篩選，也有需求，但尚未表現出高度購買意願的人。

或許他們是在等待未來的一些事件，來為自己的需求加溫。回頭去看看對方的心癢週期吧！假設你的產品心癢週期是三十個月，距對方上次購買如果才過了一年，換購熱度只能算中等；如果已過了兩年，換購熱度就介於中高度之間；已過兩年四個月的話，那換購熱度就很高了。

**三、低熱度顧客。**顧客檔案中的第三個層級，用於存放來自任何來源、但並未馬上分類到高或中熱度類別中的銷售機會。

這些人可能只是在觀望，可能是自己走進店裡，或者只是看到廣告或招牌而打進來，但似乎沒有迫切的需求，或是未來才會有需求。

但是請記住，除非對於你提供的產品或服務有相當興趣，否則很少人會一看到廣告就打來詢問，或是看到商店或招牌就走進來。對於自己沒有需求或負擔不起的產品或服務，也很少人會花時間四處挑選，或是找你洽詢。平庸業務員都太急著排除這類看似熱度不高的顧客，覺得他們不值得自己花時間處理。

銷售高手每隔三天就會檢視顧客檔案，找出最適於在當天幫他加溫的對象。每當有個高熱度的顧客核准了交易文件，他們就會再找一個中熱度的顧客，將其列為首要的加溫對象。

還有，一年到頭，銷售高手都會與歸類為低熱度的顧客保持聯繫。他們會每隔九十天、每隔一個月或每隔一週就聯絡。間隔的長短取決於產品的心癢週期，以及對方目前所處的階段。無論如何，他們都會確保當對方的需求變大時，自己隨時都能予以滿足。

大多數人都想要比較新的東西，但平庸業務員卻沒有做好利用這項事實的準備。每當公司推出新東西時，銷售高手很清楚自己該做什麼。他們會找出中熱度的顧客，告訴對方公司的新產品或新概念，因為這樣可以把一些中熱度顧客變成高熱度；他們也會找出低熱度顧客，把其中一部分變成中熱度顧客。

以下是一些你可能會想要加到跟催系統裡的其他類別：

**一、來自交換聚會的銷售機會。**這個來源的潛在顧客，應該另外歸為一類，因為他們任何時候都可能變成高熱度顧客。還有，你應該和交換聚會中的其他成員合作推動銷售活動，並將目前進度回報給介紹者知道。

**二、心癢週期觀察名單。**設定好你的軟體，等到有人快要進入心癢週期幾天前就通知你，這樣你才有時間複習對方過去的資料、做好準備採取正確行動、幫他們抓癢。

**三、轉介顧客。**盡快聯絡這些人，並歸類為高、中與低熱度顧客。

除了以上的顧客檔案外，你還需要一個簡便的系統，來維護所得扣除資料與費用資料。政府相關部門的要求是，要以日誌的形式提供每日記錄的資料，所以就照做吧！這只是習慣的問題而已，只要每天記，到了繳稅季節，就可以不用那麼緊張了。你還可以因而省下一筆錢，因為一旦缺少單據或是費用未經記錄，都等於自己把錢丟掉一樣。

新進的平庸業務員會覺得：「我現在沒空記錄資料，等我有一些收入後，再來擔心扣除項目的問題。」等到下次再想到這件事時，他們就臉色發白了，因為已經賺進不少收入，也已經因為漏了許多費用可扣除的單據，而損失了幾百美元。單據要隨時歸檔、費用要隨時記錄，也要善加利用法律規定的所得稅減免額。管好稅務，也是銷售能耐的一部分。要當成是在經營企業，因為你自己就是企業。

關於文書作業，我還有最後一件事要提醒你：假如你希望與自己目前服務的公司一起成長，就別排斥公司的文書作業。該填的就填，否則你會扼殺掉自己在公司裡的發展機會。企業的生存得仰賴文件，無法負起責任建立自己份內文件的人不可能有太好的發展。

我經常聽到有人說：「那個位置明明應該是我升上去的，卻沒有優先選我。」

我都會問他們：「你把自己當成企業在經營嗎？你的主管知道你這麼做嗎？你曾經向他們證明過你能夠承擔的責任，高過於你目前的工作嗎？」

企業在選擇要晉升誰的時候，年資長短或許不像你想像的那麼重要。企業主管往往會毫不猶豫選擇明顯有能力的人，而非比較資深的人。那麼，何謂能力？

能力絕大部分取決於管理好自己的工作、管理好自己的資源，以發揮出最大的效率。要想做到這樣，你必須把時間做最妥善的運用，而這正是我們下一章的主題。

## 第二十章

# 財富的建立始於時間的規劃

績效平庸的業務員很少會規劃自己的時間。所有的銷售高手與一流業務員都會仔細規劃時間。因此，要想提高業績、增加收入，就必須規劃時間。

我想你應該會同意以上的說法吧！但你會規劃自己的時間嗎？你很可能沒有這麼做，因為你心裡有個怪念頭，即規劃時間是很困難、很複雜的工作。它並不是。事實上，它是世界上最容易做到的事之一，是馬上就會有回報的事。首先，把你明天必須做的事在紙上列出來，然後依重要性排序。如果你在每天晚上回家後到上床前的這段時間內，固定做這件事，你的效能與收入至少會增加兩成，甚至於只要靠這招，就能讓效能翻倍。太多人一整天都在忙著看到什麼做什麼，忙碌到忽略了那些我們可以去做的、能夠賺進收入的重要工作。

假如你從未規劃過時間，就先從這種簡單卻又極有效率的方法著手吧。養成固定習慣，每天晚上在同一時刻坐下來，花幾分鐘列出隔天該做、能夠善用一整天時間的事；然後，依重要性排序。許多極為成功的人士，都會用這種方法，有系統地控管時間，而且可能只靠這招，便已足夠。多年來我都告訴學生，把隔天必須做的最重要六件事依照重要性寫下來就好，不要列到二十五或三十件事，那只會讓自己忙不過來而已。一天要做完六件事，是很合理也很實際的假設。

接著，努力組織好自己。坐下來，列出所有你能夠做、能夠學習，好讓自己變得更有效率的事，然後列出能夠在最短時間內完成或學會這些事的時程表。你愈快完成這些事，收入就愈快開始增加。所以，不要遲疑，今晚就動手。你可能會想把「加快打字速度與準確度」也列入清單中；打字技巧可以節省你把資料輸入到電腦的時間。如果你覺得自己的基本電腦技能有不足處，可以考慮報名新手電腦課。也要上特定軟體的課，可以是正式課程或是由精通特定軟體的朋友教你的非正式課程。要研究自己的各種績效比率，找出哪個技能領域最能幫助你大幅提升產值，或許是建立關係的技巧、篩選的技巧或簡報的技巧。這些技巧都已在本書中提及，你可以訂目標，先精通其中一項，再著手加強另外一項。

賺取龐大收入的頂尖銷售高手從來不會在還沒寫出隔天必須做的最重要事項前，就上床睡覺。無論發生什麼事，他們都會先在列計畫用的筆記本中，寫下隔天要做的事，才能繼續維持自己的高收入。你可知道，假如你開始每晚都寫下隔天該做的事，會怎麼樣嗎？

潛意識會整晚處理你的待辦清單，而且不會干擾到睡眠，因為它想要幫你解決問題、達成目標。不過，除非你先讓潛意識得知隔天預計會發生什麼事，否則它是無法幫你的。這就是「列出隔天要做的事」的功用之所在：它可以幫你扳開潛意識這把手槍的擊錘，讓它處於準備擊發的狀態。上床睡覺不久前，是做這件事的最佳時機。等到早晨到來，你會發現，潛意識已經在睡夢中準確地開了幾槍，讓你的意識中多了一些新想法，知道要如何把待辦清單上的事項處理得更好了。

要花幾天的時間醞釀這套做法；最好的方式莫過於找個安靜的房間，審視自己所列的待辦清單，想像自己正在處理其中最困難的部分。還有另一件事也同樣重要（即你千萬不能漏掉這個步驟）要想像自己在成功做好明天的每一件待辦事項後，所享受到的那種開心的感覺。在想像的時候，簡要一點、愉快一點，別把心思放在恐懼上，而去害怕明天必須做的事。如果你著眼於恐懼上，你的潛意識可能會在因應這些挑戰時，根據它的判斷，設法幫你忘記或逃避面對可能會帶來痛苦的體驗。要想像你自己充滿自信、在大部分時刻都一帆風順的路程中，無視於偶爾到來的挫折；這樣，才能運用我們腦中最原始、最有力量、又常伴我們左右的潛意識，來協助自己達成目標。

要建立自己的跟催系統。市面上有許多很不錯的時間規劃系統，可以幫你把年度計畫拆解為每月計畫，再拆解為每週計畫，最後變成每日計畫。這些工具可以幫你做好許多組織自己的工作。

以下是一些應該在你的每日工作計畫中及在隔日重要待辦清單中出現的項目：

**一、到公司外頭走動。**一支職業球隊如果從不走出更衣室，能夠贏得多少場比賽？有多到令人可怕的業務員只因為太少走出更衣室（公司），結果搞砸好多比賽（生意）。你買賣的對象是「人」，因此你必須走入位於公司牆外的那個更廣大的世界。走吧，要經常出動，而且要及早出動。

**二、約好的碰面或拜訪。**在你承諾要和某人碰面時，你可能覺得，自己決不可能忘記。但等你自己忙起來後，除非你把重要的約會在隨身的計畫安排工具中寫下來或打出來，否則你會開始忘掉它們。

**三、研究。**這個世界隨時都在改變，對你對我皆然。每當你的領域中有新產品或新發展，一定要坐下來研究它，並分析其效應，重新建立起自己對潛在顧客做充分說明的能力。

**四、家人。**大多業務員都先關心其他人，卻到最後才想到對我們最重要的家人。可別在你攀向成功的路途中，失去了你原本就擁有的。該為家人做什麼事的時候，就要在計畫表中記下來，也要把它放進隔天該做的重要事項中。

**五、身體健康。**銷售高手會基於三個原因維持自己的健康狀況：

- 他們不想成為最有錢的住院人士。
- 他們知道自己健康時工作更有效率。
- 人的所有行為到頭來都是為了要讓自己的人生更有價值；但如果在過程中失去了健康，就算賺到再多的錢，都無法實現這樣的目標。

因此，要在工作約會之餘，也把自己的運動計畫排進去。這肯定會是你每天（或每週三次）最重要的活動之一。你可以不必強壯到很誇張的地步，但也不該成為完全相反的體弱多病的人。疏於照顧的身體會摧毀我們在生活中的精力、熱誠與熱情。你應該根據自己的興趣，力求將自己的身體健康狀態維持在以上兩種極端之間。

**六、心理健康。**要為自己安排獎賞，只要一達標準，就一定要獎勵自己。可別想在這個部分欺騙自己，因為自我獎賞的概念是維持使命感的重要關鍵。缺乏強烈的使命感，你就不會有想要成功的強烈衝動。自我獎賞可以是娛樂活動、高品質的商品、參與更高階的社交活動，或是慈善、心靈活動。有各種還不錯的個人獎賞在等著你去領取；從中你將會覺得，自己的努力是值得的。要經常安排娛樂活動獎賞自己，除非有明確而不可抗的因素，否則不要輕易取消掉；萬一真的取消，也要另行補償自己。一定要給自己充分的獎賞，「為了獲得獎賞而努力」的念頭，才會繼續有意義下去，也才不會嚴重損及自己求勝的意志。

也要安排時間、金錢與心力做些公益，這樣你會覺得自己更有力量、更有價值。從事能讓世界變得更美好的事，最能夠為我們的腦子注入想要追求更大成就的念頭。

**七、開發顧客**。假如你不在工作表中把開發顧客列進去，假如你不具體寫下自己要花幾天、幾小時的時間開發顧客，這代表你最不願意做什麼事？就是開發顧客。

而最容易導致業績直線下墜的，是什麼事？是逃避開發顧客。

每天都安排定量時間開發顧客，收入才能持續增加。以下是銷售工作中最有效的時間分配方式：

- **做開發顧客的準備**。只花百分之五的時間做開發顧客的準備，其他百分之九十五的時間都用來實際開發顧客（很多新手會把一半時間拿來做準備；少數人還把所有時間都拿來準備！）在著手去做的前一晚做好準備，並練習自己的用詞。要記住，在工作中實作，是一種無可取代的學習方式；你唯一能夠在開發顧客過程中學到東西的方法，就是實際和潛在顧客交談。
- **開發顧客**。如果你在自己還是新手的時候，就把百分之七十五的時間拿來開發顧客，不久你就會成為公司業務團隊中的佼佼者。
- **做面洽或拜訪的準備**。應該要先妥善組織好自己，這樣你只要花百分之八的時間，就能為高水準的簡報或展示做好準備。
- **做簡報**。應該用百分之五到十的時間向潛在顧客做簡報。時間不要拖太長，要俐落一點、做完就走。如果你能把進度控制得很好，顧客會更敬重你。隨著你的自我組織愈來愈完備、你愈來愈有經驗，以及轉介顧客的比例漸增，你會有更多時間可以用於實際銷售上。銷售工作中的精英人士，都會安排祕書、庶務人員或技術人員，幫忙確保自己能夠把幾乎所有時間，都專門花在規劃與做簡報上。

- **完成交易、提供服務。**分配百分之五的時間處理。

切記，以上都只是起始的百分比分配參考而已，隨著你在銷售工作中的資歷愈來愈久，百分比也會改變。一開始，開發顧客的動作可以產生銷售機會，接著帶來銷售，又帶來轉介顧客。你也會開始賺錢，並因為轉介顧客的比例變高，而減少開發顧客的時間。

每月的第一天，要拿著你的計畫簿或行事紀錄本坐下來，寫下你在那個月想做的事。把你答應參加的所有家庭或社交活動寫下來，把你應該出席的所有公司會議記下來，當個成熟、負責、務實的人。唯有你支持自己的公司，公司才會支持你。要當團隊的一分子，要當解決方案的一環，別成為問題的一環；開會要準時。要運用開會時間協助公司建立更好的未來，也等於為自己建立更好的未來。要去參加所有與你相關的教育訓練活動。

然後，從心癢週期的檔案資料中，找出當月的心癢顧客，一一致電，並安排時間碰面。接著，看看手邊的銷售機會，安排更多拜會行程。

完成這樣的工作後，你就知道自己那個月有多少時間可以用來開發顧客了。訂出一份開發顧客的工作時間表，在能力範圍內盡可能開發更多銷售機會，並與之接觸。這樣不是很簡單嗎？只要利用簡單的幾個步驟規劃過，你一整個月的效能就能發揮到最大用來創造業績。

千萬別把逐月、逐日、逐時訂計畫看成是一件讓人感到困擾、挫折，而且不可能完成的任務。照著一步一步做，你就能漂漂亮亮訂好計畫。

我來講一個自己的故事，說明為何我會這麼確信吧。那件事在多年前發生時，就給了我很大的衝擊，一直到現在。就在我開始在銷售工作中有了一些小成果後，我產生一種想法：何不向比我成功的人請益，看看他們有沒有什麼好點子可以指點我呢？我開始大量參加研討會。在其中一場研討會中，一位先生所講的自我介紹，比他講的內容讓我印象深刻。他是一家大型綜合企業的總裁，那時的年收入四十萬美元。

我肯定自己能夠在他身上學到一些很有價值的東西，因此開始約他共進午餐，這個動作就花了我兩個月時間。等到我終於坐在他對面時，我說：「找您來是出於很真誠的原因，也就是我想請您告訴我，您是如何成功的。」那時，我二十一歲。

他咯咯地笑起來，開口講話。大約在十分鐘過後，我想他意識到我是真的有那個意思。我說：「請告訴我，我該怎麼做。」

以下是他的答案：「湯姆，我長大成人後一直遵循著某句金言過生活，就是那句話讓一切變得不同。如果你也照著那句話去做，我看不出你有任何原因無法變得極度成功。」

他那句話很鏗鏘有力。那時我拿了一條餐巾，準備把他的話寫下來（我前面講過，那時我才有點小成就而已，還沒有到銷售高手的地步，不然我就會拿更像樣的東西寫，不會拿餐巾寫了。）

他繼續說道：「如果我教你這句話，而你真的照做，可能有一段時間你會很恨我。」

「我不在乎，請告訴我。」

他講了，而我也把那句話寫了下來：**我必須在不同時刻都盡可能去做最有生產力的事。**

多年以來，這句話都掛在我辦公桌旁。如今我可以說，我的黃金歲月都是照著這句話在走的，就是這樣才讓一切變得不同。我也可以告訴各位，只要你願意照著這句話做，我看不出你有任何原因無法變得極度成功。且容我用當年那位綜合企業總裁叮嚀我的話，來叮嚀各位：「只要你真的照著這句話去做，可能有一段時間你會很恨我。」但我也很清楚，不久就會有很長一段時日，你會感謝我告訴你這句話。

待在公司和其他業務員打屁，算是有生產力嗎？當然不算。只要你願意在不同時刻都盡可能做最有生產力的事，你不但會成為享有高收入的銷售高手，還會成為更出色、更開心的人。這裡我要講清楚一下：所謂的在不同時刻做最有生產力的事，並不表示每件事都一定要直接和賺錢有關。很多時候，你能做的最有生產力的事，是陪伴你的家人、放鬆、玩耍，重新為自己上緊發條。休息與娛樂，是維持生產力節奏的必要前提。一直操一台機器一直到它過熱、故障為止，並非什麼有生產力的作法，而是愚蠢之舉。同樣的原則也適用於自己的大腦、身體，以及做事的衝動。因為不想工作而休息，或是因為休假而什麼事都沒做，也同樣愚蠢。

在銷售工作中，成功的關鍵就在於，要規劃你的時間去從事有生產力的活動。事實上，活動可以帶來生產力，只要在正確的範疇中積極進取，那就成了。

## 第二十一章

# 如何在銷售工作中走出低潮

等到你已經學會前面章節教的技巧，並把它們應用到工作中，也賺到一些錢了，而你卻發現，自己陷入低潮當中。

要走出低潮，最大的阻礙會是什麼？是要先了解自己為什麼會低潮。

那你要從哪裡下手研究這件事呢？要先問自己一個問題：「我快樂嗎？」

只要把每個人針對這個問題所給的真誠答案都整理起來，以最粗略的方式分類的話，一定會落入以下三類之一：

- 「我一直都很痛苦。」
- 「我一直都很快樂。」
- 「我有時痛苦，有時快樂。」

很多人都不想面對這個問題，他們會用這樣的說法逃避它：「我並不痛苦，我也不處於你所稱的快樂狀態。我一直都平平淡淡。」

我才不信這種鬼話。如果你的答案也是這樣，你就和大多數人的反應一樣：自欺欺人、安於平庸、逃避現實。如果你目前並不享受自己的生活，如果你在追求自己的目標與機會時，心中沒有快樂的感覺，如果你沒有積極追尋你的能力可以取得的更美好事物，你還不只是不快樂而已，而是感到痛苦。雖然「快樂」的相反詞是「不快樂」，但我一定要用「痛苦」這個帶給人衝擊感受的字眼，才能強調這個想法的重要性。任何人只要無法說「我很快樂」，他們就失去了人生能夠帶來的最美好的東西之一；而那樣的狀態，我深信，就是全然的痛苦。

「有時候成功」的人會比「一直都很成功」的人要來得多。平庸的表現，往往是因為你這個月表現出色，下個月表現不出色，才造成的。如果你把這樣的情況完全歸咎於市場環境、歸咎於行星怎樣連成一線、歸咎於自己有多不走運，或是歸咎於任何事，你都是在逃避現實。如果你目前正處於低潮，一定是你先前曾經有過更好的表現，你才會相對陷入低潮。這意味著，過去你曾經證明過自己也能做好銷售工作。事實上，這難道不也表示你證明了自己的低潮不過只是自己的態度所造成的結果？

趕快說「沒錯」。除非你向自己承認自己的態度是造成低潮的原因，否則你根本還沒做好走出低潮的準備。

每個人都是人類社群的一分子，也都經常需要外界的幫助，才能發揮我們百分之百的潛能。不過，要想讓外力持續讓你的生活變得不同，你就必須先接受一項基本事實且據以行動：你必須藉由自己的決心與自律，把外在知識內化到自己體內，還必須用你的精力、決心與自律，把新技巧、新知識應用到工作中。無論你是從書裡、從研討會中、從有聲課程或影片課程裡吸收到它們，都同樣如此。除非你有心讓它們發揮效用，它們不會自己發揮效用。

你做好這樣的準備了嗎？

很好，那就先來研究一下，你對於「我快樂嗎」這個問題真正的感受是什麼吧。以下我們依序看看三大類的答案。

**一、「我一直都很痛苦。」**如果這是你的答案，我可以體會，因為我也曾經那樣過，而且是兩次。我知道你需要幫助才能擺脫痛苦、重建效率、繼續追求成就（因為當年的我也是一樣）。

我的第一次痛苦，發生在多年前，自己剛進入銷售工作，因為完全不懂這行而一無所成的時候。唯一能夠把我拉離那種狀況的，是學會如何去做「想要成功就必須做」的事，然後付諸實行。我做到了，因此那種一無所成的痛苦消失了。接著，另一種新的心靈痛苦又開始坐大。

就在我在工作上成功一年後，我覺得自己變得比過去還痛苦。這是我第二次與持續性的痛苦交手了。當然，這次的性質不同，它不是我過去那種阮囊羞澀式的痛苦。我的家人已經擁有他們需要的東西了，我也有了可以用來買必需品的金錢了。然而，金錢不能買到快樂，它只能提供你找到快樂的方法。我的新痛苦來自於高度壓力，源頭是我以錯誤的態度處理龐大的交易。在遭受新痛苦與焦慮的折磨好幾個月後，我體會到一件事：**會覺得痛苦，是一種習慣；會覺得快樂，也是一種習慣；看你怎麼選擇。**這件事從那時起，對我的人生造成了深遠的影響。

**二、「我一直都很快樂。」**如果你對那個問題給了第二種答案的話，那麼有件事值得你特別小心。

有些人真的一直都很快樂，沒有什麼事會造成他們的困擾，甚至連應該會造成困擾的事，也好像困擾不了他們。但從最極端的角度來看，這會使他們成為另一種危險人物。每當壞事來到我們身邊，我們應該會覺得難受，接著我們應該會把難受表現出來，才能與它握手言和，繼續發揮我們最大的潛能。任何無法釋放難受感覺的人，都應該尋求專業協助。

還有一些狀況下，我們應該要覺得不快樂才對，至少在幾分鐘的時間裡。比如說，在運氣特別不好的時候、在一件原本應該可以避免的事，毀掉一樁生意的時候，或是原本規劃得好好的計畫，因為無法控制的因素而失敗的時候。你當然不會在發現災難到來時還覺得快樂，但倒也不必覺得自己就此人生無望，這類情事讓你心煩個幾分鐘也就差不多了。畢竟，你已經把面對拒絕與失敗的五種心態（第六章教過的，記得嗎？），融合到自己的個性中了。碰到這種事，正可以用那樣的心態把焦點拉回到自己「現在能做」的事情上，而非自己「無法去做」的事情上，或是「很可惜先前未能做到」的事情上。

**三、「我有時痛苦，有時快樂。」**這已經是三種答案中最棒的一種，不過還不夠棒。銷售高手會說：「我知道人生中一定會有一些麻煩與苦痛，因此我會在該痛苦時短暫痛苦一下子，剩下的時間我都會保持快樂。」

要去吸收那些有助於你克服挑戰的知識，據以自己克服挑戰；所謂的自己並不代表你必須孤單行事，而代表著你必須靠自己的力量、必須發自於內心。只要有任何外來的協助有助於你更靠近目標，那就坦然接受。也要永遠保持警戒，別讓自己養成「覺得痛苦」的習慣。

換句話說，別當個負面思考的人。什麼意思？

負面思考的人，就是把失敗當成勝利的人。他們以麻煩、病痛及恐懼為養分，如果當下沒有任何正在發生的事，足以帶給他們痛苦的感覺（而且是他們自以為需要這種感覺），他們會自己加東西進來製造痛苦，或是複習過去的痛苦。

那麼，這種人的相反是什麼人？是成功、快樂，而且成長的人。

你可以養成「非有必要，一律感到快樂」的習慣，而且成為這樣的人。要是當下有明確的必須難過一下子的需求，那就難過一下，把你的憂愁沖走，別害怕哭泣。要是你內心的壓抑不容你在人前哭，那就私下哭吧！把你的憂愁表達出來，然後擺脫它。管它是深切的苦痛也好，是個人遭逢的悲劇也罷，或是在事業上沒有處理好而你為之深感悔恨的小問題也無所謂，總之你必須給自己難受或沮喪的情緒一個出口。然後，就毅然決然地轉身回到日常的快樂狀態。這不能算是「克服」痛苦，而比較像是「走過」痛苦，又不讓它扯你後腿、導致你無法繼續在人生的道路上往下走。要學習與任何導致你痛苦的狀況和平共處。狀況或許永遠都不會改變，但你處理它的方式卻可以改變。

這會是你能夠培養的最有價值的習慣之一：改變你想改變的、接受你無法改變的。等到你擺脫了最新產生的在人生中占有必要角色的負面感受後，就堅定保持快樂，別再受到影響。

我在工作上有所突破，並開始處理大量不動產交易時，我面對的挑戰以驚人的速度倍增。對大多數的人而言，買房或賣房都是他們有生以來最大的一筆交易，這會對他們造成壓力。小小一點想法，他們都會放大看待。他們心中的渴求可能會失去控制，使得他們盲目起來，看不到對自己最有利的選擇是什麼。由於大部分不動產買賣都得花幾星期或幾個月才能完成，這麼長的時間，已足以讓許多事情產生變化或出錯。由於我處理的筆數很多，曾經有好幾個星期，每當我一到公司，就會有多個複雜問題同時冒出來，等著我去處理。有好幾天的時間，我根本不想進公司，只想開車經過公司而不入，跑去躲起來。大多數領域中的頂尖業務員都有類似的經驗。

每當想要逃走的衝動快要籠罩我，我會開車進入某個公園，在那裡停留幾分鐘，看看樹、看看草皮。然後，我會和自己來場平靜的對話。銷售高手都認為，和自己交談是有用的，只是他們不會在酒吧裡這麼做，而是找個寧靜的、不會分心或不受打擾的地方這麼做。

等到我的情緒控制下來後，我會再開回公司去。別忘了，這時公司裡的每個人已經幫我從對我感到生氣或焦慮的人那裡，記下了對方要留給我的口信。由於我會一直打進去問，同事們都知道，我已經差不多掌握所有狀況了。

等到我穿過公司大門時，我會開始散發出開心的氛圍。漫步過辦公桌之間的走道時，我會向兩旁的人投以微笑，並說道：「早安，你好嗎？今天對銷售工作來說，想必是很美好的一天吧！」

那些根深蒂固的負面思考者，會低下頭來，假裝自己太忙碌而沒有注意到我。至於那些半負面的人，會堆出假笑。我幾乎可以聽到每個人心裡在想：「就是他，明明心裡那麼焦慮，竟然還能大刺刺咧嘴笑著。我恨他！」

請幫你自己一個忙。每當你碰到個人問題或事業問題時，每當你有病痛時，每當你遭受到嚴重的打擊時，別和任何人講，因為有兩成的人根本不在意你怎樣，而有八成的人會很高興聽到你變這樣。

可別讓他們稱心如意。麻煩唯一能帶給你的樂趣，就是把它只留給自己知道，至少你知道了一些公司裡其他人都不知道的事。假如任何關於你目前狀況的謠言走漏了出來，就低調以對，並且盡可能趕快把話題轉換為一些比較正面的事。幽默感永遠會是正面的，任何工作問題都值得你幽默以對，用笑聲趕走痛苦，這是很管用的方式。痛苦喜歡有伴，輸家也喜歡找輸家一起。在你沮喪時，你不需要別人的同情，你需要的是成功。無論是人還是事，你自己怎樣，就會吸引到同類。快樂也喜歡有伴，贏家也愛找贏家一起。

還有另一件關於輸家的事：他們喜歡談論失敗、談論問題、談論為什麼做不到。下一次，公司裡有人出了什麼問題時，請注意每個人做何反應。輸家們會急著聆聽整個故事裡的所有不堪的細節，然後再講個自己曾經碰過的難受故事，而且在你察覺之前，現場已經盛大舉辦起你一言我一語、講壞消息的皇家宴會了。

贏家們則會以不同態度看待別人碰到的麻煩：他們會保持沉默，或是會簡短給對方一點鼓勵的話。他們不會像輸家們一樣，堅持要分析別人的災難。

如果是有人在工作上極有成果，贏家與輸家間同樣也會顯現出不同反應。這次，是贏家們聚集在一起，想要聆聽所有導致成功的細節，或許聽完之後，還會分享一、兩個自己的成功故事。這下換成輸家們忙碌到沒有來聽了。

你曾經陷入情緒低潮、財務低潮，或者工作表現的低潮嗎？我想當然有吧！任何人如果還沒接受過避免低潮的訓練，會低潮也很正常。我曾經花了三小時的時間，想研究出如何擺脫低潮。我深信，只有一種方式能夠做到。那是一種過去就存在的想法了，它有著多種不同名稱，而我最喜歡以下這種名稱。

## 抬起屁股去做

這個方法用起來很簡單，只是看起來很難而已。

「抬起屁股去做」完整的內容就是：回到第一線去、動手做事。

只要你能夠要求自己，不過也就這樣而已。要是你的下巴還跌在地上，而你正準備放棄整個世界，可能會很難這麼做，因為我也曾經那樣過。但令人驚艷的是，要抬起屁股去做永遠很容易。我真的覺得很容易嗎？

真的，你要做的只有開始動手而已（只要小小的一步），再來就全部都是下坡路段了。只要你能迫使自己開始動起來，你會沒事的。

在你低潮時，你最不想做的一件事，就是你最應該做到、才能重新提振自己的那件事。抬起屁股去做。只要你外出與人碰面，好運會來找你的。

你之所以低潮，是因為你偏離了常軌，是因為你不再做那些自己知道該做的事。有些業務員突然間就退到後面，當行政管理人員去了，速度快到不可思議。其實，只要他們有過一個月的好業績，卻在下個月進入業績低潮、領到金額變小的支票，就可能因而不幹業務員了。因為他們會開始覺得有罪惡感，這讓他們精神緊張，這種緊張會導致他們擔心起一些不太重要的小事。真正的問題在於，他們先前業績好的那個月只是在打順手牌而已，不是真的工作得多好。當然，他們並不想面對那樣的事實。

如果你想爬到更高的位置，那就停止偷懶、回歸基本事項，去做你該做的事。這種方法，每用必定奏效。只要你開始這麼做，就會再度開始致勝，你會看到錢滾進來，你也會再次無視於微不足道的瑣事干擾、感覺到自己的出色。

不過，無論你的態度再好，無論你多有決心面對困難，一定還是有一些時候，事情就是順利不起來。在這種狀況下，甚至在你還沒處理完第一個問題時，第二個問題就來了，接著第三個問題又來找你，然後又來一個，彷彿永無止境。

你要有心理準備，在你的銷售工作中，一定會有這樣的日子出現。在你身處這樣的日子時，請別忘記，只要持續工作，壞日子終會過去，好日子終會回來。

你是個愛擔心的人嗎？有些人會不停地想：「我做得到嗎？我的收入夠支出用嗎？」別再擔心了，請你下定決心，不再擔心。你所擔心的事，有百分之九十永遠不會發生。所以，何必浪費精力呢？訂完你的計畫後，想點開心的事。要記得，訂計畫可以創造成功，但擔心卻會毀掉成功。把你用於擔心的時間拿來放輕鬆。如果你無法放鬆，就把時間拿來訓練自己、提高自己的能力。如果你在工作的時候，很想要擔心什麼，別再想了，管好自己的念頭，想想你在那個時刻做什麼事才是最有生產力的，然後去做。只要能照著這樣做，不久你就不必再為錢擔心了，因為你的收入會比過去多。與其擔心自己做不好銷售工作，不如努力工作、開創成功的銷售職涯。

如果你想著「要是怎樣怎樣，怎麼辦？」擔心會有什麼可怕的事發生，那就坐下來，接受「它會發生」這件事。然後，列出所有你能做的、避免它發生的事，依重要性排序後，就著手去做。這麼一來，你最喜歡的那種「要是怎樣怎樣，怎麼辦」式的惡夢，就永遠不會成真了。

如果你是銷售新手，你要知道自己的工作不久就會變得很有趣。無論你是當內科醫生還是業務員，只要能充滿自信運用自己的技能，都會很有趣。這也是為什麼以下要講的能夠擺脫低潮的十個步驟中，第一步會是這個了：

**一、要精通工作技巧。**如果你的工作知識與技巧還沒有提升到能力範圍內的最高水準，你又怎能說自己處於「低潮」？在這種狀況下，你需要的不是擺脫低潮，而是練習、演練與預演。趕快脫離那一大群技巧不純熟的業務員、加入技巧純熟、沒有低潮問題的精英之林吧！

**二、每天拋開過去。**我們都會產生一種想要回到過去的衝動，用許多以「要是當時……」開頭的句子，重新提出已經破滅的希望。每當你產生這種衝動，快對自己說：「過去已死，我已經埋葬它了。我無法改變它，因此現在我要想的是真正有助於我的事。」假如你養成這種習慣，就是開始在形塑自己的未來了。你會開始朝目標前進，也會感受到唯有掌控自己人生的人，才能體會得到的那種特別的喜樂。

**三、活在當下。**你無法活在明天，也無法活在昨天，假如你試著如此，只會成功毀掉你的今天。千萬別忘記，人生永遠代表著你在這一分鐘的意識。無論你十歲或一百歲，今天都可能是你人生最後一天。所以，幹嘛要過度關心未來呢？享受這一刻。任何時候，你能享受的都只有一個時刻，不會是多個時刻。在訂計畫的時候，要當成你會活一百歲；在過活的時候，要當成你只剩下今天可活。

**四、規劃未來而非擔心未來。**一旦你訂好計畫，就在你工作的每一天好好落實，然後享受你的自由時間。假如你不想為自己的成功與快樂訂計畫，你又有什麼資格為自己的不成功與不快樂而擔心？假如你不規劃好自己想往哪裡去，你又有什麼理由或藉口可以用來擔心自己失去方向？最浪費自己手邊資源的，就是那些不知道想成為什麼樣的人，或不知道要往哪裡走的人。要想想你希望自己的人生怎麼演進下去，然後訂出你要如何把它落實的計畫。要安排好工作時間為自己創造成功，也安排好用於恢復精力、獎賞自己、豐富自我價值感的時間。還要在做這些事的時候，確保不會受到自己煩憂的事情所影響。

**五、別要求人生要公平。**「那不公平」是英文中最白痴的一句話。

「她從經理那裡拿到最棒的銷售機會，那不公平。」

「他們沒回撥給我，那不公平。」

「只因為對方是他大學同學，就把生意給了他，那不公平。」

忘掉公平吧！我們這個世界原本就不是個公平的地方。假如你想要公平，並且用這個無人回答的問題當成自己缺乏動力的藉口，那就可悲了。如果你想存活下來的話，就要知道這個世界本來就會有人位居你之上、有人位居你之下，在人生中的任何一個你講得出來的層面，都是如此。

我們應該偶爾停下腳步，感謝上天沒有給我們一些東西。有些人很成功，但他們背負的責任超過你所能負擔。當然，也有一些人的責任比你輕鬆，其中一些人可能還把自己的人生變成一齣從頭到尾抱怨個沒完的戲碼。那會是最慘的一種故事。人是很奇特的動物，大多數的人都相信自己碰到的問題比別人的還嚴重，其實並非如此。所以，別再要求公平了，也別因為自己某些條件不如人而沮喪了。請在你既有的條件下，帶走你能帶走的、做你想做的。假如你的選擇是不想為成功付出代價，那很好，就安於不成功的自己。快樂是天生的，但沒有任何人能夠讓你長久快樂，除了你自己。保持快樂是個人的責任，而不是你可以委託別人幫你做的工作。唯一能夠維持快樂的方式，就是接受這個事實。

**六、別有罪惡感。**假如你有衝動去做一些會覺得有罪惡感的事，那就別做。不過，假如你還是決定要做，就要好好享受，忘掉罪惡感。這點一定要堅持，在你選擇去做任何你有權做的正常事項時，別容許任何人把罪惡感丟到你身上。

**七、能全心投入時才承諾，並接受如此承諾下的結果。**人不可能一次做很多事，你要學會如何拒絕。最好的方式，就是以和善的口吻直接講出來：「噢，很抱歉，那件事我排不進來，但還是謝謝你告知。」

一旦你在能全心投入時承諾，你就會明確看出，該如何配置時間與精力會最好。我們都有一種習慣，不斷答應家人、顧客、老闆、朋友、同事的要求。等到最後你沒有任何時間可以留給自己，可能就會引發你的意志危機。一旦危機爆發，你會發現自己有太多等待處理的需求。你將不會有足夠的意志力滿足所有需求，因為你無法讓自己覺得花費那麼大的心力是值得的。重要的先顧好就好，否則最後你會什麼都顧不好。

**八、改善拖延。**請注意我講的是「改善」，拖延永遠無法完全「克服」，因為人類天性的一部分原本就會偶爾放任一些事不管。只要拖延得宜，有時反而會成為很有用的策略。有很多事，完全不處理，就是最好的處理；也有許多麻煩問題，只要無視於其存在，就會自己消失。只要確知哪些事你應該馬上關注，哪些事放任不管為宜，也就行了。

我不時會為拖延的心態所苦。有時候，我花了半個晚上的時間，飛到下一場課程的地點，卻在隔天早上不想去碰我應該要研讀的課程內容，但我還是靠著「馬上做」三字箴言撐下來了。

連續二十一天試試這三個字，你就能啟動全新的一股力量，在未來為你帶來新契機。

**九、養成更好的幽默感。**這個世界充滿了歡笑，你可以養成找出笑點、盡可能釋放笑聲的習慣，也可以養成整天咬牙切齒、滿心期待壞消息到來的習慣。愛笑的人成功得更快也更輕鬆，因為他們一路上獲得了更多的協助。

有些人由於從小個性中的壓抑因子使然，不容易建立幽默感。這是要最早解決的問題之一，不過與其他問題一樣，你必須努力才能解決。你可以刻意找好笑的電影看、挑選電視節目刺激幽默感、閱讀讓你發笑的東西。書店與圖書館都找得到大量笑話與好玩的故事。每天都讀，並與愛笑的人交朋友、聽他們講故事，你自己也講一些。

如果你是個嚴肅的人，要一夜之間改變是不可能的，但你可以今晚先起個頭。每天早、晚，都告訴你自己「我很有幽默感」，就會慢慢改善，也要告訴自己「我很愛笑」。連續試三星期看看，你就養成了美好的新習慣，既能賺到更多收入，也變得更加快樂。

**十、學會熱愛成長、改變與人生。**真正成功的人都知道，成長、改變及人生是相互交織在一起的，是不容分割的一件事。各位讀者、朋友，大家就要成為銷售高手的人，這本書裡講的方法，可以幫你創造你想要的未來。有了這些想法與技巧，你可以靠自己的努力為自己選擇的未來開一張支票，並且確保一定兌現。接受這樣的想法，完全相信它。還有最重要的，要照著做。只要你抬起屁股去做，什麼樣的未來都可以是你的。

## 第二十二章

# 最需要具備的技巧

多年來一直有人問我：「你是如何氣定神閒，做到這些事的？」我不相信他們只是純粹好奇才這麼問。我認為他們這麼問的原因，應該和二十一歲時的我，向極為成功的企業高階主管問同一個問題的原因相同：真的想要學會如何讓夢想成真。

任何人都有能力做到幾乎任何事；「缺乏基本能力」很少會是成果不如預期的原因，因為每個人都擁有尚未開發的龐大能耐。幾乎問題都在於，要先找出自己想要做麼。在談下去之前，我想先定義一下這裡講的「想要」是什麼意思。我現在講的，不是純粹在講「希望」的那種想要，而是真的有迫切感受的那種想要。

或許你會覺得自己並沒有迫切想要什麼。假如這是你的想法，你錯了。你還是有的，只是把它存放在某處而已。你往往是因為害怕失敗，才會把它存放起來。但失敗不是最糟的可能結果，連試都不試才是最糟的。假如你試了，你可能成功；假如你不試，就已經失敗了。你正為這樣的恐懼所苦嗎？那就先假設你已經失敗，然後盡最大力量動手努力嘗試。

很多人會願意冒著失敗的風險去做，但是卻沒有全心全力，因為看不出有任何原因必須如此。為什麼？因為任何能夠到手的成功，都讓他們覺得既不刺激，也不滿足。如果你也有這種問題，那你必須好好注意一下它。你可能得好好想一想，才能找出答案。快拓展視野、認識新朋友、參與新活動，從中找尋有沒有過去你想都沒想過的且足以讓你覺得值得付出代價的目標。這裡的重點在於，要找出能夠激發你個人動機的事項。很多人都受到社會與其他人的看法左右，以為別人口中所認定的，就是我們應該追求的，使得我們盲目到聽不見自己心裡呼喊的聲音。你的首要之務在於認識最真實的自己。

假如你真的想要什麼，那種想要的欲求，可以讓你的人生變得不同。你會為了滿足那種欲求而工作，你會為了它而犧牲一些樂趣，你甚至會願意為了它，而改變與成長。事實上，你會刻意改變自己與成長，好讓自己能夠取得真正想要的事物。但如果你只是「希望」而已，就不會做這些事了。因此，你必須把自己覺得想要的事項寫下來。看看這些寫在白紙黑字上的目標，然後許下達成目標的承諾。

不過，不是只有這樣而已。如果你寫了好幾張的目標，卻還是照著老方法行事，好像什麼都沒發生一樣，那可不會有任何幫助。

每天都要看一看每個目標。想想自己是否為了它做了該做的事，想想自己是否為了它付出了應付的代價。這時，你是否已擁有實現目標所需要的所有能力與資源，並不重要。你可以在過程中取得這些東西。重點在於，假如你沒有那個欲望，一切就不會開始。第一步就是要把目標寫下來，許下要予以實現的承諾。很多人在追求成就時，從來不做這簡單的第一步。光是這樣，他們就永遠不可能踏上成功的最後一步。無所謂的心態所扼殺掉的職涯，比缺乏能力所扼殺的還多。

既然得先許下對目標的承諾，才可能釋放創造力或加速成長，任何正面的目標，都比全無目標要來得好。在你找到能夠開心在未來的人生走下去的正確路徑前，可能會先走錯好多次。這不打緊，只要你花了時間寫目標，你就快速成長了一些，也體驗了不少。假如坐在人生看台上無所謂地觀看著的那些人，能夠學到一磅的東西，那麼在球場上拼鬥的你就能學到一噸的東西。每當你參與精彩活出每一天的偉大遊戲，你就往了解自己的最大潛能更靠近一步，也往了解自己的最終命運更靠近一步。容許自己把人生埋葬在無所謂的心態中，是最大的罪過；只要我們不對實際目標許下承諾，我們就犯了這樣的罪過。

任何你有勇氣訂出來的目標，就幾乎都能夠做到。不過，有時候你需要一些痛苦的經驗，才能照亮方向。

我自己就是這樣。十七歲的時候，我傷了父親的心。他的收入很普通，但還是省吃儉用送我上大學，希望我成為律師。但是入學九十天後，我就回家了，告訴他我休學了，於是我第一次看到他哭。他的眼裡噙著淚水對我說：「兒子，就算你沒有什麼成就，我還是一樣愛你。」那是首度激起我成就動機的一番話。

走出房門時，我的身體燃燒著某種不是每個人都有機會感受到的感覺。我不只是「想要」成功而已，而是「必須」成功。

但我並不知道該怎麼做。我去當造橋工人，有十八個月的時間都在扛著鋼筋上下造橋用的坡道。這段期間裡，父親的話一直繚繞在我心。我做的是按時計工資的工作，它除了讓我漸漸變老之外，不會帶我到任何地方去。

我改做銷售工作，也不再有工資了。由於我對這工作一無所知，也就沒有收入。等到我快要在銷售工作中掛掉的時候，救星出現，有人找我去上愛德華斯的訓練課程。我學會了怎麼結案及一些技巧。我二話不說馬上用在工作上，沒多久就嘗到在工作中嘗到成功的甜美果實。

過了一陣子，我告訴公司主管，我希望能與愛德華斯先生見面。他們幫我實現了這個願望。見面的那天，我告訴他：「愛德華斯先生，我的目標是有一天要取代你的位置，像你那樣有能力提供很好的訓練給別人。」

由於我訂了目標讓它發生，後來真的實現了。對目標許下承諾是必要動作，除非你訂出能夠讓自己成長的目標，否則你不會向上提升。

先從短期目標開始。除了確保生活無虞的收入外，我在銷售工作中的第一個目標是，我想買輛新車。車子是很好的起始目標，但不幸的是，很多人往往只以買車為最終目標；人生不是只有開著昂貴的車子逛大街而已。許多平庸業務員都會訂出平庸的目標，等到達成之後，就漸漸進入一種暫停生命的狀態。就像冬天的熊一樣，他們進入洞穴冬眠，靠著自己的脂肪維生。真正的銷售高手只要達成了舊目標，就會繼續訂出新目標。已經達成的目標就像昨天的報紙一樣，只能用來鋪在鳥籠底層而已。

有效率地訂出目標是最重要的技能，要想讓它管用，就有一些原則要遵守。以下一起來看看：

**一、沒寫下來，就不算目標。**沒有把想要什麼寫下來，它就只是希望、只是夢想、只是永遠不會發生的事而已。你把目標寫下來的那一天，就是它成為一種承諾、改變你人生的那一天。

**二、不具體，就不算目標。**在扛鋼筋的過程中，我發現到，範圍太大、太遙遠的目標不會有效果。光是想要成為某人，或是有決心要飛黃騰達，並不夠。要等到你把模糊的希望轉為具體的目標與計畫後，才會開始有進展。

**三、目標必須有可信性。**這是愛德華斯講過的，訂定目標時最重要的原則之一。假如你訂的目標連自己都不相信會實現，又怎會願意為它付出代價？

**四、目標要有刺激的挑戰才有效率。**假如你的目標無法把你推升到超出目前的層次，如果你不必竭盡所能，並且發揮你體內還沒發揮的一點潛能就能達成，那這個目標便不足以改變你的行事方式及提升你的生活形態。

**五、目標必須視新資訊調整。**訂目標要迅速，但如果訂得太高或太低，日後要再調整。很多最能影響我們的目標，都是訂在我們所不熟悉的領域。等到我們多認識實際狀況一些後，假如發現目標訂得太不可信，那就要往下調整；假如發現目標太容易達成，那就要往上調整。有時，我們訂出來的不是真正想要的目標，但我們還是會先訂再說，不會等到獲得更多資訊時才訂。

**六、有力的目標可以引導我們的選擇。**這是一個替代性選擇多到不行的世界。假如你極為渴望一樣東西，你就會關上電視、努力取得它。假如你的目標訂得正確，在大多決策場合，它都能馬上把正確方向指給你看。

**七、不訂超過九十天的短期目標。**在執行短期目標大概半年左右，你可能會覺得，期間更短或更長一點的目標比較適合你。以我來說，九十天的目標是最管用的。假如我訂的短期目標得花九十天以上達成，我很容易會對它失去興趣。

**八、維持長短期目標間的平衡。**你想要的衣服、存款額、假期及各種物質財富，都會是很好的短期目標，可以帶來刺激感與經常的滿足感。假如目標全是長期的，你可能很難維持高績效，因為所有的回報都藏在未來的那層霧裡，看不見摸不著。

**九、讓你最愛的人參與目標。**讓孩子們知道，在你完成目標後，他們也會間接受惠。你可能會訝異這麼做可以讓自己多努力好幾倍。一旦他們的目標與你的目標密切相關，他們也會在你需要鼓勵時為你打氣。

**十、人生所有層面都要訂目標。**目標不只是賺錢而已，也要訂健康目標、運動目標、個人生活目標、家庭目標、精神生活目標等。這套訂目標的方式有著驚人的效用，如果只用在訂工作目標上，就太浪費它的價值了。

**十一、目標必須相契。**假如你的目標與目標之間彼此衝突，你就失敗了。在發現有衝突存在時，要設定優先順序，以排除衝突。安排好你的目標，才能免除挫折，而非創造挫折。

**十二、要經常複習目標。**請記得，所有短期目標累積起來，才能讓長期目標實現；新目標也會在舊目標實現後冒出來。你可以在未來訂一些遠超出目前能力的目標，不過在你實現目前的目標後，你就會取得所需要的技巧、自信及資源。

**十三、目標要搶眼。**目標要想訂得成功，就一定要把它弄得刺激一點。你總不希望追求的是同樣沉悶的人生，對嗎？目標看起來一定要搶眼才行。

我第一次搭飛機，是為了一場早期的演講活動，從加州飛到亞利桑那州。在那之後，我又搭了幾千次自己早已記不得的飛機，唯獨第一次搭飛機我忘不了。或許你也還記得自己第一次搭飛機時的情景。你那時是不是很焦慮呢？我是的。

在起飛之前不久，我往窗外看去，附近的跑道上停著一架美麗的小飛機。我問了問坐在我身旁的男子，那是什麼飛機。

「那是企業專機。」他說道。

「真可愛的小東西。」我說道，並且拿出我的目標筆記本。我在上面寫下「十年目標：噴射機。」這事很教人吃驚，或說很教人驚嘆，因為只要你把目標寫下來，每天早上或傍晚花點時間，集中心力看看它們，最後就會實現。我一直想像著自己的噴射機著陸、滑行到我正前方停止的樣子。我永遠不會忘記，十年後噴射機真的送來時的情景。那時我剛在巴吞魯日（Baton Rouge）向一大群學員講完一堂課，走下講台時，我連忙趕往停機坪，剛好來得及看到一架美麗的小飛機飛來、著陸。

機長迎接我上機，我們就飛走了。「就是它，」我心想：「十年了，我也達成目標了。」我實際看到、聞到、感覺到自己這些年來在想像目標的時候，早已多次排演過的景況。

**十四、目標不是一成不變。**很多人一想到要訂目標就裹足不前，因為他們會怕。不用怕，你又不是要發什麼毒誓：只要日後改變心意就斷耳朵。我永遠忘不了第一次為噴射機加油時的事。駕駛員向我走來，把一張八百八十二美元的帳單交給我。

我說：「這是這個月份的油錢嗎？」

那並不是一個月份的。那麼長久以來的目標，最後變成一件每個月要花三萬美元的玩意，所以我只保有它六十天而已。過去，那曾經是我一個鮮明而強烈的目標，但是在完成後，不過是又一件玩具而已，而且對我這種飛行需求來說，貴得離譜。在我的新志向當中，已經沒有它的存在了。有時，我們必須更換目標，以配合我們對於生命中什麼東西真正重要的新體認。你的目標設定與目標實現計畫，是個一輩子都在成長的承諾。成長會在意料外的地方發生，你的未來也會出現一些你從來未曾想過的成就。

**十五、擘畫未來。**訂目標這件事是要規劃你的人生，而不是要讓你踉蹌前行、糊裡糊塗摸索、走一步算一步。先從二十年目標開始。

首先，列出你想要達成的個人成就。你想在二十年內成為什麼樣的人、從事什麼樣的工作？你想要擁有什麼？你想住在哪，住在什麼樣的房子裡？同樣的，這些目標是可以改變的。你夢想的地位象徵是什麼？你想給家人什麼？假如你不知道想要什麼，又怎麼可能得到它？

先想想二十年後的未來，你想要擁有的經濟地位。看看目前手邊擁有的，再想想未來的。你得先把目標寫下來，任由想像奔馳。認真想像未來，也想像著你自己，然後說：「那就是二十年內，我想要成為的人，我願意也有熱誠為此付出代價。」

勾勒出二十年的目標後，就把它折半，你就有十年目標了。再折半一次，你就有五年目標了。再折半一次，你就看到三十個月的目標了。

接著，訂下你未來十二個月的目標，這個部分要很小心仔細。然後，把一年份的目標拆成月、週，最後變成明天的目標及下星期每一天的目標。就這樣，從為期二十年的目標，設想出今天的目標。只要每天完成一點目標，在長期目標上的進展，就會多到讓你覺得驚奇。

**十六、每天都要有一組目標，每晚評估結果。**你可能會問：「這很花時間，真的值得嗎？」

如果能讓人生成功，你覺得值得承受這一點麻煩嗎？坦率一點吧，真正困擾你的，不是花不花時間的問題，而是你不想為此遵循任何形式的紀律，就連自己為自己訂的紀律也一樣。請在摒棄這個原則之前，好好想清楚是不是這樣。因為，假如你不願意照著自己訂的紀律去做，你根本不可能做到那百分之二你能做到的事，也將因而失去那百分之九十八你原本可以碰到的好事。

**十七、訓練自己渴望目標。**花時間（在你開車、等候等零碎的時間）想像自己已擁有在目標中訂出來的東西。你想得愈熱切，就愈能做好付出代價、實現目標的準備。

**十八、訂出活動目標，而非產值目標。**你今天要見多少人？要做幾場展示？要承受幾次拒絕？假如你訂的是產值目標，很容易就會跌入低潮。只要少做幾筆生意、競爭條件有一點改變，你就勢必無法達成目標，結果產生罪惡感，甚至會不想再照著這套訂定目標的方式走。但如果你的每日與每週目標訂的是活動目標（要打幾通開發顧客的電話、要做幾場簡報等），就能在狀況條件不佳時，持續達成目標了。由於你還是一樣在活動，會比較快可以適應新狀況條件，也會在跌入低潮前跳脫出來。

**十九、了解幸運，讓它為你所用。**你可知道，真正成功的人，那些大贏家，那些實現目標的人，都確信自己很了解幸運嗎？真的很簡單，只要永遠期待好事發生就行了。你並不是在仰賴好運到來，只是在期盼而已。這代表著，你還是要小心做好準備，維持很多事繼續運作，然後隨時注意好運何時降臨。沒有人會期待麻煩到來，你會訂出計畫避免它發生。你可知道，有些人擺明了容易意外出錯嗎？為什麼會這樣？因為他們花太多時間想著自己可能犯錯，以致他們的潛意識搞混了，以為是他們「想要」那樣的事情發生。

贏家都知道好運是打造而來的，因此他們會期待好事發生在自己身上，同時也把自己變成易於讓好運降臨的人。永遠要讓潛意識成為你的助力，而非阻力。

**二十、現在動手。**今天就專心花兩個小時思考設定目標的事，然後在未來的二十一天裡，每天花十分鐘複習與修改目標。在那之後，只要每天花兩分鐘，每週再花一小時，照著這些原則去做，你就能在這套目標設定系統下，穩定地朝更宏大、更富足的未來飛去。動手吧！只要一年三百六十五天，每天你都很充實，都完成了當日目標的話，你會擁有美好的一整年。只要年年都這樣，你會有美好的未來。多麼教人興奮的展望！只要你現在開始訂目標，一切都會是你的。

## 第二十三章

# 如何向身邊最重要的人推銷

既然你已迅速成為一個專業的業務員、拿的是專業級的收入了，你私下內在的自己，也會像你公眾場合中外在的自己一樣改變。你的生活中，會有許多層面需要一些調整。此時，你可能會發現，你在家庭以外的地方愈是成功，在家庭裡或在朋友圈裡，就愈不成功。假如似乎有這樣的情形，或許是因為你沒有把新學到的銷售技巧充分發揮出來。這些技巧不是只能用在工作中而已，可別一回家就把它們關上，要繼續開著。

在生命中的這個時點，你或許還是單身，也或許和一些親戚或朋友住在一起。假如你對自己的社交狀況不滿意，就用你的業務員技能去改善。只要一點點的心思、一點點的巧思，前面章節中提到的大部分技巧，都可以應用到下班後的情境中，幫你實現私生活中的目標。

想成為銷售藝術的大師，你必須要能有效率地向世界上最重要的人推銷，也就是你的朋友與摯愛。

要向他們推銷什麼？

把任何你深信對他們最好的事物或知識推銷給他們。教他們實現目標的方法；教他們如何過開心、充實的生活；教他們如何與你步調一致，或是教他們如何接受與尊重自己。

你或許覺得，只要把賺到的專業級收入帶回家就行了；你或許覺得，自己的工作時間那麼長、那麼辛苦，責任已了。但如果你有摯愛的親友，可不能這樣想。你本人及你在家裡投注的心力，是無可取代的。假如你很快事業有成，導致你陪伴親友的時間變少，那就要讓與他們共處的每分每秒都值回票價。前面講過的「我必須在每一刻都盡可能做最有價值的事」，在私生活中也相當適用。有時，最有生產力的事，就是抱著你的小孩，教他如何克服恐懼；有時，最有生產力的事，是向你覺得最特別的人說「我永遠愛你」。基於無數個諸如此類的理由，本書的最後一章，要用來探討如何把前面講過的原則，應用到促進家庭生活上。

請容我把我的論點講個清楚。在你把前面章節中提到的態度與技巧內化且增強之後，你可以不時自動地把它們用在自己的摯愛身上。只是在每天忙碌的工作生活中，不擇手段地使用它們，是一回事；把這些有用的技巧當成解決家庭問題、達成家庭目標的計畫之一環，可就是另一回事了。在這裡我所關注的是，你要把這些新學到的銷售技巧，謹慎地用在你人生中最重要的層面上。

當你在工作上與個人能力上快速成長的同時，你的配偶可能仍以自己原本的步調從容獨行。或許你不覺得這會怎麼樣，但假如你覺得這樣不好，那就趕快把你和配偶間的鴻溝填平，別拖延到一切都來不及。

基本上，你有三種方式可以成功處理這個問題：（一）你可以放慢自己的腳步；（二）你的配偶可以加快腳步；（三）你們兩人都接受雙方各自以不同速度成長，也都對此感到滿意。

只有第一個選項，是你能夠完全控制的，但它或許也是你最不想選的一種。其他兩種方式得要你的配偶願意配合，才能管用。通常，你得要運用高超的銷售技巧，才能促使這樣的事發生：探索式問題、次要結案法、引導式問題、處理主要異議、主要結案法，還有許許多多的觀念，以及多肯定對方、多鼓勵對方等。

假如你的配偶覺得，你已經變了一個人，散發出一種威脅感的話，你要體諒對方、要有耐心。要記住，你無法操控別人的感覺，但你可以幫助配偶，把擔心你怎麼看待他的焦慮釋放掉。

在本書前面的部分我曾經提過，先知道潛在顧客想要什麼效益，再著手向他們介紹特定產品或服務，是很有用的作法。這樣的作法也同樣適用於家中；你可以用它建立起一股氛圍，讓家中每個成員都能帶著成就與自信拓展自己。正如你在書中學過的，除了你加在自己身上的限制外，沒有任何因素能夠限制你的成長。當然，所謂的自己加的限制，是指你是不是願意付出成功的代價。好了，你會不會想要把限制加在孩子身上，好命令他們「應該」追求什麼成就？

千萬要切記這些事實：你無法幫別人過人生；你無法控制別人的感受；你無法幫別人的成就付出代價。雖然我們都很愛孩子與好友，但他們都是獨立的個體，都有不同於我們的、自己的目標、偏好、限制及機會。正如我父親引導我走律師這條路之後，我和他才發現一件事，即成功不是只有一種面貌而已。你的孩子無法幫你完成你的目標，你的朋友也一樣。你只能幫助他們，達成他們自己的目標。

前面的章節中，充滿各種能夠幫你引導家人達成任何目標的技巧與觀念。以下我再簡短介紹其中一些想法：

**拴綁式問法。**和家人交談時，可以提出這樣的問題，以增強你希望發生的正面事情，或是化解你不希望發生的負面事情。在引導別人的時候，重點在於讓他們自己先體會到「什麼事對自己最好」，我們再予以認同。

複選推進問題。這種技巧拿回家裡使用真的很棒。請比較一下處理同一個問題的兩種不同方式：

一、妻子：「親愛的，今晚你想出去用餐嗎？」

先生：「不，我想在家吃。」

妻子：「你都不帶我出去用餐。我也要工作啊，還是說你都忘了？」接著他們就繼續改吵另外一件事去了。一切都是那個會引起對方給否定答案的問題所導致的。

二、妻子：「親愛的，你想到藍桶餐廳吃晚餐，還是比較喜歡去史莫奇喬用餐？」

先生：「我們去藍桶餐廳好了。」既然複選推進問題可以得到你想要的答案，幹嘛要問會引起對方給否定答案的問題呢？

**豪豬問題。**這項技巧很適於釐清家務事、避免做出不明智的家庭決策。如果關於某項家中事務有個待解決的問題，你的最佳策略往往是提出豪豬問題當成答案，好把問題帶往你想要的結果。當你聽到類似於「爸，我們可以養眼鏡蛇當寵物嗎」的問題，而你又天生怕爬蟲類時，別只是說「不准養」，要試試這樣的句子：「你們為什麼會覺得眼鏡蛇是很好的寵物？」這麼做的用意在於讓孩子們詳述原因。或許他們只是想拿什麼東西嚇嚇朋友，好讓對方覺得很酷而已。你大可找到和眼鏡蛇一樣酷，又不會有尖銳牙齒的其他東西來代替眼鏡蛇。

**參與式問題。**如果你想投資時間與金錢，在夫妻兩人的某項共同事情上，要以參與式問題讓配偶覺得這麼做很棒。假如你想鼓勵孩子追求成功，也可以針對他們正在考慮設定的目標，提出參與式問題。

**探索式問題與引導式問題。**深切的傾聽是找出潛在顧客真正需求的關鍵；如果你很認真想要加深你和摯愛間的關係，深切的傾聽也同樣重要。很多時候，孩子變得難以管教，只是在希望父母能夠理解他們感受到的挫折、怒氣或是沮喪的感覺而已。聰明的父母應該要表達出自己能夠體會孩子的難受，以平復孩子的感受、讓他們重拾平靜的心。或許父母該做的還不只這樣，但如果你不問孩子探索式問題，再專注地聽完他們的答案，又怎麼可能知道還要再加強什麼？只要你精確知道問題何在（一定要先弄懂這點），你就完全可以用對孩子最好的方式引導他們了。

在第四章的部分我曾經提到，在面對潛在顧客時，**要在朝目標移動的過程中掌握變化。**這也是影響家人時的關鍵概念。要想對家人造成長久的正面影響，最簡單也最有效率的方式，或許是鼓勵他們付出代價、實現自己所選擇的目標。要跨越光想不練的層次，開頭的幾步是最困難的。只要你知道他們的能力可以辦到，就要把握每次的機會激勵你的家人採取行動，而非只是觀望而已。他們今天做得愈多，明天就能有且會有更多成就。

**引發情感涉入。**很多人都聽別人講過，做選擇時應該永遠根據邏輯，因為憑情感行事有些不好。邏輯與仔細的分析是做決定的唯一指南；直覺與情感應該排除。這種致命性的想法，忽略了現實。在現實世界中，我們很少能取得做決定時所需要的完整資訊。我們被迫回頭訴諸情感與直覺，而這使得我們擔心，也讓我們產生罪惡感。你可以教孩子在做決定時，要兼顧邏輯與情感，就不會碰到這樣的問題了。

「無所謂」與「怠惰」這兩個無所事事的雙胞胎，會在否定情感參與的狀況下，成長與茁壯。

一旦我們相信情感都是很危險的，就會創造出一種往往會讓孩子不想再努力的挫折感。在我們的家人想做什麼正面的事情時，可以的話，就鼓勵他。要找出能夠刺激他的獎勵因素，提供你最好的支援。要引發孩子的情感、協助他達成目標，也要教他們如何運用情感提振自己的鬥志。成功是一種習慣，也是你能夠傳給孩子的最好的習慣。

**用正面方式描述**，而不要在家人身上用拒絕性的字眼。一旦家裡建立起正面的溝通方式，你就會知道，哪些拒絕性字眼會傷害與你的配偶與孩子、使他們感到挫敗。每當你聽到一個這類的負面用詞時，就要另外想個正面用詞取代它，而且從那時起就要沿用下去。找出正面用詞，並用它來取代拒絕性字眼，可以讓家庭更加快樂，也更有能力面對挑戰、實現目標、心情愉悅。

這麼做，對你也會另有好處：它對於訓練你的專業銷售技能很有幫助；由於你變得更懂得察知別人的感受與需求，必然能夠因而獲益。

我已經重新介紹了本書中的一些概念與技巧，你可以在多個層面應用它們，來為家人建立更富足、更充實的生活形態。重讀這本書時，請謹記這一點，你會發現，每次你這麼做，都會有新的體會。你可以成為銷售高手，你可以成為好父母或好朋友，也可以成為好太太或好先生。這些角色，你都能夠勝任。只要你願意付出代價，美好的目標，就會在你手裡實現。

國家圖書館出版品預行編目資料

讓顧客開口說成交/湯姆.霍普金斯(Tom Hopkins)著. -- 二版. -- 臺北市：商周出版：英屬蓋曼群島商家庭傳媒股份有限公司城邦分公司發行, 2022.09
面； 公分
譯自：How to master the art of selling
ISBN 978-626-318-405-3（平裝）
1.CST: 銷售
496.5 111013012

新商業周刊叢書 BW0458X

# 讓顧客開口說成交

作　　者／湯姆・霍普金斯（Tom Hopkins）
譯　　者／江裕真
特約編輯／葉冰婷
責任編輯／簡伯儒
版　　權／黃淑敏
行銷業務／周佑潔、何學文

總 編 輯／陳美靜
總 經 理／彭之琬
發 行 人／何飛鵬
法律顧問／台英國際商務法律事務所 羅明通律師
出　　版／商周出版
臺北市中山區民生東路二段141號9樓
電話：(02) 2500-7008　傳真：(02) 2500-7759
商周部落格：http://bwp25007008.pixnet.net/blog
E-mail：bwp.service@cite.com.tw
發　　行／英屬蓋曼群島商家庭傳媒股份有限公司　城邦分公司
臺北市中山區民生東路二段141號2樓
讀者服務專線：0800-020-299　24小時傳真服務：02-2517-0999
讀者服務信箱E-mail：cs@cite.com.tw
劃撥帳號：19833503　戶名：英屬蓋曼群島商家庭傳媒股份有限公司城邦分公司
訂購服務／書虫股份有限公司客服專線：(02) 2500-7718；2500-7719
服務時間：週一至週五上午09:30-12:00；下午13:30-17:00
24小時傳真專線：(02) 2500-1990；2500-1991
劃撥帳號：19863813　戶名：書虫股份有限公司
E-mail：service@readingclub.com.tw
香港發行所／城邦（香港）出版集團有限公司
香港灣仔駱克道193號東超商業中心1樓
電話：852-2508 6231　傳真：852-2578 9337
E-mail：hkcite@biznetvigator.com
馬新發行所／城邦（馬新）出版集團　Cité (M) Sdn. Bhd.
1, Jalan Radin Anum, Bandar Baru Sri Petaling, 57000 Kuala Lumpur, Malaysia.
電話：603-90578822　傳真：603-90576622　E-mail：citekl@cite.com.tw

封面設計／黃聖文
印　　刷／韋懋實業有限公司
總 經 銷／高見文化行銷股份有限公司
電話：(02) 26689005　傳真：(02) 26689790　客服專線：0800-055-365

■2012年3月8日初版1刷
■2022年9月二版1刷
Printed in Taiwan



**定價390元**　版權所有・翻印必究
ISBN 978-626-318-405-3

城邦讀書花園
www.cite.com.tw

商周出版

| 廣　告　回　函 |
| --- |
| 北區郵政管理登記證 |
| 台北廣字第000791號 |
| 郵資已付，免貼郵票 |

104 台北市民生東路二段141號2樓

**英屬蓋曼群島商家庭傳媒股份有限公司**

**城邦分公司　收**

請沿虛線對摺，謝謝！

商周出版

| | | |
| --- | --- | --- |
| 書號：BW0458X | 書名：讓顧客開口說成交 | 編碼： |

請於此處用膠水黏貼

商周出版

# 讀者回函卡

謝謝您購買我們出版的書籍！請費心填寫此回函卡，我們將不定期寄上城邦集團最新的出版訊息。

姓名：＿＿＿＿＿＿＿＿＿＿ 性別：□男 □女

生日：西元＿＿＿＿年＿＿＿＿月＿＿＿＿日

地址：＿＿＿＿＿＿＿＿＿＿

聯絡電話：＿＿＿＿＿＿＿＿ 傳真：＿＿＿＿＿＿＿＿

E-mail：＿＿＿＿＿＿＿＿＿＿

學歷：□1.小學 □2.國中 □3.高中 □4.大專 □5.研究所以上

職業：□1.學生 □2.軍公教 □3.服務 □4.金融 □5.製造 □6.資訊
□7.傳播 □8.自由業 □9.農漁牧 □10.家管 □11.退休
□12.其他＿＿＿＿＿＿＿＿

您從何種方式得知本書消息？

□1.書店 □2.網路 □3.報紙 □4.雜誌 □5.廣播 □6.電視
□7.親友推薦 □8.其他＿＿＿＿＿＿＿＿

您通常以何種方式購書？

□1.書店 □2.網路 □3.傳真訂購 □4.郵局劃撥 □5.其他＿＿＿＿

您喜歡閱讀哪些類別的書籍？

□1.財經商業 □2.自然科學 □3.歷史 □4.法律 □5.文學
□6.休閒旅遊 □7.小說 □8.人物傳記 □9.生活、勵志 □10.其他

對我們的建議：＿＿＿＿＿＿＿＿＿＿

請於此處用膠水黏貼